여행길에서 나를 찾다

여행길에서 나를 찾다

발행일   2021년 6월 8일

지은이   이하목
펴낸이   손형국
펴낸곳   (주)북랩
편집인   선일영   편집   정두철, 윤성아, 배진용, 김현아, 박준
디자인   이현수, 한수희, 김윤주, 허지혜   제작   박기성, 황동현, 구성우, 권태련
마케팅   김회란, 박진관
출판등록   2004. 12. 1(제2012-000051호)
주소   서울특별시 금천구 가산디지털 1로 168, 우림라이온스밸리 B동 B113~114호, C동 B101호
홈페이지   www.book.co.kr
전화번호   (02)2026-5777   팩스   (02)2026-5747

ISBN   979-11-6539-811-8 03980 (종이책)   979-11-6539-812-5 05980 (전자책)

이하목 에세이

여행길에서
나를 찾다

여 행 이 금 지 된 시 대 , 자 아 를 찾 아 떠 나 는 여 행

북랩 book Lab

들어가며

우리는 여행의 시간 속에서 무엇을 보고, 느끼고, 만지고, 또 무엇을 얻을 것인가?

나는 떠돌이처럼 살아가는 삶을 제법 즐기는 편이다. 그리고 지금은 강원도의 어느 조용한 도시에서 길가에 무심히 놓여 있는 작은 돌멩이처럼, 또는 강가의 둥그스름하고 작은 조약돌처럼, 아니면 낡은 시골 간이역 철도에 무심코 피어 있는 이름 모를 잡초 또는 그런 들꽃처럼 살아가고 있다. 사실 그렇게 살고 싶다.

일단 무언가가 너무 거추장스럽게 생활과 삶을 틀어막고 짓누르고 있으면 난 무척 답답해진다. 그런 답답함을 잘 견뎌내지 못한다. 홀가분한 무게와 기분의 가벼운 삶이 나에게는 잘 맞는 듯하다. 그런 매끄러운 삶의 결 위에서 내 자신의 생명력과 생활 리듬이 훨씬 자연스럽게 돋아난다. 그런 자유로움과 민첩함의 가벼움 속에서 내 생각과 삶은 비로소 산소와도 같은 생기와 호흡을 얻는다. 타이트하게 꽉 조여져 있는 대도시 속에서 혼잡하고 바쁜 삶, 번거로운 소유와 많은 인간관계, 원치 않는 일의 비호감적 반복, 그런 탁한 뒤엉킴이 이제 나는 버겁고 무척 불편하게 느껴진다.

여행을 떠나는 이유

책이나 이론 속에 존재하는 것과 현장에서 맞붙는 것 사이에는 아주 작은 차이를 보이는 것도 있고, 때론 큰 차이를 보이는 것도 많다. 그런 착시(또는 환상)와의 격차가 그 사이에 분명하게 존재한다.

그래서 우린 길을 떠나 직접 확인하게 되는지도 모르겠다. 우린 그런 것들을 확인하고 싶어진다. 그렇게 책(관념)과 현장은 많이 다르다. 그래서 떠나는 여행. 그리고 그곳, 현장에서 다들 개별적인 영감을 얻게 된다.

나는 이 책에서 이런 것들을 정리하듯 적어보고 싶었다. 우선은 가장 먼저 '여행과 나'라는 것의 의미, 그리고 그것을 투과한 '나, 자아, 개인'이라는 것을 관통시켜 바라보게 되는 시선(視線), 그것으로 '여행'이라는 과제를 바라보며 적고 싶었다. 그런 속도와 내부의 걸음으로 여행의 길을 걷고 싶었다. 그런 '나'라는 존재에 좀 더 깊게 집중해 보는 것(어쩌면 우리에겐 '나'라는 존재가 유일한 현실일지도 모른다).

'나'라는 것 안에 들어 있는 것들이 대체 어떤 것들이고, 어떤 모양, 어떤 표정, 또는 어떤 색감을 갖고 있는 것일까? 그런 것에 접근하고픈 마음으로 처음 적기 시작했고, 그렇게 조금은 깊은 여행의 숲으로 들어가 보려 했다.

그리고 내 안의 그것들이 어떻게 굴절되고 반응하느냐에 따라, 또 내가 어떻게 의도하느냐에 따라, 또 그런 것들을 어떻게 받아들이고 느끼고 있느냐에 따라 내 삶이 달라지는 것을 느꼈다. 때론 미세하게, 때론 크게…

세상이라는 것은 반드시, 절대로 '나'라는 존재를 빼놓고는 설명될 수 없다. '나'라는 것은 모든 현상의 출발점이며 시작점이다. 그 '개인의 문제와 존재'라는 것 자체가 모든 현상의 시작점이다. 그리고 종착점이 되기도 할 것이다. 그런 존재의 문제, 혹은 존재방식의 문제. 그건 '나'로 인해 선택되어진다.

더불어 꼭 생각해보아야 하는 것은, 그 속에서 나와 또 다른 나인 '자아(自我)'라는 것도 하나의 '관계'를 이루고 있다는 것이다. 그런 자각을 우린 얻을 필요가 있다.

그런 다른 두 개의 객체로 이루어진 '관계'라는 것, 그런 시각을 가져볼 필요가 때론 절실하다. 내 자신을 보다 더 잘 알기 위해서도…

그렇게 두 개의 별도의 객체로 다르게 존재하는 두 개의 모습으로, 그러한 관계의 구도 속에서 '나 자신'을 관찰해보는 것. 한적한 여행길 위에서 더더욱 그런 실험을 해볼 수 있다.

그렇듯 '나'라는 것은 오직 하나로 뭉쳐져 있는, 한 덩어리의 존재가 아니다. 그건 또 다른 하나의 '관계'다. 그런 관계설정 방식, 자기 습관을 들여다볼 필요가 있다.

그래서 이 책을 좀 더 단순화해 본다면, '자아(나) 찾기'의 여행이라 하고 싶다. 혹은 밤하늘의 무수한 별들 중 자신만의 별을 찾기 위한 여행. 그런 것이면 좋겠다.

'관계'라는 개념 그 자체가 나라마다 사회마다 조금씩, 또는 크게 다르다. 다른 모습으로, 다른 빛깔로 존재하곤 한다. 각 사회마다 그 색채는 제법 다르게 표현되고 있다. 난 그렇게 느낀다.

그렇게 인간 사회에서 공통적으로 갖고 있는 특징을 빗겨나, 사뭇 다른 모습으로 그 '관계'가 존재하고, 표현되고, 변주되는 부분이 분명 있다. 인간이기에 갖고 있는 공통점과, 그 사회 안에서 주입되고 습관화되어 몸에 익숙해진 인간관계의 모습은 상당히 다르게 나타난다. 그렇게 다른 것들이 그 사람들 사이사이에, 또는 그 무엇과의 사이에, 미묘하게 끈적거리는 접착제처럼 끼어 붙어 있다. 똑같은 인간이기에 같은 듯 하면서도 다르다. 물론 그렇게 다른 듯 하면서도 같을 수 있다.

닫혀 있으면 충분히 배울 수 없다. 듣지 않고 자기 것만을 주장하는 곳에서는 '자기 배움'을 얻기 힘들다. 보다 다양한 세상과 사람들에 대한 이해도 넓히기 어렵다. 여행은 그런 닫힌 문을 여는 것과 같다. 그리고 동시에, 나를 비추는 투명한 거울이 된다.

그런 연유에서 이 책은 보편적인 여행 책과는 조금 다를 것이라고 생각한다. 만약에 그런 보편적 여행의 흥미, 그런 일반적이고 통상적인 여행 책의 기대감으로 이 책을 선택한다면 거기에는 혹시 예상치 못한 실망감이 생겨날지도 모르겠다. 이 책은 분명 실용적이고 유용한 여행 정보와 그런 흥밋거리들을 열기하는 종류의 책은 아니다.

물론 가볍게 느낄 수 있고 접촉되는 여행의 틀, 그런 여행의 요소들을 풍부하게 담고 있기는 하지만, 그런 것들을 밑바탕에 두어 쓰기로 했던 것이 맞지만(필자는 그걸 무척 좋아한다), 삶과 나와 세상에 관한 조금은 진지한 에세이, 혹은 나의 리포트, 뭐 그런 것에 더 가까운 모양새라 할 수 있다. 어쩌면 그것이 때론 조금은 묵직하고 깊게, 때론 무겁게 들어가야 하는 구간도 존재하는 그런 여행에세이의 모습.

이 문장이 많은 것을 설명하지는 못하겠지만, "여행의 좀 더 깊은 숲속으로 들어가 봅시다!"

그런 여행은 계속되어야 한다

세상의 여러 곳을 여행 다닌다는 것은 서로 전혀 다른 장소들, 그런 다른 사람들에 대한 느낌과 생각들이 끊임없이 내 머릿속에서 교차하고, 충돌하고, 섞여 드는 과정의 연속이다. 그런 체험과 감흥의 시간이다. 그런 내 안에 연속되는 화학적 반응의 시간이다.

과거 다른 여행의 장소에서 얻고 가졌던 영감과 생각이, 지금 내가 걷고 있는 장소의 실상과 느낌 속으로 마구 헤집어 들어오고, 그것들이 자꾸 오버랩되고 뒤엉키는 과정의 연속이라 할 수 있다. 나는 그렇게 서로 다른 것들이 혼합되어 번져 가는 여행의 체험, 여행의 감흥을 많이 갖게 되고, 그것들을 놓치지 않고 기록하려 애쓴다. 그래서 여행은 그 일상성으로부터 벗어남의 단순한 욕구 해소를 넘어, 다른 한편으로 점점 더 넓은 세상에 대한 안목으로 눈이 트이게 되는 시간이 되기도 한다. 여행 속에서 다채로운 빛깔의 사람들을 만나게 되고, 그들 각자가 지니고 있는 삶과 인생의 체취를 느끼게 되고, 또 그것에 대한 입체적인 관찰과 사색, 이해에 접근하게 된다. 그런 좋은 기회를 여행의 순간들이 제공해 준다.

우리 동네, 사회 속 주변 사람들 개개인의 '다름'과는 또 그 차원이 다르다. 그 나라와 지방마다의 자연과 풍광, 햇살, 공기의 무게, 밀도, 청경(靑景), 드넓은 공터, 하늘빛, 도시, 바다의 색감처럼 그들은 서로 많이 다르다.

나에게 '여행'은 그런 것들을 내 마음, 내 지식이 생각 가는 대로 깊숙이 더듬어 보는 것이다. 그리고 그 손끝의 피부(지문)에 닿아 만져지는 공간에서 파란 지혜 같은 것이 돋아난다. 그것은 어쩌면 '한국 사회'라는 작은 상자 속에서 찾고 발견할 수 없는 '그 무엇'일 수도 있다. 그래서 그 욕구와 의문이, 내 안에 솟구치는 질문이, 그런 어떤 목적과 이유가, 나의 내부에서 스멀스멀 어느 정도 차오르면 난 견디지 못하고 운수행각의 길을 떠난다.

세상은 그렇게 내 눈앞에 펼쳐진 거대한 도서관이 된다. 그런 여행을 떠날 때마다 나는 나만의 보물찾기를 떠나는 것처럼 마구 설렌다. 그렇듯 때때로 우린, '떠나기 위해 떠나야 한다.'

때론 그런 경계의 확장 같은 것이 우리에게 필요하다. 그렇게 우리는, 내 안에서 상실된 무엇, 또는 이 시대가 상실한 무엇과 그 회복을 반복하게 되는 것인지 모른다. 어쨌든 최소한 나에게는, 그런 과정과 시간이다.

이하목

차례

들어가며 4

 1부

먼 여행길

1 꿈(당신은 꿈을 꾸십니까?) 16

2 회상, 여행 17

3 산티아고 베이의 테라스에 앉아 18

　카모테스 섬과 언어 18
　산티아고 베이와 바다 29
　산티아고 노인과 바다 40

4 창덕궁 51

5 하루의 순례길, 스페인 그라나다 53

　안달루시아 - 그라나다와 언어 53
　소나기 61
　그렇게 소나기는 내 안으로 번지고 64
　그리고, 그리운 그라나다의 풍경들 74

6 이탈리아 친퀘 테레를 걷다 84

　친퀘 테레와 언어 84
　뜻하지 않은 난관에 부딪치고 93
　삶의 갈증 'Thirsty' 101
　여행길 위에서는 누군가를, 무엇인가를 만난다 106
　무엇을 만나다 116

7 춘천의 봄 128

2부

인연

1 반복되는 인연, 그리고 헤어짐 132

　프롤로그 132
　인연 137
　그리고, 나 144

2 필리핀 세부의 역사적 유산들 152

　가난함의 굴곡 속으로 (가난은 위험한 것일까, 나쁜 것일까) 152
　변이하는 역사적 유산들 163
　삶의 유산들 187
　조용한 암살자 197
　그리고, 변이하는 삶의 유산들 199
　그런 의미에서 새로운 도전 206

3 지금 하고 싶은 것이 없는 게 잘못은 아니다 209

4 밤비 소리 213

3부

흔들거리며 열린다

1 하노이 호안끼엠의 밤공기 216

지리적 하노이 1 216
Organized Chaos, 삶의 혼돈 속 여유 222
지리적 하노이 2 227
홀로 있는 시간 234
호안끼엠의 밤공기 239
즐겁지 않으면 인생이 아니다 248

2 두 종류의 여행 254

4부

제자리로 돌아오는 것

1 그녀의 첫인상 258

2 르 파스텔 드 오베흐(le Pastel de Auvers) 264

빈센트 반 고흐 264
오베흐의 밀밭 271

3 파리로 향하는 열차 280

대칭성(혹은 양면성) 280
본래의 제자리로 돌아가는 것 288

4 작가 3,6   301

자화상(自畵像)   301
사십이라는 나이 즈음에   302
책이라는 느린 속도, 'Slowly'   307
그리고, 또다시 나   315

5 희망   321

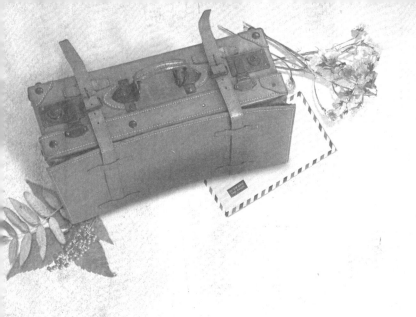

1부

먼 여행길

1
꿈(당신은 꿈을 꾸십니까?)

글이라는 것을 써 보려는 사람으로서, 꿈속에서 아주 좋은 문장과 표현이 문득 떠오르곤 한다. 그런 것들이 꿈결에 얼룩얼룩댄다. 사람들의 마음을 단번에 술렁이게 할 것 같은 문장.

기억해! 기억해야 해! 잊어버리면 안 돼!

잠을 자면서도 그런 생각, 각오를 다진다. 그렇게 잠결에서 깨어나 꿈을 수습하고 그 문장을 추적한다.

'무척 멋져 보이는 문장이었는데…'

뭐였더라, 뭐였더라! 머릿속 깊이깊이 뒤져 찾는다.

그리고 '그래, 이거였어!'

그러나 현실의 마당으로 끌려나온 그 문장은 정말 별것 아닌 것이다. 그저 싱거운 꿈속의 문장일 뿐. 내 마음조차도 그닥 술렁이게 하지 못하는 진부한 그런 문장. 꿈과 현실 사이에는 그런 큰 착시가 생겨난다.

때론 그런 꿈은 현실 속에 존재하지 않을지도 모른다. 그런 꿈과 현실 사이의 공간.

2
회상, 여행

내가 적어보고 싶었던 것들.

'여행'이라는 조금은 가볍고, 쉽게 접근할 수 있는 소재 위에 함께 섞어 쓰고 싶었다. 그렇게 조금은 넓게 에둘러 걸어가는 여행의 풍경 속에 내가 하고 싶었던 이야기의 여러 가지를 함께 담아 쓰고 싶었다. 여행의 풍경 속에 그런 것들이 있기 때문에, 또 그것들은 모두 연결되어 있기 때문에.

그런 사회와 공간, 관계와 타인, 또는 그런 무엇과 무엇, 그리고 나와 자아라는 것 또한 모두 다 함께 엮여 있기 때문에, 서로 뗄래야 떼어낼 수 없는 것들이기 때문에….

계속 대기 중에서 순환하며 서로가 서로에게 영향을 미친다. 우리는 그런 '연결성(connected)' 안에 존재한다.

우리가 겪는 모든 것이 곧 여행이기 때문이다.

이 세상에 나와 살아가는 모든 것들이 다 '여행'이다. 한걸음, 한걸음, 또박또박, 천천히 걸어야 한다.

서두르지 말자. 인생에서는 빠른 것보다 정확한 것이 더 중요한 것 같다.

하지만, 깊이 기록되지 않는 여행(삶)은 시간이 지나 그저 또 하나의 망각이 되고, 기억되지 않는, 삶….

3
산티아고 베이의 테라스에 앉아

카모테스 섬과 언어

카모테스섬, 산티아고

2016년 5월, 오랜만에 '청색 휴식'을 위해 다시 필리핀 세부를 찾았다.

그 깨끗한 필리핀 청정의 파란색은, 내 눈과 시야가 그 어떤 색도 아닌 도시의 뿌옇게 먼지 낀 회색빛으로 지쳐 가고 있을 때, 그렇게 눈이 오랫동안 침침하고 먹먹해져 있을 때, 반드시 내 머리 위에 떠올라 나를 유혹한다. 나는 그 파란색의 중독자라고 해도 좋을 것 같다. 그래, 나는 분명 그 파란색의 중독자다. 없으면 못 산다. 아주 깊은 물속 물고기가 가끔 물 위로 올라와 파란 산소를 호흡하는 것처럼, 아니면 순간 물 위로 튀어올라 바깥 공기와 햇살을 반짝 흡입하는 것처럼, 나는 그 파란색을 주기적으로 봐 줘야 한다. 하늘이 깨끗한 날(靑空)이면 하루의 많은 시간을 하늘을 쳐다보며 지낸다. 물감 터치의 파란 열대 바다의 유혹.

필리핀이라도 마닐라 주변에서는 절대 그런 바다를 볼 수 없다. 세부 시티 근해에도 그런 색깔의 바다는 없다. 좀 더 멀리, 오염지역으로부터 벗어나야 한다. 바라보고 있는 것만으로도 내 마음과 몸에 덕지덕지 끼어 있는 나쁜 찌꺼기들이 단번에 씻겨나갈 것 같은 파란색들. 그 파란색들로 눈을 적셔 놓으면 마음까지도 시원하고 깨끗해진다. 그래서 가끔, 잊을 만하면 나는 센트럴 비사야스의 바다를 홀로 찾곤 한다.

그래서라고 해야 할까, 나는 가능하면 필리핀을 방문할 때 건기(乾期)인 4~5월을 선택하는 편이다. 비가 내리지 않는 이때는 살인적인 뙤약볕 더위가 연일 계속되기는 하지만, 그래서 필리핀 아이들도 극심한 더위를 피해 학교가 이 시기에 여름방학을 하게 되지만, 그래도 이때가 비사야스(Visayas, 세부를 중심으로 하는 필리핀 중부지방 전체를 말함)의 바다와 하늘이 가장 쾌청하고 아름다울 때이다(또한 4월, 빗겨난 5월쯤이 관광 비수기라 항공료, 비용도 저렴해진다. 해외 관광객들도 그렇게 북적이지 않는다). 아마도 필리핀에서 관광홍보용 책자에 실린 사진들, 사람의 마음을 마구 술렁이게 하는 그런 사진들은 다 이 시기에 찍혔을 것이라는 짐작을 해 보게 된다. 바다와 하늘과 구름이 이루어 내는 자연의 곱고 투명한 색깔만으로도 시야를 통해 사람의 안쪽이 하얗게 씻기는 듯하다. 그 풍경을 가만히 바닷바람 결에 바라보고 있는 것만으로도 행복해진다. 내 안이 정화된다. 그 파란색은 나에게 치유와도 같다. 넋을 놓은 휴식. 그 열대의 섬과 바다, 하얀 살결의 샌드바, 높게 솟아 싱그럽게 날리는 야자수의 커다란 잎들. 그 광경을 모두 가슴 안에 쓸어담기 어려울 만큼 벅차오르곤 한다.

복잡하고 텁텁한 세부시티, 그곳에서 제법 위쪽으로 올라와 있는 다나오(Danao)항구에서 카모테스섬으로 가는 배를 타고 2시간 만에 꼰수엘로(Consuelo, 스페인어로 '위로, 위안'을 뜻한다. 나에게는 확실히 '정신적 위로'가 되는 장소다. 그리고 '꼰수엘로'라는 이름을 가진 스페인 여자와의 인연을 생각해 볼 때가 있다)항에 도착했다. 큰 배의 한켠에 서서 바다 위에 세차게 떠도는 바람을 맞으며, 그 파란 여름바다를 한없이 바라보며 왔다. 그리고 섬에 도착. 요란스럽고 정신 하나도 없는, 배에서 내린 일장의 여행객들을 상대로 호객하고 있는 지프니, 오토바이 호객꾼들이 한바탕 야단법석을 떤다. 정말 말 그대로 배에서 막 내려 어리둥절한 관광객들의 정신을 쏙 빼놓는다. 어수룩해 보이는 외국 관광객에게 그냥 툭툭 던져 보는 높은 가격에 휘말리면 안 된다. 차분히 전체의 눈치, 가격의 분위기를 좀 살피고 2~3군데의 업자와 흥정을 해 보는 것이 좋다.

필리핀에서 마땅한 대중교통 체계가 없는 시골에서는 특히 가야할 곳의 거리를 두고 오토바이나 트라이시클과 가격 흥정을 벌어야 한다. 인원이 제법 많다면 지프니(미군 지프차를 작은 버스처럼 개조한 필리핀의 대표적인 대중교통)와 흥정할 수도 있다. 하지만 보통 대도시에서 자신만의 노선을 갖고 있는 지프니 요금이 8페소(원화 190원) 정도라는 것에 비교하자면 시골의 오토바이나 트라이시클의 가격은 매우 비싸다. 50페소, 100페소, 150페소, 택시비에 맞먹거나 더 비싸다. 그리고 외국인이라면 그 나름의 표준가격보다도 더 받으려고 한다. 필리핀에서 나는 평상시 웬만하면 걷고, 웬만하면 지프니를 탄다(물론 택시를 탈 때도 있다). 그 지프니 안의 풍경과 사람, 삶도 정감이 있다. 삶은 언제나, 누구나 어디로든 향하고 있다(이동하고 있다). 그리고 그 8페소의 지프니 속에서 가난한 필리핀 사람들의 여러 가지, 수많은 모습들을 살필 수 있다.

어쨌거나 그래서 오토바이를 가지고 그렇게 도시 외곽, 시골에서 나름의 개인운수업에 종사하며 생계를 이어가는 사람들이 필리핀에는 무척 많다. 도심 속에도 장소에 따라 길거리 호객을 하며 그런 별도의 여객영업을 한다(하지만 태국처럼 국가나 지역에서 관리하는 오렌지색 조끼를 입은 오토바이 여객이 아니다. 그리고 태국엔 나름 목적지마다 정해진 가격표도 걸려 있다. 그러나 태국어 까막눈인 내가 요금 옆에 적혀 있는 목적지를 읽을 수는 없다. 외국인이고, 좀 거리가 있다 싶으면 비싸게 부르는 듯하다).

일자리가 별로 없는 필리핀에서의 돈벌이라는 것은 아주 단순하다.

그리고 시골에는 주유소랄 것도 별로 없고 큰 콜라 페트병 같은 것에 가솔린, 또는 질 낮은 유사 가솔린을 담아 파는 '간이 주유상점'이라고 해야 하나, 그런 것이 있다. 길가에 조금 큰 파라솔 같은 것을 설치하고 장식용 테이블, 장식장 같은 것 위에 나름의 사이즈별 콜라 페트병에 가솔린(혹은 유사 가솔린)을 담아 판다. 대도시에는 확실한 모습을 갖춘 주유소가 있지만 시골은 또 완전히 다르다.

나는 꼰수엘로항의 부두 앞 공터에서 사십 대 중반 정도 돼 보이는 하얀 반팔 메리야스에 유독 배가 볼록 나온 시골 아저씨, 그 두 번째 오토바이(첫 번째 오토바이가 너무 비싸게 불렀다. 젊은 친구가 욕심과 트릭이 심하다)와 내가 머물 리조트까지의 가격 흥정을 마쳤다.

카모테스섬은 상당히 크고, 하루 정도 오토바이를 임대해 다양하게 둘러볼 곳들이 많다. 하루로는 좀 빠듯한 느낌도 든다. 나는 아침에 리조트 문 앞에 몰려 자기 차례를 순번대로 기다리고 있는 나름의 동네 오토바이 연합회에게 하루의 임대 가격을 물어보고, 500페소(한화 약 11,500원)에 카모테스 섬을 바람처럼 돌아다녔다. 아마도 500페소가 이곳의 표준가격인 것 같았다. 오토바이 아저씨(청년)가 하루의 관광가이드처럼 잘 안내해준다. 좀 더 머무르고 싶은 곳, 특별히 주문해 가 보고 싶은 곳이 있다면 자기 의사에 맞춰 탄력적으로 시간과 장소를 운용하면 된다. 아니면 기본적인 핵심코스만 오토바이 가이드가 안내하는 대로 따라가도 전혀 문제없다. 필리핀에서 나는, 정신을 바짝 차리고 필요한 가격 흥정에 몰입하기도 하지만, 대체로 형성된 평균가격 정도면 수용하는 편이다. 거기서 더 악착같이 깎으려 들지는 않는다(사실은 더 깎을 수도 있다. 돈 없다고 죽는 소리 하면서). 하지만 허술하게, 또는 마음 좋게 빈틈을 보이면 바가지 가격을 덮어씌우려는, 정직하지 못하고 약삭빠른 필리핀 사람들도 많다. 나쁜 짓이다. 그건 여행 중 인간적으로 무척 기분과 마음이 상하는 것인데, 세상 어디에나 그런 사람들이 있기 마련이다. 초행의 해외여행지에서 조금은 차분하고 냉정해질 필요가 있다.

카모테스섬(Camotes Islands)은 고구마같이 생긴 제법 커다란 세 개의 섬을 총칭한다. 하나의 카모테스섬이 세부 막탄국제공항이 있는 막탄섬보다 크다. 그리고 스페인어로 '카모테(Camote)'의 의미를 고구마로(음식이 아닌 작물명으로) 사용하는 중남미 국가들이 있는데, 아마도 오래전 스페인의 필리핀 식민 시절에(더 정확하게는 멕시코 위성정부가 필리핀을 지배하고 관리했다) 그 섬의 모양새를 두고 'Camotes(고구마들)'라고 이름 짓지 않았을까 하는 생각이 든다. 통상적으로 스페인어권에서 음식 용어로는 고구마를 '빠타타 둘세(patata dulce)'라고 부른다. 빠타타는 '감자'를 의미하고 둘세는 '달콤한(sweet)'의 뜻을 갖고 있다. 영어식 표현과 동일하다. 스윗 포테이토(sweet potato).

스페인에서 음식에 흔하게 곁들여 먹는 '감자튀김'은 복수로 표현하여 '빠타타스 프리타스(patatas fritas)'라고 흔히 말한다. 스페인에서 기름에 튀겨 조리된 음식은 프리토(frito), 이탈리아에서도 프리토(fritto)라는 단어와 형용사(fried)를 사용한다. 따라서 그 형용사 하나만 인지하고 있어도 스페인이나 이탈리아의 현지 식당에 들어가 하나의 음식 장르는 수월하게 넘어갈 수 있다. 그리고 간단하게 튀긴 음식은 우리가 흔하게 거리낌 없이 즐겨 먹을 수 있는 음식이기도 하다. 스페인이나 이탈리아에서는 마지막에 짠 포마스 올리브 오일로 음식을 튀기니 건강에도 좋다. 대부분의 지중해 음식이라는 것이 잡다한 기술과 복잡한 소스의 논리를 벗어나, 메인 식재료의 신선함과 맛을 최대한 살려 간단히 튀기거나, 간단 조리하여 먹는 것에 있다. 그 지중해 요리의 미학이라는 것은 그런 단순함과 소박함에 바탕을 두는데, 결코 요리의 본질과 핵심을 벗어나지 않는다(잘못된 요리가 과다하게 많은 테크닉과 자극적인 소스를 사용한다. 불필요하게 복잡하다. 그래서 메인 식재료, 주인공을 훼손시킨다). 물론 그만큼 주변의 온갖 식재료들이 싱싱하기도 하다. 지중해의 햇살을 머금은 것들은 모두 그 자체로 달고 맛있다. 과일과 채소는 물론 생선, 해산물조차도.

하지만 요즘은 세계의 어느 관광지를 가도 워낙에 영어 병기가 잘되어 있으니 음식을 주문하는 데 다른 로컬 언어를 크게 걱정할 필요는 없을 것 같다. 특히 유명 관광지에서는. 하지만 그 나라의 언어로 그 나라를 느끼고 곱씹어보는 것은 좋다. 특히 유럽의 경우, 모든 것을 영어적 시각과 사고로 들여다보게 되면 자칫 토속의 많은 느낌과 감정들을 놓칠 수 있다. 언어는 하나의 거대한 창이고 세계이다. 그것이 뭔가를 크게 열어 주기도 한다. 그 나라의 언어의 결로, 그 나름의 리듬과 투박함과 호기심으로 투과해 느끼고 바라볼 때 얻어지는 것들이 있다. 그런 독특한 정서나 토속 감정 같은 것이 그 언어의 줄기에 묻어 있기 때문이다. 그곳의 여행을 위해 기본적으로 공부해본 것, 현지에서 어쨌든 배우게 된 것, 입 안에서 돌돌 굴려 밖으로 내뱉어 봐야 한다. 그럼 서로 교감할 수 있다. 빠다(butter) 발린 어눌한 영어식 발음으로 말하는 스페인어나 이탈리아어는 현지인의 눈에 조금은 바보스럽게 보이기도 하고(때론 친구들끼리 그런 흉내를 내며 놀리기도 한다), 또 현지인들도 잘 못 알아듣는다. 우리는 영어권 사람들이 발음하는 방식 그대로를 따라 하곤 한다. 아무 생각 없이 그렇게 하곤 한다. 그리고 그 언어, 영어를 통해 서양의 세계 전체를 보려고 한다. 거기엔 커다란 오류가 생겨난다. 물론 미국, 영국, 호주 등을 여행한다면 또 그 언어(영어)의 리듬으로 공간을 느껴야겠지만….

나는 이탈리아에 가면 노래를 부르는 듯한 그 독특한 이탈리아 엑센트를 음미하며 그곳에 섞여든다. 남쪽으로 내려갈수록 그 곡조는 더욱 출렁거린다. 그리고 구슬퍼진다. 스페인에서도 중앙 마드리드에서 밑으로 내려가면 또박또박 명료했던 발음이 흐릿하게 뭉그러지기 시작한다. 난 그 몽롱해진 발음에 취한 듯 젖어들곤 한다.

그곳에 충실하게, 온몸으로 느껴 여행해 보는 것은 좋다. 그러면 그 거리, 그 골목, 그 삶의 물결 너머로 감겨 들어오는 남다른 것이 있다. 그곳의 깊은 정서와 삶의 냄새다. 난 그 언어의 리듬을 온몸으로 느끼려 노력한다. 언어 안엔 정말 많은 것들이 담겨 있다.

아무튼 그 세 개의 고구마 섬들 중에 맨 왼쪽에 있는, 세부섬 쪽 가장 가까이 붙어있는 섬(카모테스는 세부섬의 동북쪽에 위치한다)이 관광객들이 가장 많이 찾는 곳이고, 또한 이곳 섬들 전체의 중심지라고 말할 수 있다. 그리고 그 시내 중심지의 이름이 '샌프란시스코(San Francisco)'다.

샌프란시스코는 1182년 이탈리아 중부 움브리아주 페루자, 아시시(아펜니노 산맥이 지나는 움브리아의 나지막한 산악과 드넓은 평원, 그린 풍요로운 농경지의 풍광을 볼 수 있는 곳이다)에서 유복한 상인 집안의 아들로 태어나 스무 살의 나이까지 방탕하고 향락적인 생활을 이어 오다가, 어느 날 문득 큰 깨달음을 얻어 모든 세속적 재산을 버리고 청빈하고 자연주의적인 신앙생활을 완성했던 인물이다. 프란체스코 수도회의 창립자이며 가톨릭의 성인으로 추앙돼 존경받고 있다.

이탈리아식 정확한 발음이라면 '산 프란체스코(San Francesco, ce=체)', 스페인식 발음으로 한다면 '산 프란시스코(San=Saint=聖)'다. 그렇게 북아메리카 미국에 스페인어의 형식으로 남아 있는 그것, 그 도시 이름을 영어식으로 발음해서 '샌프란시스코(San Francisco)'가 되는 것이다. 미국의 도시, 로스엔젤레스(Los Ángeles)를 본래 맞는 스페인식 발음으로 한다면 '로스 안헬레스(영어로는 'the Angels'의 의미, ge=헤)'가 된다. 하지만 그 첫 음 'á'에 스페인어 악센트가 있기 때문에 거의 '앙헬레스'로 들린다. 필리핀 마닐라 북서쪽 근교에 위치한 유명한 유흥도시, 앙헬레스(클락, 과거 미군 해외 최대 공군기지가 있었다)도 똑같은 단어다.

아무튼 어쨌거나, 카모테스섬의 이 작은 도시가 미국 서부 태평양 연안에 위치한 아름답고 거대한 도시 '샌프란시스코'에는 절대 비교조차 할 수 없겠지만, '성자 프란시스코'의 삶을 차분히 되뇌어 본다면 이 필리핀의 작고 깊은 시골의 소박한 마을, 그 단출한 모습의 이름으로도 '샌프란시스코'는 잘 어울린다.

당시 12세기 많은 교회의 사제들이 자신의 특권과 권력을 과도하게 남용하여 부패해 있었고, 수행자로서 부끄러운 온갖 행동을 서슴지 않았다. 그 형식인 교회 또한 세속적인 부와 권력을 탐욕스럽게 축적해 왔는데 그들은 겸손한 신의 대리인, 봉사자가 아니라 마치 자기 자신을 신격화한 듯 권력과 위선, 거짓을 마구 휘두르곤 했다. 그때 '성자 프란체스코'는 그곳으로부터 멀리 떨어져 나와, 자신이 올바로 이해하고 믿고 있는 신앙을 실천했다. 그런 청빈(淸貧)과 버림과 비움으로써 신앙을 행동하고 완성했던 인물이다. 신앙의 존재방식 또한 무수한 형태와 주장으로 존재할 것이다. 물론 그 당시 기성교회의 그런 부패와 타락에 저항하여 청빈의 이상을 신앙 안에서 실현코자 했던, 가난한 그리스도의 삶을 순수하게 따르려 했던 움직임은 프란체스코회 외에도 있었다.

하지만, 그 후에도 교회는 계속 프란체스코 수도회와의 청빈논쟁, 교황의 정치참여, 현실(속세)권력의 소유, 성직(聖職)매매, 재물축적, 파계, 거짓, 제도화된 무지, 패거리 짓기, 파벌이념 대립, 상대에 대한 박해, 종교재판의 조사관들, 이단 심문제도에 의거한 마녀사냥… 그런 증오와 이기, 모순, 타락한 성직자들로 넘쳐났다. 심지어 세력을 넓혀가던 프란체스코회도 어느샌가 오염되기 시작했다. 16세기까지 유럽에서 가톨릭 교회는 신처럼 모든 것을 관장하는 전지(全知)한 것이 강요되는 곳, 전능(全能)한 존재였다. 그런 교회권력에 도전한다는 것은 거의 불가능에 가까웠다. 모든 정통적 기독교의 가르침에 모순되는 발상과 의견은 금기되었다.

그리고, 모르긴 해도 '샌프란시스코'라는 이름은 이 필리핀의 시골마을이 먼저 가졌을 것이다. 이 샌프란시스코가 미국의 그것보다 역사적으로 먼저 생겨났을 것이다.

어쨌든 난 꼰수엘로항에서 한 오토바이 뒤에 큰 물방개처럼 매달려 리조트로 왔고, 방을 배정받아 짐을 넣어두고 곧바로 산디아고 만(灣)의 테라스로 나왔다. 두 번째로 카모테스를 찾았다.

카모테스섬의 중심가, 샌프란시스코

산티아고 베이와 바다

　산티아고 베이는 나름의 문학소년인(책 읽기를 좋아하는) 내가 한적
한 시간을 보내기에 완벽한 장소다. 나는 이곳, 산티아고 만이 한 눈
에 훤히 내려다보이는 야외식당 테라스에 앉아서, 또는 리조트 안에
바닷가로 나 있는 몇몇 오두막 테이블에 앉아 바람 부는 대로 뭔가를
노트에 적기도 하고, 멍하니 앉아 하염없이 바다를 바라보기도 하고,
또는 가벼운 책을 성글게 읽기도 한다. 그곳 시간이 무척 성글게 지
나는 것처럼. 바다의 해류처럼 시간은 천천히 흐른다. 그렇게 시간 보

내기 좋은 곳. 그 바다와 하늘의 푸름에 눈을 흠뻑 적셔 둔다. 그렇게 내가 좋아하는 공간이다. 나름 필리핀 비사야스의 많은 바다와 아름다운 해변을 다녀 보았지만, 이 산티아고 베이의 테라스와 바다처럼 나에게 깊은 휴식과 위안을 주는 곳은 드물다. 그리고 이 장소는 나에게 마치 헤밍웨이가 『노인과 바다』를 집필했을 것 같은, 그 바닷가 테라스에 앉아 있는 듯한 착각을 불러일으킨다. 헤밍웨이는 자신의 글과 체험, 주변 환경을 무척 가깝게 두려 했던 작가였다(그런 바다의 언어로 그 소설을 쓰기 시작했을 것이다). 이곳에 있으면 그 작품의 느낌과 감정이 정말 생생하게 내 안에서 살아나는 듯하다. 그 가난한 쿠바 노인의 이름도 '산티아고'다.

서늘한 그늘에 드러누워, 늘어지게 낮잠 자고 있는 하얀 강아지처럼 한가한 오후. 건조한 여름 태양이 내리쬐는 산티아고 만의 코발트색 바다와 바다의 깊이에 따라 각각 다른 색감의 층을 보여 주는 바다의 경계가 곱고 아름답다. 그 고운 색감 속에 하늘과 구름도 어우러진다.

'자연의 완벽함' 같은 것을 실감하게 된다. 있는 그대로의 자연은 완벽하다.

넓은 계단식 논처럼 바다로 나 있는 야외수영장도 눈부신 햇살 아래 맑고도 쾌청하다. 무더운 5월에 여름휴가를 나온 필리핀 연인들, 가족들도 많이 보인다. 그리고 그 한가한 내 시선의 끝, 바닷가 해변에서 언제라도 소설 속 노인 산티아고와 어린 소년 마놀린의 모습이 불쑥 등장할 것만 같다. 그리고 산티아고 노인과 어리지만 속 깊은 마놀린, 그 둘의 끈끈한 우정을 상기해 보게 된다. 그런 우정이란… 그리고 그것은 또다시 이탈리아 영화, 「시네마 천국」의 알베르토 노인과 말썽꾸러기 꼬마 토토의 우정을 연상시키게 만든다. 그런 '(인간)관계'라는 것은 정말이지 멋지고 아름답다. 인간관계는 아름다울 수 있다.

'나이'는 여러 가지 의미에서 그저 숫자에 불과할 뿐이다. '관계'란 똑같은 인간과 인간이 어떻게 수평적으로 교감하느냐의 문제에 더 가깝다(난 해외에서 그런 직접적 체험을 많이 하게 된다). 그렇게 깨우친 의식의 표면 위에 사회는 좀 더 풍부한 창의력과 생기를 얻는다. '나이'라는 것이 사람 사이에 '장벽'이 되어서는 안 된다.

그런 수평적 교감과 이해, 건강한 우정이 사회 내부의 좋은 활기가 되고, 바람직한 혈액순환을 만들어낼 것이다. 사회의 피가 좀 더 맑고 생기 있게 회전할 수 있다. 나이라는 낡은 관념에 젖어 있어선 안 된다. 나이가 많은 사람도, 나이가 적은 사람도, 스스로 관념화한 그 나이 안에 고립되고 닫혀 있으면 안 된다. 나에게 『노인과 바다』, 「시네마 천국」은 그런 의미로 떠오른다.

바닷가 그늘에 앉아 세상 제일 편한 자세로 독서를 하고 있는 한 젊은 서양 여성(왠지 포르투갈 사람일 것 같은, 미국인일 가능성이 높지만). 말을 붙여 볼까, 어쩔까… 하다가 혼자만의 시간을 방해하는 것 같아 그만둔다. 이따금 리조트 안에서 마주치는, 혼자 조용히 시간 보내고 있는 여행자다. 나와 같은 마음으로 휴식을 즐기고 싶어 하는 눈빛을 단번에 읽을 수 있었다.

'그런데, 저 여인은 어떻게 아시아의 이 깊은 곳까지 홀로 오게 된 것일까?'

『노인과 바다』는 내가 아주 어린 시절 읽었던 소설들 중에서 늘 기억을 떠나지 않는 작품 중에 하나다. 그 소설, 이야기, 묘사, 노인, 넓

고 깊은 바다 속에 묻혀 있는 냄새와 느낌들도 또렷하다. 비교적 분량이 적은 단편소설이지만 그 멕시코 만, 적도의 강렬한 태양 같은 감동을 지금도 잊을 수 없다.

끝도 없이 넓고 깊은 심해의 바다를 무서워하면서도, 늘 열대 바다를 좋아하는 나에게 매우 각별한 작품이다. 그렇게 모든 것에는 늘 두려움과 설렘의 감정이 공존한다. 절망과 희망 같은 반대의 감정도 같은 수평선 위에 있다. 그리고 그 두려움의 감정에 몹시 위축되고, 그것을 피해, 그것으로부터 도망쳐 얻을 수 있는 것은 별로 없다. 그 두려움의 크기, 세기보다는 희망으로, 설렘으로 그 알 수 없는 수평선을 넘어야 한다. 그 알 수 없음에, 아무것도 모를 뿐인 마음에 자신을 내맡겨야 한다. 그럼 별로 두려울 게 없다. 희망과 절망은 같은 수평선 너머에 있다.

그런 푸른 바다의 저 끝, 가물대는 수평선은 늘 내게 수많은 이야기를 속삭이곤 한다. 하얗게 부서지는 물보라의 너울, 수면 위에 거울처럼 바스락대는 햇살, 기분 좋은 청색, 지나는 파랑 바람, 심해의 짙은 물 냄새, 하루의 끝으로 스며드는 해질녘의 차분하고 아늑한 바닷가의 감성, 멀리 보이는 수평선 끝 너머의 또 다른 미지의 해역, 또 다른 바다. 아직 때묻지 않은 순수한 언어의 세계와도 같다.

세상에서 눈앞에 보이는 것들 그 자체가 하나의 드라마틱한 스토리고 인생이고 삶이다. 그리고 상상력이다. 그것만으로도 풍부하고 고찰적이다. 나는 오늘 그 알 수 없는 수평선을 넘는다. 나는 오늘도 그 알 수 없는 시간의 수평선을 넘으려 한다. 그래서 굳게 입을 다문 일직선, 그 수평선의 바다를 하염없이 바라본다. 그러자, 또 다른 시간과 공간이 그 끝에서 가물거렸다.

그런 기분을 더욱 돋우고 싶다고 해야 할까? 테라스의 한 모퉁이에 앉아 맥주 한 병을 주문한다. 산뜻한 투명색 병의 산미겔 라이트 한 병이 테이블에 놓이고, 그것을 마신다. 깨끗한 산미겔 라이트 맥주병. 그 표면에 시원해 보이는 흰색과 청색의 로고와 알파벳, 그리고 병 표면에 차갑게 맺혀 있는 이슬과 위에서 밑으로 길게 길을 내며 흐르는 물방울. 그처럼 내 마음도 깨끗하고 가벼워진다. 병 속에 얼음처럼 담겨 있는 노란 빛깔의 맥주를 한 모금 마신다. 차가운 맥주의 냉기가 내 안으로 똑같이 길게 길을 내며 내려간다. 노란 별똥별처럼…

보통 필리핀 가게의 맥주는 냉장고에서 꺼냈어도 오래전에 넣어 둔 것이 아니라면 그렇게 시원하지 않다. 전기요금을 아끼느라고 냉장고를 세게 틀지 않는다. 마닐라를 중심으로 하는 메랄코(Meralco)나 세부 지역을 중심으로 하는 베코(Veco) 등의 필리핀 전기요금은 몹시 비싸다(민간기업이 공공분야를 운영한다. 로페스 패밀리 같은). 필리핀은 누릴 수 있는 그 생활수준, 환경에 비해 지출되는 전반의 비용이 결코 저렴하지 않은 곳이다. 어두운 이야기다.

하지만 어쨌거나, 지금 산티아고 테라스의 맥주는 아주 차다. 그 맥주병, 감성적으로 표현해 보자면 거무스름한 갈색의 산미겔 필센을 나는 별로 좋아하지 않는다. 뭔가 진부하고 나태한 맥주의 생각을 담고 있는 듯하다. 맥주도 분명 나태할 수 있다. 멕시코의 코로나같이 깨끗하고 투명한 맥주병이 나는 디자인적으로도 좋다. 상큼한 레몬 한 조각을 꽂아 넣어 그들의 맛도 그런 청량감을 갖는다. 그런 기분을 더욱 돋운다. 산미겔 필센의 맛은 좀 텁텁하면서 뒤끝에 쓴맛이 많이 남는데, 마무리를 엉성하게 해 놨다. 라이트는 그래도 그런 느낌이 적다. 그래서 이걸 마신다. 미안하지만 솔직히 필리핀에 있으니 이 산미겔을 마시지, 다른 곳에서는 이걸 선택하지 않는다. 필리핀 산미겔의 맥주 맛을 나는 좋아하지 않는다. 스페인에도 상당히 유명한 '산미겔(San Miguel)'이라는 이름의 맥주가 있다. 그것은 초록빛 글자다. 이 둘의 관계를 설명하자면 좀 복잡하고, 아무튼 필리핀 산미겔도 식민지 시절 처음에 스페인의 맥주 기술을 바탕으로 만들기 시작했다.

어쨌든 그 맥주, 또는 깊은 심해의 바다 빛깔을 띠는 프랑스적 맥주, 1664 크호넹부흐(Kronenbourg) 블랑(blanc)도 느낌이 있다. 프랑스적인 은은한 아로마, 오렌지향과 입안을 부드럽게 감싸는 프루티(fruity)한 풍성함의 느낌이 좋다. 벌컥벌컥 막 마시게 되는 가벼운 맥주의 속도를 조절하게 만드는 맛이다. 크호넹부흐는 그 맛을 천천히 입안에서 혀로 더듬거리며 마시게 된다. 나는 보통 그렇게 마신다. 맥주지만 상당히 천천히, 천천히 마신다. 그런데, 그 맛과 향기를 찾아 프랑스에서 마트를 이리저리 돌아다녀 봐도 그 맥주를 찾을 수 없었다. 그냥 일반적인 맥주 맛의 크호넹부흐밖에 없었다. 그렇다면 이건 주로 해외 수출용으로 생산된다는 말인가? 알 수 없다. 프랑스에서 마트에 들어갈 때마다 제법 신경 써서 찾았는데 그 맛의 맥주가 없었다(장미향 제품의 1664가 신제품으로 나와 있었는데, 그건 좀 맛이 어설펐다). 프랑스를 여행하며 가장 허탈했던 대목 중에 하나다. 현지의 저렴한 가격(사실 마트에서 사서 먹고 마시는 웬만한 서유럽 물가가 한국보다 싸고, 구매의 질도 좋다)에 출출할 때마다 그 은은한 맛의 1664를 식사에, 간식에 곁들여 마셔야지, 또는 공원에서 조금 길게 쉴 때 한 캔씩 프랑스의 공기를 씹어 넣어 마셔야지, 하던 나의 바람이 수포로 돌아갔다. 저녁의 붉은 해가 에펠탑의 서쪽으로 서서히 쓰러져 갈 때, 파리 노트르담 성당 뒤쪽 쎄느강변 바닥에 털썩 앉아 그 붉은 노을에 내 자신이 스며들어 마시는 맥주나 와인은 정말 기가 막히다. 무언가 깊은 감정이 내 몸 안쪽으로 깊이 파고든다. 저녁이라 연해진 여름 태양과 식도를 타고 내려가는 부드러운 알코올… 엷은 파리의 냄새. 바로 코앞에 올려다 보이는 노트르담의 웅장한 뒷모습, 강바람에 날리는 파리의 강변 풍경들, 드문드문한 높은 나무들, 쪽빛 지붕과 아이보리색 석조의 고풍스러운 오스만양식의 파리 아파트들, 생기 넘치는 강변의 관광객들과 사람들, 이따금 지나는 소란스런 쎄느강의 유람선, 눈부신 물빛의 연인들… 평범한 파리의 일상이 그 저녁노을 속에서 아름답고 특별하게 반짝거린다. 그 장소가 보태 주는 축복 같은 것일지도 모르겠다. 그 일상의 바닥은 깊고 풍부하게 느껴졌다. 사람들이 똑같이 허덕거리며 살아가는 도시의 일상, 현실도 그 장소와 풍경에 따라 느껴지는 바가 다르다.

아무튼 그건 그렇고, 그 1664의 검푸른 보라색 병을 물끄러미 바라보고 있으면 바다의 깊은 곳을 마시고 있다는 생각이 들곤 한다. 내가 그 깊은 바다의 심연을 마시고 있다. 빛도 닿지 않는 짙고 검푸른 빛의 바다. 그리고 그렇게 깊은 바다의 느낌에 빠져 있다 보면, 나는 또 하나의 영화에 이끌린다. 아마도 그런 바다를 배경으로 하는 영화들 중에 내가 가장 좋아하는 것이 뤽 베송 감독의 1988년작 「르 그랑 블루(Le Grand Bleu)」가 아닐까 생각한다.

영화는 1965년 그리스의 어느 아름다운 바닷가에서 시작된다. 바다의 잔잔한 물결처럼 감미롭고 부드러운 음악이 흘러나오고, 흑백으로 처리된 아름답고 담백한 섬과 바다의 풍경들이 화면에서 차분하게 지나간다. 그리고 파란색의 자막이 물기처럼 생겨났다 사라지고, 생겨났다 사라진다. 그 그리스 바다에서 함께 어린 시절을 보낸 이탈리아 꼬마 엔조와 더 어린 프랑스 꼬마 작크. 그리고 조금 지나 그 화면은 컬러로 바뀌면서 1988년 이탈리아 시칠리아가 나오고, 성인이 된 엔조는 그곳에서 잠수를 하고 있다. 돌고래들과 형제, 남매처럼 지내는 작크 메올은 잠시 프랑스를 떠나 남미 페루의 꽁꽁 얼어붙은 얼음 속의 호수 밑바닥에서 잠수를 하고 있다. 그들은 바다와 잠수를 천직으로 살아가는 물고기 같은 사람들이다. 그리고 그 거대하고 (Grand) 달빛에 하얗게 반짝이는 짙푸른 색감의 바다 위로 이야기가 서서히 펼쳐져 나간다. 온통 바닷빛의 푸른색이다. 참 아름다운 이야기다.

테라스 레스토랑의 앳돼 보이는 서빙 아가씨에게 산미겔 라이트 한 병을 더 주문한다. 주위를 살펴 그 아이와 눈빛이 마주쳤을 때 병을 들어 '한 병 더'를 요구한다. 필리핀 시골의 까무잡잡한 피부에 맑은 눈빛을 가진 아이, 수줍음을 많이 타고 동글동글한 얼굴에 귀염성이 넘친다. 그 까만 얼굴로 인해 하얀 이와 눈의 흰자위가 더욱 밝게 반짝이는데 그 하얀 웃음 안에 거짓이 들어있지 않다. 우리 모든 인류는 아프리카에서 출발했다. 그 웃음이 내 안으로도 히얗게 번져 들어온다.

여름 바닷가의 오후. 한가하게 파도에 떠밀려 바람 불어오는 테라스의 끝 모퉁이에 앉아, 한 손에 턱을 괴고 그렇게 맥주를 깨작깨작 댄다. 무더운 여름의 바다를 느끼기에 이놈은 매력적인 친구다. 한 모금 더 황금 탄산 알갱이들을 목구멍으로 길게 적셔 넘긴다. 그것이 적당한 소금기의 바람과 함께 삶의 어떤 갈증을 잠시 씻어 준다. 내 삶의 무게도 한 톤 떨어진다. 소박하지만 이보다 더 기분 좋은 상태를 욕심내기 어렵다. 그리고 그 생각 없음 속에 나는 점점 소설『노인과 바다』속으로 스며든다. 이곳에서 나는 늘『노인과 바다』를 생각한다. 달빛이 환하게 비치는 바닷가 테라스에 홀로 나와서도 그 노인을 생각한다. 나는 그 소설의 한 장면 속에 있는 듯한, 그 소설의 일부가 된 듯한 느낌이 좋다. 산티아고 베이에서는 자주 노인 산티아고를 생각한다. 그것이 나에게 어떠한 내면적 안식과 평화 같은 것을 더해 준다. 누렇게 색 바랜 오래된 소설책 냄새, 문학적 영감과 휴식을 느끼게 하는 곳, 문학과 현실이 내 안에서 함께 섞여 드는 중간지대와도 같다. 글의 세계, 독서는 또 하나 안식의 공간이 되고, 입으로 정답을 말할 수는 있으나 그것을 실현할 수 없는 아득한 공간이기도 하다.

언젠가 필리핀의 한 가난한 어부를 등장시켜 그런 단편소설을 써 보고 싶다는 생각도 든다. 뭔가 시(詩)적인 단편소설, 삶은 늘 노래처럼 들썩거리고 그 늙고 까맣게 마른 필리핀 어부의 이름도 산티아고일까? 아니면 영어식 이름인 제이콥(Jacob, 야곱)이라고 해야 할까?

필리피노들은 스페인식 성과 영어식 이름을 갖는다. 그것도 하나의 이곳 역사적 유물이다.

필리핀 톨로사, 노인의 깡마른 검은 살 위로 터질 듯한 핏줄들이 얼기설기 드러나 있었다. 그 검은 핏줄은 오랫동안 고된 노동이 만들어 놓은 시간의 굴곡 같아 보였다. 그 낡고 굵은 핏줄이 노동을 할 때마다 꿈틀거렸다. 때론 위태로운 바다의 생명으로 가득한 노래. 바다의 해류를 따라 생명은, 인류는 이동한다. 바다에 나간 남편, 또는 아들을 기다리는 여자들. 섬으로 거친 바람을 몰아 블랙스톰이 먼 바다에서 밀려오고 있었다. 광활한 바다에서는 그것이 다 보인다. 저 끝에서 들끓는 검은 빛깔, 푸른 바다 너머에 가려진 세상. 욜란다의 폭풍 속은 아름답고도 파괴적이었다. 매일 그 바다로 나아가야 하는 삶. 파도는 모든 냄새와 기억을 지웠다. 오직 오래전부터 인류에게 기억된 바다의 냄새만이 남는다.

산티아고 노인과 바다

석양이 저편으로 기울며 어둑해지는 바닷가로, 금방이라도 산티아고 할아버지가 낡은 쪽배를 힘없이 이끌며, 이곳 산티아고 만으로 쓸쓸히 들어올 것만 같다. 그리고 왼쪽 해변 식당가 쪽에서 작은 사내아이, 마놀린이 할아버지를 배웅하러 요란스럽게 달려 나오고 있다.

"¡산티아고(Santiago)!"

『노인과 바다』는 이런 풍경으로 시작된다.

따뜻한 바다의 멕시코 만, 쿠바의 어느 작은 어촌마을.

이제 거친 바다에 맞서 힘 있게 싸워내야 하는 어부로서의 전성기를 완전히 벗어나 있는 산티아고는, 현재 84일째 단 한 마리의 물고기도 잡지 못하고 있다. 그리고 산티아고는 이제 어부로서의 운도 다할 대로 다했다고 주변 사람들은 그를 비웃듯이 떠들어대고 있었다.

열대 해역 멀리 떠나는 쪽배는 애처롭고, 위태로워 보였다.

소년은 날마다 빈 배를 저으며 힘없이 돌아오는 노인의 모습을 볼 때마다 가슴이 아팠다. 그래서 늘 물가로 내려가서 노인을 도와 사려 놓은 낚싯줄이나 갈고리와 작살, 돛대에 둘둘 만 돛 따위를 함께 옮겼다. 밀가루 부대를 여기저기 덧대 붙인 돛은 둘둘 말려 있는 그 모양새가 마치 영원한 패배자의 깃발처럼 보였다.

노인은 몸이 마르고 여위었으며 목덜미에 주름살이 깊게 패어 있었다. 두 볼에는 열대의 바다가 반사하는 햇빛으로 생긴 가벼운 피부암 때문에 갈색 반점이 곳곳에 나 있었다. 반점은 얼굴 양쪽 아래까지 쭉 번져 있었고, 양손에는 낚싯줄에 걸린 무거운 물고기를 상대하면서 생긴 깊은 흉터가 군데군데 나 있었다. 이 중에 새로 생긴 흉터는 하나도 없었다. 물고기의 씨가 말라 버린 사막의 침식지형처럼 하나같이 오래된 것들이었다.

노인은 머리부터 발끝까지 다 늙어 버렸지만, 그의 두 눈만큼은 바다색과 꼭 닮아 활기와 불굴의 의지로 빛났다.

"산티아고 할아버지."

소년은 조각배를 끌어다 놓은 해안 기슭을 함께 올라가며 밀했다.

"다시 할아버지와 고기잡이 나갈 수 있어요. 그간에 돈 좀 벌었

거든요."

소년에게 물고기 잡는 법을 가르쳐 준 사람은 바로 노인이었다.
그리고 소년은 노인을 사랑했다.

"아니다." 노인이 말했다.

"너는 지금 운이 좋은 배를 타고 있어, 계속 그 배에 있거라."

"하지만 기억 안 나세요? 87일 동안 한 마리도 못 잡다가 3주 내
내 매일같이 큰 놈들을 잡았잖아요."

"기억나고말고." 노인이 말했다.

"네가 날 믿지 못해 떠난 게 아니라는 걸 안다."

"아빠 때문에 떠난 거예요. 저는 아이니까, 아빠 말을 거역할 수
가 없어요."

"알아." 노인이 말했다.

"아주 당연한 거지."

"아빠는 믿음이 별로 없어요."

"그래." 노인이 말했다.

"그렇지만 우리 사이엔 믿음이 있지, 안 그러니?"

"그럼요! 있고말고요." 소년이 말했다.

"제가 테라스에서 시원한 맥주를 한 잔 사 드려도 될까요? 이건
나중에 나르고요."

"좋아." 노인이 말했다.

"같은 어부끼린데 안 될 것도 없지!"

두 사람이 테라스에 자리를 잡자 어부들이 노인을 보며 놀려댔
지만, 노인은 화내지 않았다. 그중 나이 많은 어부들은 노인을 보

고 서글퍼했다. 그러나 내색하지 않고 그저 해류나, 낚싯줄을 얼마나 깊이 내렸는지, 아니면 연이은 좋은 날씨나, 바다에서 본 이런저런 일을 점잖게 이야기했다.

노인의 셔츠는 돛과 마찬가지로 수차례나 기운 것이었고, 기워 붙인 천조각도 햇볕에 바래 다른 빛깔들로 얼룩덜룩했다. 노인의 머리는 무척 늙어 보였고, 눈을 감고 있는 얼굴에는 생기가 하나도 없었다. 무릎 위에는 신문이 펼쳐져 있었는데, 노인의 팔에 눌려 저녁 산들바람에도 날아가지 않고 있었다. 노인은 맨발이었다.

바닷물은 이제 검푸른 빛을 띠고 있었다. 검푸르다 못해 자줏빛에 가까울 정도였다. 그 속을 들여다보니 검푸른 물속에는 체로 거른 듯한 붉은 빛의 고운 플랑크톤이 흩어져 있었고, 그 자리에 햇빛이 비쳐들어 기묘한 무늬의 빛이 감돌고 있었다. 노인은 낚싯줄이 물속에 똑바로 드리워졌나 눈여겨보았고, 주위에 흩어져 있는 많은 플랑크톤을 보고는 기분이 좋았다. 그건 물고기가 주위에 많이 몰려 있다는 뜻이기 때문이다.

그때 낚싯줄에 가벼운 반응이 왔고 노인은 기분이 좋았다.
"한바퀴 돌았던 것뿐이군." 노인이 말했다.
"이제는 덤벼들겠지…."
가볍게 끌어당기는 힘이 느껴지자, 노인은 흐뭇했다. 그리고 곧이어 강하면서도 믿기지 않을 만큼의 묵직한 힘이 느껴졌다. 그 힘은 분명 물고기의 무게와 비례했다. 노인은 낚싯줄을 계속 풀어내다가 두 뭉치로 감아 놓은 여분의 줄도 하나 풀었다. 낚싯줄이 빠르게 풀리며 손가락 사이를 가볍게 스쳤고, 노인은 엄지손가락과 집게손가락에 물고기가 거의 눈치채지 못할 정도로 살짝 힘을 주었는데도 엄청난 무게를 느낄 수 있었다.

"대단한 놈이로군!"

노인은 낚싯줄을 왼쪽 어깨로 옮긴 뒤에 무릎을 꿇고 조심조심 바닷물에 손을 씻었다. 한동안 손을 물에 담그고 있자, 피가 길게 길을 내며 물결을 따라 새어나오는 것이 보였다.

노인은 무심코 먼 바다 저편을 바라보았다. 순간 노인은 자신이 지금 얼마나 외로운지 깨달았다.

먼 곳에 있는 친구인 밤하늘의 별들이 초롱초롱 빛나고 있었다. 별도, 달도, 해까지도 때가 되면 잠을 자지 않는가. 심지어 바다마저도 조류가 없는 고요한 날이면 이따금 잠자는 걸 보았다. 그러니 잠을 자는 것을 잊어서는 안 된다. 억지라도 자야 해.

달이 뜬 지도 벌써 오래되었건만, 노인은 계속 잠을 자고 있었다. 고기는 쉬지 않고 낚싯줄을 끌었고, 배는 구름의 터널 속으로 들어가고 있었다.

그때 갑자기 오른손이 얼굴을 탁 치고, 오른손이 뜨겁게 탈 정도로 빠르게 줄이 풀려 나가는 바람에 노인은 잠에서 깼다. 왼손에는 아직 아무런 감각이 없었다. 그는 풀려나가는 줄을 오른손으로 힘껏 막았다. 그래도 줄은 급속도로 빠져나갔다. 드디어 왼손에도 줄이 잡혔고 노인은 몸을 젖혀 줄을 등에 대고 버텼다. 그러자 등과 왼손이 동시에 타들어가는 듯했다. 왼손이 낚싯줄을 도맡아 끌다시피 하자, 금방 심한 상처가 생겼다. 노인은 낚싯줄 사리를 돌아다보았다. 사리는 술술 풀려 나가고 있었다.

네가 나를 죽이는구나, 물고기야. 노인은 생각했다. 그러나 너는 충분히 그럴 자격이 있다. 나는 일찍이 너처럼 크고 아름답고 침착하고 위엄이 있는 물고기를 본 적이 없어. 그래서 네가 나를 죽인다고 해도 조금도 서운할 것 같지가 않구나. 형제여, 자 어서 와서 나를 죽여라. 이제 누가 누구를 죽이건 상관없다. 머릿속이 혼미해지고 있었다.

아침에 소년이 판잣집의 문을 열고 안을 들여다보았을 때도 노인은 잠들어 있었다. 바람이 심해져 유자망 어선조차도 바다에 나가지 않을 상황이었다. 그래서 늦잠을 자고 일어난 소년은 아침마다 늘 그랬듯이 노인이 걱정돼 찾아온 것이다. 소년은 곤하게 잠들어 있는 노인 곁으로 다가가 숨을 쉬고 있는지 확인했다. 그리고 다음 순간, 노인의 두 손을 본 소년은 울기 시작했다. 소년은 커피를 가져와야겠다고 생각하며 조용히 밖으로 나왔다. 길을 따라 내려가면서도 소년은 내내 엉엉 울고 있었다.

"노인은 좀 어떠시냐?"

어부들 중에 한 명이 소리쳤다.

"계속 주무세요." 소년이 소리쳤다.

어부들이 자기가 울고 있는 것을 바라보고 있었지만 소년은 개의치 않았다.

"절대로 할아버지를 깨우지 마세요."

"코에서 꼬리까지 무려 550센티미터야."

물고기의 골격을 재고 있던 어부가 크게 소리쳤다.

"아마 그럴 거예요." 소년은 대수롭지 않다는 듯이 말했다. 그러고는 곧 테라스로 내려가서 커피 한 잔을 주문했다.

"뜨겁게 해주세요. 우유와 설탕을 듬뿍 넣어 주시고요."

"뭐 다른 필요한 것은 없니?"

"네, 없어요. 나중에 할아버지가 무엇을 드실 수 있는지 알아볼게요."

"정말 대단한 물고기야." 주인이 말했다.

"그런 물고기는 정말 처음 봤어. 어제 네가 잡은 두 마리도 꽤 괜찮았지만."

"그까짓 것, 제가 잡은 물고기는 아무것도 아닌걸요."

소년은 말하다 말고 또다시 울기 시작했다.

"너도 무엇을 좀 마시겠니?"

(더클래식 세계문학 컬렉션 베스트트랜스 번역본을 중심으로 인용함)

산티아고 베이는 한없이 쉬기 좋은 곳이다. 정신 사나운 필리핀 도심을 벗어나, 본래 오래전 필리핀 사람들이 추구했을 삶의 분위기를 느끼기에 좋다. 그것을 느끼는 순간이 좋다.

나와 공간이 갖고 있는 필(feel), 감성이 잘 맞는 곳이라고 할 수 있다. 언제든지 이곳이 그리우면 다시 찾아와 책도 보고, 가벼운 글도 쓰고, 머리에 널려 있는 잡념들도 바람에 털어낼 수 있다. 그리고 해질녘 바닷물이 썰물로 앙상하게 빠져나가기 시작하면서 그 빈자리로 푸르스름한 어둠이 밀물처럼 들어찰 때, 소박한 전구들이 바닷바람에 흔들리는, 그 바다불빛 아래 산티아고 해변의 털털한 식당집 한 테이블을 차지하고 앉아, 숯불에 구운 생선요리와 조금의 밥, 그리고 맥주 한잔을 한다.

그리고 바다 끝의 저녁노을이 자신의 자취를 완전히 감추려고 할 그때쯤, 산티아고 노인이 망망대해에서 혼자 중얼거리던 말들을 떠올려 보곤 한다.

'고기잡이는 내가 살아갈 수 있게 해주는 일이면서, 동시에 나를 죽이기도 하지.'

우리가 아는 희망과 절망, 혹은 어둠과 빛, 상실과 얻음(깨달음), 삶과 죽음도 그런 것이다. 서로가 서로를 살아갈 수 있도록 지탱하면서, 때론 서로를 죽이기도 한다. 반대인 듯 보이지만 같은 영역을 지탱하고 이룬다. 늘 함께 가깝게 공존한다.

'지금은 없는 것을 생각할 때가 아니야. 있는 것으로 무엇을 할 수 있을지, 그것을 생각하라고!'

그리고 산티아고 노인의 그 귀로(歸路)의 모습을 떠올려보게 된다.

'이제 배는 아주 가볍게 나아갔다. 노인은 아무 생각도, 느낌도 없었다. 이제 모든 것은 다 지나가 버렸다.'
'무거운 짐이 없으므로, 배가 아주 가볍게 잘 달리고 있다고 느낄 뿐이었다.'

『노인과 바다』를 평하는 글 속에는 대체로 자기 자신과의 치열한 싸움, 사투, 그리고 그 이면에 존재하는 인간의 고독과 나약함 같은 것을 언급하는 경우가 많다. 하지만 나는 그런 비평스러운 비평보다는 그저 '삶'에 대한 이야기로 읽고 싶다. 헤밍웨이는 그 시골 바닷가 테라스에 앉아 그저 자신이 경험하고 느낀 '삶'을 글로 적었다.
자신의 삶의 경험은 여러 형태로 변주되고 치환될 수 있다. 그것이 글의 형태를 갖추게 되고, 스토리가 되고, 소설이 되는 것이다. 또는 그 삶의 경험이 다른 무엇이 될 것이다.
우린 그런 각자의 삶 속을 산다. 그러나 삶은 늘 그 모습 그대로다. 삶은 있는 그대로 투명하고 맑다. 거짓이 없다. 삶은 절대 사람을 기만하지 않는다.
사람이 사람을 기만할 수는 있지만, 사람이 삶을 기만할 수는 있지만, 삶은 그렇지 않다. 그런 삶을 어떻게 적느냐, 어떻게 사느냐 하는 것은 다 그 사람 각자의 몫이다. 삶은 그 이상을 절대 넘어서지 않는다. 물론 그 이하도 되지 않는다. 오히려 주변에서 요란스럽게 참견하는 비평가들(또는 그런 사람들)이 삶의 '본질'을 왜곡하곤 한다. 그들은 정말로 삶의 본질을 왜곡한다. 때론 그 비평이 지나치게 달콤하고….

우린 그렇게 타인에 의해 왜곡된 삶을 살아가기도 한다. 그냥 다 각자의 모습으로, 그런 자신만의 빛깔로 살아갈 수 있도록 내버려두었으면 좋겠다. 그렇게 서로 내버려두자.

산티아고는 그저 자신이 이해하고 있는 삶을 살았던, 살아가던 쿠바의 한 늙은 어부였다. 그 노인을 헤밍웨이는 그저 머릿속에서 글이 가는 대로 적었다. 그렇게 적었을 것이다. 그곳의 바다의 언어와 냄새로. 그 속에 어떤 큰 감동이 있었다면, 그 또한 평범한 삶 안에 있는 것이다. 삶의 감동과 감격은 아주 특별한 곳에 따로 있지 않다. 삶의 행복과 즐거움 또한 특별한 곳에 따로 있지 않다. 평범한 삶을 잘 가꾸는 것, 그런 자기성찰이 그래서 중요해진다. 그런 것이 우리에겐 필요하다. 그리고 그렇게 차분히, 덤덤하게, 우리들의 삶을 위로하고 다독거릴 수 있다.

　투명하고 매끈한 몸매의 산미겔 라이트 두 병을 말끔히 비우고 테라스에서 이제 일어선다. 한동안 멍하니 리조트와 산티아고 베이 해변을 빙글빙글 돌아다닐 예정이다. 그렇게 시간은 나를 따라 터벅터벅 흘러간다. 나는 그 시간을 절대 앞질러 가려 하지 않는다.

　그리고 바다는 지금 나처럼 말이 없다. 잠을 자는 듯 말이 없다. 창백한 푸른 빛을 띠며 미동도 없이 잠을 잔다.

　그 말(言)을 내 안으로, 바다 안으로 삼킨다. 새로운 언어로의 탄생을 무한히 기다리며….

　필리핀 휴가객들의 표정은 쾌청하다. 맑고 또 맑다. 오늘 바다 위의 까만 밤하늘에 그런 얼굴 표정과도 같은 수많은 별들이 떠오르면 좋겠다. 그런 밤하늘과 바닷가에 홀로 서 있는 시간은 마치 내 안에 굳어 있는 '영원'과도 같다. 그 순간은, 내 안에서 영원처럼 존재한다.

4
창덕궁

나는 봄날의 창덕궁을 천천히 배회하고 있었다. 서울에 미세먼지도 별로 없는, 좋은 날이었다.

그리고 한 연인이 내 주변에 있었다. 남자친구가 창덕궁에 대해 이런저런 설명을 해주고 있다. 그리고 여자는 그 남자의 팔을 두 손으로 꼭 붙잡고, 사랑스러운 미소로 그 얼굴을 바라보며 듣는다.

제법 어린 친구들이다. 갓 스물, 또는 이십 대 초반. 고궁에서 데이트를 즐기는 젊은 커플. 그들의 인간의 결 같은 것을 느낄 수 있었다.

살랑대는 봄바람처럼 부드럽고 곱게, 나는 그 모습에 눈이 부셨다. 눈부시게 아름다워 보였다. 그리고 그 연인이 나를 지나 앞으로 걸어갈 때, 허겁지겁 주머니의 휴대폰을 꺼내 그 찰나를 잡으려 했다. 잡고 싶었다. 그리고 그 찰나를 잡았다.

옆에서 바라보는 나도 저절로 행복해지는 커플. 그런 모습으로 계속 서로를 사랑했으면 좋겠다.

2019년 봄, 창덕궁에서⋯.

5
하루의 순례길, 스페인 그라나다

안달루시아 - 그라나다와 언어

스페인 그라나다 시내 중심부, 뿌에르타 레알에서 사진 한 장을 찍었는데 나도 모르게 우연히 한 여인이 딱! 그대로 잡혔다. 전형적인 안달루싸(Andaluza, 안달루시아 태생의 여자)의 포스가 물씬 풍기는 여인이다.

'으흠, 안달루시아의 여인들을 어떻게 설명할 수 있을까?'

일단 마음이 호탕하고 성격이 화끈하다. 인심도 좋고 마음씀씀이의 선이 굵다. 여자라고 깨작깨작대지 않는다. 그리고 신비로운 내적 아름다움 같은 것을 지녔다. 물론 외모도 빼어나다. 동양인 남자 개인이 서양 여자에 대한 제각각의 취향과 의견(생각)을 갖고 있겠지만, 나에게는 스페인 여자들이 참 예쁘다. 마음씨도 곱고 얼굴도 몸짓도 미소도 아름답다(어쨌든 개인적 호감은 자유니깐). 털털하니 생각이 복잡하지 않다. 낙천적이고 걱정이 적다. 또는 걱정을 하지 않는다.

"뭐, 어떻게든 되지 않겠어."

살가운 스페인어로 오물조물 말하는 그 모습을 가만히 보고 있다가, 나도 모르게 그 초록 눈동자(ojos verdes, 오호스 베르데스) 속으로 빠져들곤 한다. 어린 소녀의 눈처럼 맑게 반짝거리는 초록 바다의 불빛…

그리고 그녀들은 슬픔의 미학을 잘 이해하고 있다. 인간적인 연민의 감정을 잘 안다. 남을 안아 따뜻하게 위로할 줄 안다. 그리고 또 한편 자신의 슬픔을 어떻게 승화시켜야 하는지도 잘 알고 있다. 어쩌면 그것, 슬픔에 대한 자기 생활의 승화가 스페인적 철학의 근간인지도 모르겠다. 아니면, 안달루시아인들의 철학적 근간인지도 모르겠다.

Granada, 그라나다를 단순하게 압축하여 두 가지의 심볼(상징)만으로 정리해 본다면, 물론 이건 사람마다 개인적 차이가 있을 수 있고 또 조금씩 다른 생각이 존재할 수도 있겠지만, 나는 대표적인 하나의 건축물과 하나의 자연물로 그라나다를 정리할 수 있다. 그리고 나는 지금도 그 두 개의 이미지로 그라나다를 단숨에 기억해내고, 그렇게 그라나다의 시각적 모습을 그리워한다.

우선 무엇보다 많은 사람들이 큰 이견 없이 제시할 수 있는 하나, 스페인에 마지막으로 남아 있던 그라나다 이슬람왕국의 붉고 강렬한 흔적, 군사요새이며 나스르 왕조 이슬람 왕의 궁전이었던 '라 알암브라(la Alhambra)'를 첫 번째로 들 수 있을 것이다. 아마도 그라나다 하면 곧바로 알암브라 궁전을 떠올리는 분들도 많을 것이다(스페인어 발음에서 'h'는 소리가 나지 않는 묵음이다). 'Granada is la Alhambra.' 같은 등식도 충분히 가능하다. 특히나 해질녘 알바이신과 사크로몬테를 저녁 산책으로 이리저리 돌아다니다가 산 니콜라스 광장에 우뚝 멈춰 서서 바라보게 되는, 그 붉은 저녁노을에 타들어 가는 시에라 네바다의 산자락과 알암브라의 풍광은 말로 형언할 수 없는 아름다움과 신비함을 갖고 있다. 그 광경 모두가 그 시간에 초현실을 이룬다. 그리고 그 깊은 절경의 시야 속에서 8세기부터 15세기 말까지 이어져 흐르는 시간의 흐름, 그 그라나다 역사의 강렬한 체취와 풍경이 내 안에 그림자처럼 떠오르곤 하는데 그 상상의 파노라마, 공기와 빛과 시간의 다른 굴곡, 붉은 기운의 저녁빛, 그런 공기 중에 타는 듯한 역사의 숨결을 나는 그곳에서 체험하곤 한다. 거대한 역사의 한 장면이 스크린처럼 떠올라 뭔가 아득한 것이 살아 꿈틀거리는 붉은 움직임, 그런 알 수 없는 것들이 그 시간 대기 중을 흐른다(스페인의 남부, 안달루시아 지역은 서기 711년부터 1492년까지 이슬람 세력의 지배를 받았다).

그렇게 붉게 타는 석양이 이시러져 물든 알암브라의 모습은 마치 안달루시아의 여인처럼 고혹적이어서, 남성적이면서도 설핏 검은 망

사 베일로 얼굴을 감춘 여성으로 느껴진다. 야누스적이다. 그라나다
에는 그런 독특하고 신비한 빛과 냄새가 공기 중에 떠다니곤 한다.
그런 것들이 대기에 스며들어 있다. 그라나다를 걷는다는 것은 그런
신비와 몽환 속을 걷는 것과 같다.

라 알암브라(la Alhambra)

산 니콜라스 광장

알바이신

그리고 또 다른 하나, 그라나다를 대표하는 자연 심볼이 있다. 일년 내내 어디서나 눈부시게 바라볼 수 있는, 하얀 눈으로 뒤덮인 봉우리들과 산맥. 바로 '시에라 네바다(la Sierra Nevada)'다. 스페인어로 '시에라'는 산맥을 의미하고 '네바다'는 눈으로 뒤덮인, 그 형용의 의미를 갖는다(미국 서부 캘리포니아에 또 다른 거대한 시에라 네바다가 있다. 1848년 미국의 골드 러쉬, 그로 인해 네바다 주변에 생겨난 도시들이 샌프란시스코, 새크라멘토 같은 곳이다. 1869년 5월, 미국 동서대륙횡단철도가 완공됐다. 그때 1860년대 철도건설 노동자로 중국인들이 대거 유입됐다). 라틴어 계열의 언어들은 일반적으로 형용사가 명사의 뒤에 위치한다. 이를테면 말하고자 하는 것의 명사를 우선 먼저 던져 놓고, 그 뒤에 표현하고 싶은 형용사를 고르는 것이다. 명사를 우선 말해 놓고 그 뒤에 '어떤 형용사, 어떤 꾸밈어를 사용하면 좋을까' 하는 생각의 과정이다. 그것이 더 논리적인 언어학적 순서가 아닐까 하고 나는 생각해본 적이 있다. 물론 인간의 생각의 속도는 그것보다 훨씬 빠르다. 형용사와 명사를 동시에 바로 떠올려 말할 수 있다. 때로 그 생각과 판단은 빛처럼 빠른 것인데 아무튼, 그냥 재미 삼아 말해보는 것이기는 하지만, 보통의 문장 속에서도 명사를 추가로 설명하는 명사절은 서둘러 앞에 나오지 않고, 으레 뒤에 둔다(물론 형용사와 명사절은 전혀 성질이 다른 것이지만). 어쨌든 내 억지식으로 그렇게 추론해 봤을 때, 라틴어의 언어 논리 속에는 어떤 명사 앞에 미리 형용하고 설명부터 하지 않는다는 것이다. 존재가 먼저 있고, 그 존재에 대한 표현이 뒤에 따라 나온다.

　'사람'이 우선(priority) 먼저 있고, 그 다음에 사람에 대한 분별(인식) 같은 것이 있을 수 있다. '존재'에 대한 '존중'이 우선이고 먼저인 것이다.

(당신의) 존재 자체만으로도 우린 존중받아야 한다.

존재만으로도 우린 그 의미를 찾아나갈 수 있다.

느닷없이 스페인어와 라틴어를 붙잡고 무슨 개똥철학같이 지어내냐 할 수 있겠지만, 아무튼 '존재(사람)'에 대한 존중을 우선시하는 것은 매우 높은 생활수준이고 의식수준이다. 함께 살아가는 사회 속에 '사람'을 무시하고 '차별, 분별'이 먼저 앞서 있어서는 안 될 것이다. 그런 사회는 아마도 많은 사람들이 불행을 느끼는 사회일 것이다. 불행이 많은 사회는 사람 그 자체보다 항상 분별과 편견이 앞서 있다. 불행이 많은 사회에서는 늘 어떤 판단과 결론이 지나치게 빠르다.

"저기 말이죠. 좀 천천히 갑시다!"

그리고 이왕 얘기가 나온 김에 라틴어 계열 언어들의 또 다른 큰 특징은 모든 단어들이 남성, 여성, 중성(양성)의 '성(性)'을 갖는다는 것이다. 그것도 나름 재밌는 구석이 있다. 그렇다면 '도서관'은 왜 여성일까. '바다'는 왜, 경우에 따라 남성도 되고 여성도 되는 것일까. 어떻게 양성을 다 갖고 있는 것일까? '산(山)'은 왜 여성명사일까. '숲'은 왜 남성일까. 그러면 '꽃'은 왜 여성이고, '나무'와 '들'은 왜 남성일까? '목소리'는 왜 여성일까?

나는 가끔 그 언어의 성별 속에서 어떤 섹시함을 느끼는 것과 동시에, 거기에는 심오한 철학적 깊이 같은 것이 담겨있지 않을까 생각한다. 왠지 그곳에 아주 오래선 옛 사람들의 깊은 사유와 의미가 담겨져 있을 것만 같다. 나는 그 언어와 단어들 속에서 그런 종류의 생각을 음미해 보곤 했다. 의미가 생겨나고 이름이 붙여지고, 누군가의 입으로 불리는 것은 위대한 시작의 순간이다. 그것이 우리들의 시작이다. 언어, 말, 소리, 호흡.

"네 이름은 뭐니?"

어떤 의미의 시작, 그리고 어떤 교감의 시작. 사건의 발생.

입으로 소리쳐 불러보는 것이고, 손으로 비벼 보는 것이다. 그럼 그 무엇에 조금씩 다가설 수 있다.

여하튼 시에라 네바다의 하얀 봉우리들은 그라나다 어디에서나 쉽게 볼 수 있다. 일 년 내내, 또는 40도를 육박하는 한여름에도 그렇게 하얗게 존재한다. 겨울에는 그곳으로 스키를 타러 가는 사람들도 있지만, 나에겐 스키를 탈 수 있는 장소로서의 의미보다는 어떤 신령스럽고 아득하며 전설처럼 존재하는 장소, 그런 표식, 그런 대상으로서 바라보고 느끼게 되는 곳이다. 그 아스라이 눈 덮인 산맥은 내게 또 다른 차원의 시간과 공간을 머금고 있는 것으로 보였다. 아니면 그건 꿈이었을까? 꿈이었다면, 그건 어떤 꿈의 원형이었을까? 아니면 옛 꿈들의 유령 같은 것이었을까?

'……아니면, 흰색은 본질적으로 색이라기보다 가시적인 색의 부재인 동시에 모든 색이 응집된 상태는 아닐까? 광활한 설경이 무심하게 텅 비었으면서도 의미로 가득 찬 건 이런 이유 때문일까? 색이 없으면서 모든 색이 함축된…'

(『모비딕』의 이슈마엘은 그런 생각을 했다)

시에라의 하얀 가장자리가 구름으로 유령처럼 흩날리고 있었다. 그건 분명 내게 무언가의 순수한, 동결(凍結)된 원형처럼 보였다. 동시에, 몽유병 환자처럼 어둠 속을 떠도는 하얀….

그리고, 이슈마엘의 그 말은 나에게 삶의 깊은 영감을 줬다.

소나기

그라나다의 한거울, 1월의 어느 날. 나는 겨울 볕이 따스하게 드는 공원 벤치에 앉아 그 시에라 네바다를 여느 때처럼 물끄러미 먼발치에서 바라보고 있었다. 티끌 하나 없이 맑고 푸른 안달루시아의 하늘 아래 새하얗게 드러나 있는 네바다의 살결이 아름답고 고왔다. 그 오후 일상의 아름다움에 취해 멍하니 앉아 있었는데, 그렇게 몽롱한 시선으로 반쯤 넋을 놓고 있을 때, 느리고도 또 느리게 흘러가는 시간과 그 공간 속에서 나는 별안간 문득, 황순원님의 소설 『소나기』가 생각났다. 왜일까? 알 수는 없지만….

그 순간 분명 소설 『소나기』가 내 머릿속으로 들어왔다. 『소나기』는 너무나 오래된 작품(1953년)이고, 내가 그것을 읽은 것도 아득한 전설처럼 까마득한 것인데, 그래도 그것이 하얀 백지 위에 곱게 그려진 수채화처럼 제법 선명하게 내 머릿속에 남아 있다. 늘 내 안에서 잊혀지지 않는 소설이고 이야기다.

그렇게 내 안에 남아있는 몇 조각들, 그런 기억의 파편들을 끌어모아, 그것의 대략적인 줄거리를 어떻게든 꿰어맞춰 보자면(그리고 내 기억이 맞다면), 이런 모습과 빛깔의 이야기다.

서울에서 잠깐 할아버지의 시골집으로 내려온 하얀 얼굴의 서울 소녀가 있었고, 또 그 동네에는 까만 얼굴의 한 시골 소년이 있었다. 그리고 그 둘은 우연히 마주친다. 서로 처음 마주쳤던 개울가의 외나무 징검다리에서 소녀는 물장난을 치고 있었고, 소년은 그 징검다리 건너편에 서 있었다. 소년은 좀처럼 그 징검다리를 건너지 못한다. 그래서, 그리고 소녀는 조약돌 하나를 집어 그 소년에게 던지며 "이 바보!"라고 외치곤 달아난다.

소년은 그 소녀가 자신에게 던진 그 하얀 조약돌을 늘 주머니 안에 품고 다니며 만지작거린다. 시간은 흐른다. 그렇게 어느새 친해지게 된 소년과 소녀는 어느 날 먼 곳에 있는 산 쪽을 바라보다가, 소녀가 불현듯 "우리 언제 저곳으로 놀러 가지 않을래?" 하고 제안을 한다. 하지만 소년의 반응은 시큰둥하다. "저게 저래 봬도 제법 멀다." 그러자 소녀는 "애개, 저게 멀면 얼마나 멀게…."

그리고 그렇게 둘은 어느 날 소풍처럼 그 먼 산을 향해 길을 나선다. 그 두 아이가 걷는 산길, 밭두렁 위로 수많은 들꽃이 피어 있었다. 그리고 그곳에서 삽시간에 몰려드는 검은 구름, 갑자기 뜻하지 않은 '소나기'를 만나게 되는데, 치켜든 얼굴 위로 빗발이 세차게 때린다.

수수밭 쪽에 있는 수숫단 속에 비를 피해 그 둘은 들어간다. 처음에 소년은 그곳에 들어서지 못하고 밖에서 온통 비를 맞았다. 그렇게 서로 쪼그려 앉은 그 둘의 무릎 살갗이 서로 살짝 닿게 되고… 차갑게 떨리는 몸과 서로 따스하게 닿는 살갗의 온도.

되돌아오는 길, 소나기로 개울물이 엄청나게 불어나 있다. 소년은 등을 돌려 소녀에게 업히라고 하고, 소녀는 그 소년의 목을 끌어안고 업힌다. 그리고 그렇게 그 소나기의 징검다리를 둘은 건넌다.

한동안 모습을 보이지 않는 소녀. 그 소나기 때문에 열병을 며칠 앓았다는 소녀가 소년 앞에 나타났다. 그리고 소녀는 자신의 옷 앞자락을 내보이며 이렇게 말한다.

"그날 냇가를 건널 때 내가 너의 등에 업힌 일 있지? 그때 네 등에서 옮은 물이야."

소녀의 눈은 사랑스러운 물방울로 반짝거렸다. 마치 그 고운 꽃물처럼 맑고 투명하게.

소녀는 또다시 모습을 보이지 않는다. 왜일까? 알 수 없다.

그리고 소년은 가물가물거리는 어느 날 저녁, 부모님이 그 소녀에 대해 떠드는 이야기 소리를 언뜻 엿듣게 된다. 소녀는 병으로 죽게 되었고, 그 보라색 꽃물이 든 옷을 입혀 묻어 달라고 유언했다.

'그날 냇가를 건널 때 내가 너의 등에 업힌 일 있지? 그때 네 등에서 옮은 물이야.'

그리고… 좋아하는 사람을 잊지 말아 달라는, 들판 어디에나 피어 있는 야생화, 하얀 개망초. 그 개망초 꽃이 흐드러지게 핀 시골길은 가을 햇살에 말라 가는 풀 냄새로 진동하고 있었고, 소년은 그 길을 말없이 걸었을 것이다. 소년이 소녀를 만났던 개울물은 나날이 여물어 갔다.

나는 시에라 네바다를 바라보던 그날 그때, 문득 하늘 위로 스치는 바람 소리처럼 『소나기』의 그 부분이 생각났다.

우리 언제 저곳으로 놀러 가지 않을래?

저게 저래 봬도 제법 멀다.

애걔, 저게 멀면 얼마나 멀게….

그렇게 소나기는 내 안으로 번지고

그래서 나는 1월 어느 날 일요일 아침 일찍 일어나, 운동화 끈을 질끈 동여매고, 시에라 네바다의 그 하얀 봉우리에 최대한 갈 수 있는 데까지 가 보기로 했다.

1월은 에네로(Enero)다. 라틴어로는 야누아리우스(Ianuarius, 본래 'I'가 먼저였다). 야누스(Janus)는 로마신화에 나오는 집이나 도시의 출입구, 문(門)을 지키는 수호신을 말한다. 또는 전쟁의 신. 영어에서 1월, January는 '야누스의 달'을 의미하는 라틴어 야누아리우스(Januarius)에서 유래한 것인데, 1월은 1년이라는 '시간의 문'이기도 하다. 하지만 그것은 '입구'이면서 동시에 무언가를 떠나보내는 '출구'가 된다. 그래서 야누스적이다.

최대한 가까이 가 보자! 눈에는 보이지만 닿을 수 없는 곳일까? 또는 어쨌든, 닿을 순 있을까?

가 보고 싶었다. 그렇게 나는 길을 떠났다.

그 일요일, 짧은 하루의 순례길처럼, 그렇게 하얀 봉우리를 향해 걷기 시작했다. 그리고 그곳에 이르는 길은 생각보다 무척 멀었다.

그라나다 시내의 중심부를 벗어나 큰길로 접어들었다. 그라나다 시내에서 멀리, 더 멀리 떨어져 걸으며 가끔 뒤를 돌아 지나온 길을 바라보기도 했고, 아래로 내려다보이는 시내 외곽 마을 집들의 빨간 지붕과 하얀 빛, 그리고 알암브라의 성벽처럼 불그스름한 색으로 굽이치는 산자락을 멀리 응시하기도 했다(알암브라의 또 다른 별칭이 'la Roja=the Red'이다. 아랍어 'Al Hambra'의 뜻 자체가 'The Red'를 의미하기도 한다. 그 '라 로하'는 또한 스페인 축구 국가대표팀의 애칭이기도 하다). 그 헐벗은 산자락이 건조한 겨울 햇볕에 말라 붉은 빛으로 타오르고 있었다. 안달루시아의 자연은 메마르고 척박한 듯 보이지만 그 속에 묘한 매력이 있다. 어떤 신령스러운 메시지 같은 것이 노란 햇살 속을 떠돈다. 고운 금빛 가루 같은 햇살의 입자들과 함께 떠다니는 신비한 기운, 그런 정신적 에너지 같은 것을 느낄 수 있다. 그것은 때론 이슬람교도의 영적이고 몽환적인 기도소리가 계속 반복되어 들리는 듯한 느낌이 되기도 하고, 때론 가톨릭의 그리스도교적 영감 같은 것으로 느껴지기도 한다.

걸어 올라선 하나의 산 언덕 위. 바람결에 그 햇살이 빗금 치듯 수없이 날린다. 그리고 공기 중에 떠도는 알 수 없는 기도소리 같은 것… 바람 소리인지, 혹은 세상을 떠도는 어떤 소리인지, 아니면 세상 저편에서 넘어온 어떤 것인지… 그곳에 잠시 나는 멈춰 서 있다.

시간은 바람처럼 흐른다. 그리고 나는 또다시 뒤돌아 걷는다. 그렇게 걷고 걷는 어느 순간, 소설『소나기』의 어떤 장면들이 조금씩 내 머리 위로 떨어졌다. 두 아이, 즐거운 소풍, 바람 소리, 젖은 구름, 수수밭, 굵고 두툼한 빗줄기….

그리고 그 단편소설을 기억하고 회상하며 만든 노래라는, '부활' 김태원의 시(詩)처럼 아름다운 노래, 그 〈소나기〉의 가사들이 마치 그 소설 속 그날의 소나기처럼 내 안으로 번져 나갔다.

갑자기 먹구름으로 까맣게 뒤덮이는 하늘, 그리고 수숫단 위로 후드득 떨어지던 그 빗소리의 따스함. 푸른 나무 숲 잎사귀들을 마구 흔들어 깨우며, 따스하고도 차가운 빗줄기의 끝없는 숲의 향연. 비의 교향곡… 그 풍부한 자연의 소음들이 짙은 비의 살냄새를 풍기며 창가에 음악 소리처럼 수없이 튕겨져 오르고 내리친다.

단단한 빗방울들이 부딪쳐 튕기고 또 튕겨오른다. 자연은 선명한 자신의 색감을 되찾고 시간은 함께 부풀어오른다. 그리고 마른 기왓장 위로 까만 자국의 빗방울이 떨어져 스미고, 그 기와집 처마를 타고 굴러 떨어져 깨진다. 그런 여리고도 아픈 빗소리처럼, 튀어오르는 물방울의 수많은 파편들… 깨짐….

그 한때의 소나기가 내 목덜미를 타고 내 마음 안쪽으로도 아릿하게 흘러들었다.

소나기

부활, 1993년, 앨범 《기억상실》 중

어느 단편소설 속에 넌 떠오르지

표정 없이 미소 짓던 모습들이

그것은 눈부신 색으로 쓰여지다

어느샌가 아쉬움으로 스쳐 지났지

한참 피어나던 장면에서 넌 떠나가려 하네

벌써부터 정해져 있던 얘기인 듯

온통 푸른빛으로 그려지다

급히도 회색 빛으로 지워지었지

어느새 너는 그렇게 멈추었나

작은 시간에 세상을 많이도 적셨네

시작하는 듯 끝이 나버린

소설 속에 너무도 많은 걸 적었네

시작하는 듯 끝이 나버린

소설 속에 너무도 많은 걸 적었네….

살아가는 동안 우린 종종 그런 '소나기'를 만나곤 한다. 아니, 사는 내내 수많은 소나기에 머리와 옷이 젖고, 묘한 감정이 일어나고, 어떤 아픔을 느끼고, 그리워하고, 잠시 우두커니 멈춰 서고, 또다시 앞으로 나아간다. 그런 체험들, 감정들과 무수히 마주치곤 한다. 대지의 살갗 속으로, 삶의 살갗 속으로 파고들고 흘러드는 그 빗물. 그곳에서 짙은 먼지처럼 일어나는 흠뻑한 삶의 민물 냄새들… 그리고 지워지지 않는 어떤 기억들….

그것은 소설 속의 그런 순수한 사랑일 수도 있고, 우리 어린 시절의 어떤 깨끗하고 투명한 열병(熱病)같은 것일 수도, 또는 유리병처럼 맑은 어릴 적 꿈 같은 것일 수도 있다. 그런 것들의 순수한 원형, 더럽혀지지 않았던 원형. 그런 아득한 곳에 머물러 존재하는, 순수한 열정의 맑은 결정 속에 남아 있는, 그래도 존재하는, 순수한 꿈의 작고 하얀 돌멩이 같은 것. 오래전 빗속에 어려 있는 비릿한 시간 냄새 같은 것.

하늘

어떤날, 1986년, 앨범《1960·1965》중

창밖의 빗소리에도 잠을 못 이루는 너
그렇게 어린 가슴
소리 없이 떠나간 그 많은 사람들
아직도 기다리는 너….
어둡고 지루했던 어제라는 꿈속에서 어서 올라와
저기 끝없이 바라볼 수 있는 하늘 있잖아
저렇게 다가오잖아
그렇게 얘기해
그렇게 웃어봐
그렇게 사랑을 해봐

그런 흐릿한 옛 냄새와 감각이 점점 뒤로 사라지지만, 어느 날 그런 것들을 손에서 놓쳐 자꾸 잊혀지지만, 자꾸 그런 걸 까먹게 되지만,

그것이 어떤 폐색과 망각 속에 파묻혀 버리지만, 그런 것들이 있었다는 사실 그 자체를 잊어, 잊고 살아가지만… 기억되지 않는 삶. 기억, 상실.

우리가 그런 것들을 기억해내고, 찾고, 가끔 뒤돌아보는, 오늘에 되살려 살아가고자 하는 노력은 분명 필요할 것이다. 그 시절로 돌아갈 수는 없지만, 그 시절의 것을 현재의 마음속에 되살려 살아갈 수는 있다.

그런 감각을 잊지 않는 것은 중요한 것이어서, 그냥 좀 더 '인간적인' 기억과 느낌을 되찾는 것이라면 좋겠다. 그것이 무엇보다 나를 행복하게 하고, 그것이 내 안을 풍요롭고 건강하게 하기 때문에, 내 몸이 '정직하게' 느끼는 대로 사는 것은 내 자신에게 유익하다. '나'라는 삶 안에 가장 중요한 부분이기도 하다. 그렇게 '정직하게' 나를 느끼려면 혼자만의, 그런 깊이의 시간이 종종 필요하다.

스스로를 분석하는 시간…. 그리고, 그 '인간적인'이라는 것의 참된 의미를 바르게 더듬어 볼 필요도 있다. 그것을 쉽게, 잘못 생각해버리면 현대사회에서 기괴한 것이 돼버릴 수도 있기 때문이다. 인간관계에서 몹시 밀착해 탁하고 문란해지는 것과 '인간적인' 것은 분명 다르다. 인간적인 것은 보다 맑다. 필요한 거리와 시간, 호흡과 인간적 예(禮)가 있고, 그래서 보다 깨끗하고 맑다. 그것은 분명 문란하거나 탁한 모습이 아니다. 그런 질척대는 관계의 모습이 아니다.

그리고 그 '(나에게) 정직하게'라는 것도 잘 더듬어 볼 필요가 있다. 우리는 이제 어떤 것을 '정직하게' 느끼기에 몸이 많이 훼손되어 있는 것 같다. 정직하고 투명하게 뭔가를 느끼고 인식하기에 몸과 생각이 너무 이상하게 작동하고 반응한다. 몸과 생각이 때론 심하게 뒤틀려 있다. 그래서 무엇인가를 자기 왜곡해서 인식하고, 자기 이기적으로만 해석하려 든다. 그렇게 뒤틀린 생각의 습관과 관성으로 먼저 반응하게 된다.

자기가 자신을 기만한다. 자기가 자신을 기만하려고 한다. 모든 사실을 자기(합리)화해 버린다. 그것이 우리 속에 필요한 진실을 왜곡시킨다. 공감되어야 할 그 진실이, 그러는 사이 너덜너덜해진다.

입 안에 담긴 언어들이 훼손되어 있다. 심하게 오염되어 있는 언어들이다. 그래서 우린 이따금 다른 언어의 공간을 바람 쐬듯 둘러보아야 한다. 다른 아름다운 언어들을 손으로 매만져야 한다. 입 안에서 계속 속되고 문란한 언어들이 고여 있도록 방치해서는 안 된다. 늘 그저 그런 사람들을 만나 속된 언어들을 반복한다. 잘못된 습관처럼, 또는 아무 자각 없이.

그 자체를 이따금 입 안에서 씻어, 헹구어 줄 필요가 있다. 시원한 블루민트향으로 입안을 가글하는 것처럼, 그런 가글 같은 언어들로 시원한 입안. 탁한 현실을 조금은 정화시켜 줄 수 있는 언어들. 말로 살아가야 하는 입안의 현실을 조금은 개운하게 헹궈 줄 수 있는 언어들…

그럼, 내 자신의 몸과 마음도 개운해질 것이다. 입안의 아픈 염증을 조금은 치료해 줄 수 있을 것이다.

순수문학이나 시(詩)를 음미하고 읽는 듯한 기분의 공간. 언어와 생각의 아름다움을 이야기하고 있는 공간. 삭막한 현실과는 좀 거리를 떨어뜨리는 휴식의 공간.

그런 잠시의 회복, 또는 내 안의 언어적 치유. 내 안에 어떤 언어들이 들어차 있느냐 하는 것은 내 자신의 행복과 매우 밀접하게 관계해 있는 것이어서, 어떤 단어들과 어떤 언어를 사용하고 있느냐 하는 것, 어떤 단어들로 생각과 행복을 구성하고 있느냐 하는 것, 그런 치유의 통로와 환풍(換風)이 우리에겐 필요하다. 그리고 말라붙어 갈라진, 내 마음 위로 그런 소나기와 물기를 이따금 떨어뜨려 주어야 한다. 내 마음이 너무 가물지 않도록.

　높은 곳 저 끝, 햇살 아래 하얗게 부시는 것이 시에라 네바다다. 아직은 조금 더 가까이 걸어야 하지만, 그 부드러운 속살이 선명히 보이기 시작한다. 그리고 뒤돌아 반대편 저 끝, 아득한 곳에 하얗게 무리 지어 있는 그라나다 시내의 집들을 바라본다. 그곳에 내 집, 내 보금자리도 함께 끼어 있다. 그 집에서 네덜란드인 남자와 여자, 그 두 젊은 청년과 함께 살고 있다.

　제법 먼 길을 떠나왔지만 무척 기쁘고 행복했던 그날 하루의 기분. 그 건조한 산들바람에 흩날리던 내 영혼의 기분.

　삶의 기쁨과 행복은 분명 우리들 주변 매우 가까운 곳에 있는 것이지만, 먼 길을 돌아다녀오는 순례의 정화(여과)작용을 통해, 그 가까운 곳의 기쁨과 행복을 비로소 내 삶의 것으로 깨달을 수 있고, 얻을 수 있다. 그것이 '순례(필그리미지)'가 갖고 있는 의미다.

그래서 우린 종종 길을 떠나야 한다. 무거운 일상의 반복과 주변에
화석처럼 쌓여 있는 먼지를 털어내고, 떠나야 한다.

그리고 다시 집으로 되돌아와, 당신만의, 나만의 기쁨과 행복을 찾
을 수 있다.

그리고, 그리운 그라나다의 풍경들

시에라 네바다에서 발원하는 헤닐(Genil) 강을 따라 그라나다 시내 중심부를 빠져나와, 서남쪽 방향으로 자주 산책 나오던 길이다. 그 산책길 위에서 바라보는 시에라 네바다도 참 근사하다. 그리고 또 다른 한 곳, 그라나다 기차역을 남쪽 아래로 지나는 작은 다리 위에서 바라보는 네바다도 그 기찻길 풍경과 함께 무척 아름다운 그림이 된다. 특히 해가 반대편 서쪽으로 뉘엿뉘엿 기울면 희미한 붉은 빛의 석양을 반사하고 있는 시에라 네바다의 하얀 산자락과 그 영롱한 붉은 곡선들은 신성하고 엄숙한 영감을 준다. 가던 길을 멈추고 해 저무는 그 시간에 한참 그곳에 서 있곤 했다. 그러면 신비한 저녁 어스름이 내 안으로 스며들었다. 그라나다의 공간은 그런 독특한, 알 수 없는 감정을 불러 일으킨다.

스페인의 지방 외곽을 다니다 보면 때론 프랑스나 이탈리아, 도심 외곽이나 시골에서 드물게 많은 양떼를 몰고 가는 목동을 만나곤 한다. 도로에 한가득 들어찬 양들. 빨강, 파랑, 원색의 작은 자동차들도 그곳에 잠시 멈추어 쉬고 있고, 그 하얀 양들이 도로와 차량들을 완전히 뒤덮어버린 채 천천히, 아주 천천히, 뭉게구름처럼 지나간다.

그곳에는 그런 삶의 여유와 자연의 배려가 있다. 그런 마음의 여유가 몸에 배어 있다. 시간이 여유롭게 흘러갈 수 있도록, 자연스럽게 흘러갈 수 있도록 그냥 내버려둔다. 스페인을 다니다 보면 건널목에서 자동차 운전자와 내가 서로 먼저 가라고 길을 양보하는 장면이 잦다. 그런 순간의 실랑이 속에 결국, 내가 운전자를 이기지 못하고 양보된 길을 건너며 입 모양을 크게 벌려 '그라시아스(Gracias, 감사합니다)'하고 큰 메아리를 보낸다. 그 운전자의 파란 눈이 순간 반짝거린다. 푸근하고 부드러운, 그 눈가에 여유 있게 번져있는 잔주름들. 표정에 깊이 번져 있는, 행복해 보이는 소탈한 웃음. 삶에 여유가 있다. 삶의 시간을 즐길 줄 안다.

양치기는 인류의 전설과 신화 시절부터 존재해 온 아주 오래된 인간의 직업이다. 인간 태초의 옛 기억과도 비슷하다. 광활한 넓은 들판(초원)을 천천히 하얀 양들과 함께 걷는다. 그런 삶의 옛 질감처럼, 그런 옛날 사람 느낌의 마음으로 사는 것이 인간에게 나쁠 것은 없을 것이다. 그런 인간의 오랜 감각을 기억하며 사는 것이 인간에게 결코 나쁠 것은 없다.

멀리 보이는 하얀 시에라 네바다, 가느다랗게 냇가로 흐르고 있는 하류의 헤닐 천(川), 그 길가에 양떼가 아니라 염소들로 보이는 녀석들이 저 앞에 하얀 지팡이를 들고 있는 목동 아저씨를 따르고 있다 (사실 염소와 양이 뒤섞어 있다). 그 풍경이 참 한가롭고 좋다.

'인간은 본래 저런 풍경처럼 살아야 하지 않을까? 그런 느린 속도로 잠시 지낼 때도 있어야 하지 않을까?'

그렇게 끊임없이 생각의 초원을 걸으며, 안에 깊이 박힌 인간적 행복의 본능을 되짚어 볼 수 있다. 또는 내 원시적 행복의 본능을….

그라나다는 유명한 관광지로도 좋겠지만, 인간적 모습의 삶을 물씬 느낄 수 있는 곳이기도 하다. 좀 더 그 삶 속에 밀착되어 지내다 보면 동네 사람들의 인정(人情)도 많고, 그런 인간적인 동네 분위기를 도시 안에서 공기 촉감처럼 느낄 수 있다. 사람들도 참 소박하고 털털하다. 흔하게 접할 수 있는 그라나다 음식들도 맛있다. 아주 맛깔스럽다. 거기에 붉은 스페인산 와인을 입 안으로 흘러 넣는다. 그 맛들이 녹아 혀에 감겨든다. 입 안이 와인의 그 알코올로 깔끔하게 정돈된다. 으흠, 동네 바르에 서서 타파스와 와인 한잔, 또는 맥주 한잔. 마주 서 있는 오랜 단골 아저씨들과 때론 노닥거린다. "스페인어를 잘 하네! 여기서 공부해…(그라나다는 교육도시이기도 하다)" 때론 노년의 주인장께 "삼촌(tío), 이거 어떻게 요리해요? 하, 끝내주네!" 그럼 아주 자세히, 열심히 설명해 주신다. 뭔가를 물으면, 그렇게 살갑게 알려 주신다. 그라나다의 그 음식 인심의 후함은 말할 필요도 없다. 너무 많이 줘서 걱정이다. 나는 그라나다에서 지내는 동안 맛있고 배부른 기억이 대부분이다. 그리고 마음이 건조하면서도 보들보들해진다.

내가 있을 때 2부 리그에 있던 축구팀(그라나다 CF)도 1부 리그에 올라왔다. 하얀색 바탕에 가로 줄이 쳐진 빨간색 줄무늬 상의, 그리고 밝은 파란색 하의의 유니폼이 기억난다. 그런데 1부 리그에서 하는 것이 어째 늘 불안불안하다(이따금 TV로 유럽 축구를 본다).

축구경기가 열리는 날, 주택가 한켠에 있는 축구장 누에보 로스 카르메네스(Nuevo Los Cármenes)의 주변 풍경은 이른 시각부터 무척 떠들썩하다. 예쁘게 머리핀을 한 어리고 작은 소녀들이 투박한 할아버지의 손(올리브 농사를 짓고 있을 것만 같은)을 꼬옥 잡고 있다. 그 올려다보는 작은 눈망울이 그렇게 맑을 수가 없다. 그 작은 입에서 동글동글 굴러 나오는 스페인어 소리는 마치 동화 속과 같다.

그런 날은 경기장 앞에 줄지어 있는 바르(bar)들도 큰 대목이다. 경기가 열리기 한참 전부터 동네 이웃들끼리 와인과 맥주, 그 알코올로 서서히 몸 안을 예열하면서 스페인 특유의 왁자지껄한 수다와 웃음이 끝날 것 같지 않게 계속 이어진다.

그렇게 그라나다 CF(Club de Fútbol, 클룹 데 풋볼)는 몇 해를 1부 리그에서 보내다가, 최근 다시 2부 리그로 떨어졌다. 내가 좋아하는 스페인 축구클럽 팀과 상관없이, 한국에서 그 소식을 들으며 나는 가슴이 조금 아팠다. 그라나디노스(Granadinos, 그라나다가 고향인 사람들)들의 슬픔이 나에게도 전달되고 느껴졌기 때문이다(그런데 다시 재승격, 2019~2020년 시즌 초반 돌풍을 일으키고 있다. 그래서 나는 또 "얼씨구나, 이것 봐라…" 하고 있는데. 홈에서 바르셀로나를 2:0으로 잡았다. 그날 그라나다에는 아마도 큰 소동이 있었을 것이다. 어쨌든 현재 순간의 순위도 라리가 1위다. "너, 정말 어쩌려고 그러니?"). 그 동네 할아버지, 아저씨들의 초록 올리브 잎 같은 너털웃음과 어린 손녀들의 예쁜 분홍색 꽃치마와 반질반질 윤이 나던 작은 구두가 나는 눈에 선하다. 할아버지 손을 잡고 바르에서 맛있는 타파스를 얻어먹기도 한다. 그것을 입으로 오물오물거리면서, 동글동글 작은 참새처럼 연신 떠들어댄다. 그렇게 한가하고 정겨운 휴일 오후의 어느 날이, 그곳 풍경들이 그리워지곤 한다. 내 마음의 창에 물기처럼 어른거리는 풍경이다.

그렇게 그리워하던 그라나다를 무척 오랜만에 다시 찾았을 때, 나는 내가 예전에 다니던 바르와 식당들을 순회하며 실컷 먹고 마셨다. 너무 많이 녹슨 내 스페인어가 삐걱삐걱거리며 튀어나왔고, 그 녹슨 곳에 나름 부드러운 기름칠이 될 때쯤, 아쉽게도 스페인을 떠나야 했다. 40일 정도의 그리운 스페인 여행이었다. 그리고 산 니콜라스 언덕에 서서 깊은 침묵으로 건너편의 시에라 네바다와 알암브라를 한참, 아주 한참 응시하고 있었는데 나는 어두워지고 있는 그 자리를 좀처럼 떠나지 못했다. 그 어둠 속에서 바람을 맞으며 그렇게 한참 서 있었다. 그 시각 알암브라는 더욱 붉게 타오르고 있었다.

고속도로가 지나는 그라나다 도시 남쪽의 넓은 공원을 어정거리다 보면 북쪽의 하엔(Jaén, 스페인에서 올리브 재배로 유명한 곳)으로 가는 커다란 도로 표지판이 보인다. 그곳 벤치에 앉아 바라보던 한없는 하늘과 풍경들, 그 일상의 망중한이 지금도 또렷하다. 그러고 있으면 그 티끌 하나 없는 파란 하늘이 내 가슴에 무척 가깝게 다가왔다. 때로 비행기가 하얀 선을 그으며 날아갔다. 그 고속도로 밑으로 나있는 굴다리 같은 작은 굴뚝길을 지나면 그라나다의 소박한 시골 들판이 여러 채의 낡은 목조 헛간들과 함께 넓게 펼쳐져 있다. 너그럽고 한없는 들이다. 우리 인간은 때때로 그런 끝없이 딱 트인 공간 앞에 서야 한다. 그럼 일단 눈과 마음이라도 시원해진다. 가슴과 눈이 크게 열려 시원하고 끝이 없다. 그런 일상의 한가함과 여유와 넓음, 풍요로움이 있는 곳. 빠르게 돌아가는 듯한 사람들의 생활 속에도 곳곳에 여유와 넓은 틈이 있다. 사람의 마음이 소박해지면, 그 마음 안에는 자연스럽게 여유가 생겨난다.

가로등 불빛이 예쁘게 들어오는 저녁, 그라나다 시내 중심부 비브람블라 광장의 벤치에 모여 앉아 낡은 수다를 잔잔하게 떨고 계신 스페인 할머니들… 나도 '무슨 수다를 그렇게 재미있게 하고 계신가' 옆에 앉아 듣는다. 할머니들의 소소한 수다 소리가 자장가처럼 내 안으로 넘어 들어온다. 할 일 없는 저녁 시간에 나는 그곳 벤치에 앉아 쉬곤 했다. 비좁은 골목의 이슬람식 전통시장인 알카이세리아가 그 옆에 있고, 이런저런 다양한 기념품 가게와 식당들이 그 광장 둘레에 있다. 그곳 일상의 시간은 넓고 헐거웠다. 공간에 따라 시간은 다르게 흘러간다. 사람은 그렇게 다르게 흐르는 시간의 공간 속을 산다.

분홍색 책가방을 멘 작은 여자아이가 할아버지 손을 잡고 헤닐 천을 따라 학교에 가던 정경들(할아버지가 책가방을 메거나 바퀴 달린 것을 끌고 가기도 한다), 학교 가는 길에도 아이들은 끊임없이 쫑알쫑알댄다. 학교 앞에서 투박한 할아버지의 양 볼에 입술을 맞추고 하얀 고사리 손을 높이 흔들며 딸랑딸랑 학교 안으로 들어가는, 그리고 내 시선 뒤에 남는 그라나다의 구수한 인간적 냄새들… 그라나다의 공기 냄새. 8세기, 10세기부터 흘러내려온 듯한 그 오래된 그라나다 냄새. 알암브라가, 누에바 광장이, 또는 까예 데 산 안톤이, 알바이신의 작은 골목들이 햇볕에 그을릴 때 그런 냄새가 났다. 그리고 내 눈에 그 할아버지 이마에 깊게 패인 주름들이 들어오고, 그리고 그 흙처럼 선한 눈… 그 눈빛… 뭔가가 비워져 들판처럼 넓은 그 눈빛.

그라나다의, 그냥 처다보고 있는 것만으로도 심심하지 않은 넓은 풍경과 인간적 정경들이 나는 그리워지곤 한다. 그라나다에 대한 글을 쓰고 있다 보면 그런 감정들이 내 안에서 들불처럼 일어나곤 한다.

어느 날 저녁 무렵 비브 람블라 광장

내가 좋아하는 그라나다 바르 중에 하나, 아빌라(Ávila)

플라멩코의 여인들은 겉보기에는 격렬한 춤과 노래로 말하고 있는 듯 보이지만, 실상 그녀들은 '눈물'로 자신의 삶과 인생을 채우고 있다. 내면으로부터 솟구치는 슬픔과 눈물의 절정으로써, 그 격정으로써 자신을 표현하고 있는 것이다. 인간의 눈물과 슬픔도 그 끝부분, 가장자리에서는 기쁨과 환희의 맛을 갖고 있다. 그 끝에서는 달콤한 맛이 난다.

그것이 누구나 자신을 살아갈 수 있는 지혜이기도 하다. 삶은 늘 기쁠 수도, 늘 슬플 수도 없다. 그것들이 적절히 함께 섞여들어야 방심하고 나태해지지 않는다. 오히려 인생에서 가장 경계할 것은 그런 슬픔도 기쁨도 아닌, 끝도 모를 인간적 나태와 오만일지 모른다. 그리고 그것이 인간을 추하게 한다.

안달루시아인이 흘리는 눈물의 결정체와도 같은 소금. 그 끝에 소금처럼 하얗게 맺힌 기쁨과 환희, 그 단맛을 이해할 수 있을 때 인생은 더욱 가볍고 새처럼 날아갈 듯하다. 플라멩코 여인의 울긋불긋한 긴 치맛자락이 눈물을 튕기며 한껏 소용돌이 치고 있고, 가냘프지만 힘찬 그 손짓의 끝에서 눈물의 꽃이 활짝 피어난다. 여인의 몸은 안으로 터져 밖으로 나아가는 슬픔의 절정을 향해 치닫는데, 그리고 안으로 터진 그 슬픔이 밖으로 하얗게 뿜어져 나오는데, 그런 하얀 결정의 어떤 것… 그것은 분명 삶의 단맛이다.

그리고 그 춤의 마무리 지점. 그 포즈에 정지해 선 여인의 얼굴은 기쁨과 환희로 가득하다. 안에 차 있던 슬픔의 응어리는 스스로 공중분해되어 버린다. 그것이 아니라면, 눈물과 기쁨의 그 어느 경계쯤에서 춤을 마무리하고 서 있는 것이다. 그것은 삶의 눈물도 기쁨도 슬픔도 아니다. 그런 분별이 아니다. 슬픔과 설움과 눈물의 재료들로 창작(創作)해내는 삶의 환희의 노래 같은 것. 그런 춤이고 격정이다. 그런 것들로 자신의 기쁨을 완성한다. 그런 예술적, 창의적, 일상적 승화.

나는 그 순간 넋을 잃고, 손바닥이 타들어갈 듯한 뜨거운 박수와 운 그란 베소(un gran beso, a big kiss)를 연신 여인에게 날린다.

그들은 그렇게 살아가는 사람들이다. 슬프다고 슬픔에 짓눌려 있지 않는다. 걱정과 걱정에 짓눌려 있지 않는다.

우리들의 감정도 불순물이 끼어 있지 않은 단순과 순수에 가까울수록, 그 기쁨도 즐거움도 안으로 쉽게 흡수되어 들어올 수 있다. 오히려 그런 온갖 불순물들을 몸 밖으로 배출해낼 때, 삶의 기쁨과 환희는 단순하고 순수한 일상 위에 꽃처럼 피어난다. 본래 삶의 기쁨과 즐거움은 단순하고 순수한 일상 안에 수분처럼, 공기처럼 어려 있다.

그 기쁨과 행복은 복잡하지 않다. 순수하고 단순하다. 아주 순수하고 단순하다.

6
이탈리아 친퀘 테레를 걷다

친퀘 테레와 언어

이탈리아 북서부의 파란 지중해길, 친퀘 테레를 오늘 걷는다. 부드러운 구릉의 중부 토스카나의 피렌체(르네상스, 메디치)를 돌아, 지중해 바다를 향해 북서쪽으로 계속 나아가 갈릴레오의 피사를 거치고 (열 살의 갈릴레오는 1574년 가을, 피사에서 피렌체로 거처를 옮겼다. 그리고 1589년 그는 피사대학교의 수학교수가 된다), 라 스페치아를 찍고, 드디어 리오마조레에 온 것이다.

높게 바다 위에 떠 있는 좁은 산길을 걷는 기분은 매혹적이고, 거기엔 몰입감이 있다. 눈을 시원하게 씻어 주는 쾌청한 색감, 옅은 코발트색 마린블루의 바다와 하늘, 머리 위로 지나는 지중해의 파란색 바람. 앞에 무한대로 탁 트여진 시선과 시야는 시원하다 못해 시신경 안쪽에 낀 먼지까지도 깨끗하게 닦아 주는 청량감을 준다. 그리고 그 직접 맞닿는 호흡에서 마치 내 몸과 마음이 건강해지고 맑아지고 있다는 내부 정화작용 같은 것이 일어나는데, 그런 내부 진동, 미세한 자연의 파장 같은 것이 분명 내 안에서 감돈다. 내 몸 안쪽을 맑은 시냇물이 졸졸 훑고 지나가는 듯하다. 시원하고 깨끗하다. 마치 몸속

혈관에 맑은 바다색의 푸른 피가 순환하며 마음과 육체에 낀 갖가지 노폐물, 그런 불순물들을 깨끗하게 씻어내 주는 듯하다. 몸 안의 푸른 순환. 그리고 눈 아래 멀리 보이는 새파란 물감으로 다가와, 해안 바위에 부딪쳐 하얗게 포말을 일으키는 지중해의 여름 파도는 내 마음의 한쪽을 아릿하고도 뭉클하게 부수어 놓는다. 완벽한 블루, 따스하게 닿는 바다와 바람. 몸 안이 설렌다. 몸 안이 저려온다. 그곳을 걷고 있으면 그런 거짓말 같은 감정이 생겨난다.

'Cinque Terre(친퀘 테레, ci=치)'는 그것이 말 그대로 '5개의 마을'을 의미한다. 비슷한 라틴어의 형제, 스페인어와 함께 나란히 펼쳐 놓고 보면 신코 띠에라스(Cinco Tierras, Cinco pueblos). 하지만 스페인에서 이 '띠에라'는 대체로 대지, 땅, 토지라는 의미로 더 많이 사용되고, 마을의 의미를 부수적으로 갖고 있기는 하지만 그래도 '마을'이라고 한다면 '뿌에블로(pueblo)'라 해야 직감적으로 와닿는다. 지금 현대의 이탈리아어에서도 '마을'이라는 뜻으로 '테레(terre)'를 흔하게 사용하지 않고, 토지나 대지의 의미로 많이 사용하고 있는 것 같은데 아주 오래전에는 테레가 그렇게 생활권의 마을, 어떤 생활영역의 표시와 구분의 뜻을 더 강하게 가지고 있었나 보다. 참고로 이탈리아어로 흔하게 쓰이는 작은 마을을 의미하는 단어는 영어의 빌리지를 연상케 하는 빌라지오(Villaggio)다. 또는 조금 빠르게 발음하면 '빌라죠, 빌라조' 뭐 이렇게 들릴 수도 있다. 서양 언어의 '빌라(Villa), 빌(Ville)'이라는 것 자체가 주택, 별장, 마을, 작은 도시, 시골의 한 단위인 촌, 뭐 그런 주거적 공간의 의미들을 갖는다.

어쨌거나 처음에 난 이 '친퀘 테레'가 무슨 말, 어떤 의미일까 하고 무척 의아해했다. 그리고 내 입에도 쉽게 잘 들러붙지 않는 단어이고 발음이었는데, 기억을 하고 입으로 발음해 익혀 놓았다가 뒤돌아서면 금방 까먹었다. '바본가?' 하지만 진작 스페인어와 연결시켜 놓았다면, 그 의미를 금세 알아차렸을 것이다. 좀 더 단단히 기억에 남았을 것이다. 그 모양새가 서로 쉽게 유추할 수 있을 만큼 닮아 있기 때문에.

스페인어, 이탈리아어, 프랑스어 등은 그 단어의 생긴 모양새로, 또는 들려오는 소리로 그 의미를 제법 쉽게 추측할 수 있는 많은 공통분모를 갖고 있다. 아시아의 마카오에 간다면 한자, 영어와 함께 병기되어 있는 포르투갈어 안내판을 쉽게 이해할 수도 있다.

따라서 서양인들이 모국어를 포함, 그런 언어들을 4개 국어, 5개 국어를 한다는 것은 전혀 다른 모양의 언어들, 예컨대 한국어, 중국어, 일본어, 태국어 뭐 그렇게 4개 국어를 하는 것과는 그 내용이 전혀 다르다. 비슷비슷한 부분이 많아서 더 쉽게 습득할 수 있다. 심지어는 부분적으로는 서로 이야기가 통하기도 한다(스페인어와 이탈리아어).

이탈리아를 사랑했던 영국의 낭만파 시인, 바이런은 이탈리아어를 '라틴어의 사생아'라고 표현하기도 했는데, 라틴어의 배다른 형제들이 그렇게 있다. 그들은 나름 한 뿌리의 형제자매다. 아버지는 같지만 품에 안고 사랑 주고 길러낸 어머니는 다르다.

그 라틴어의 고향 '로마'는 기원전 13세기경 화염으로 활활 불타고 있던 트로이(지금의 터키 서부 해안도시, 차나칼레 소아시아)에서 탈출한 아이네아스 일행의 후손 중, 그 로물루스('로마'라는 이름도 그의 이름에서 나왔다)가 지금 로마가 있는 곳에 기원전 753년 4월 21일 건국한 나라다. 4월 그 즈음 로마에 가면 많은 기념행사와 공짜로 들어가고 즐길 수 있는 것들이 많은데, 나는 콜로세움도 무료로 들어갔었다.

그 신화적 이야기의 역사 속으로 더 거슬러 올라간다면 로마의 최초 시조가 되는 아이네아스(Aeneas)는 미와 사랑의 여신인 아프로디테(로마신화의 비너스)와 트로이의 왕족 안키세스 사이에 태어난 아들이다. 이들은 그리스 연합군 오디세우스에 패배한 트로이를 탈출해 그 바다 위에 델로스 섬, 크레타, 시칠리아 등지를 떠돌다가 알바 롱가(Alba Longa), 로마 주변으로 왔고 그 신화와 전설 속에서 시간이 흘러 쌍둥이 로물루스와 레무스를 낳았고, 정치적 권력투쟁의 곡절 속에 두 아이를 바구니에 담아 테베레 강에 띄워 살리니 강어귀에 있던 늑대들이 이 아기들을 발견하고 키우기 시작한다. 그 로물루스가 성장해 팔라티노, 깜피돌뇨, 퀴리날레 등 일곱 개의 구릉 언덕 위에 나라를 건설하니, 그것이 바로 로마다. 아직은 그리스 세계가 알고 있는 세상의 전부처럼 여겨지던 시대이다. 로마에 가면 늑대의 젖을 먹고 있는 그 두 쌍둥이 아이의 조형물이나 그런 것들을 자주 볼 수 있다. 로마인들은, 혹은 현대의 이탈리아인들은 그런 신화와 전설의 스토리대로 믿고 있다. 혹은 그렇게 믿고 싶어 한다. 자신들이 트로이를 탈출한 아이네아스, 아프로디테와 안키세스의 후손이라고.

하지만 어쨌거나, 스페인어의 입장에서 보면 이탈리아어는 좀 이런 저런 군더더기들이 많은 듯 느껴진다. 물론 이건 내 스페인어중심적인 사고에서 비롯된 것이겠지만, 이탈리아어는 스페인어에 비해 말끔한 느낌이 상대적으로 부족하다. 스페인어가 더 깔끔하고 담백한 맛을 갖는다. 그리고 좀 더 유하고 부드럽다. 그러나 또 달리 생각해 보자면 그런 군더더기들이 이탈리아적인 낡음의 매력, 그런 언어적 매력이라고 할 수도 있다. 이탈리아어는 라틴어의 원형적 흔적을 지금도 비교적 많이 갖고 있고, 스페인어는 제법 많은 자기진화와 교정을 거쳐 현재에 이르렀다. 그리고 미리 말해 놓는 것이지만 이탈리아라는 나라와 이탈리아인들 자체가 좀 까칠한 구석이 있다. 그래서 그곳 사람들 특유의 매력을 이해하는 데에는 조금 더 많은 무엇인가가 필요하다. 우리가 아는 다른 서유럽의 국가들을 이해하는 것보다 더 많은 시간과 노력과 인내심을 필요로 한다. 내 개인적인 이탈리아는 아무튼 그렇다. 물론 이게 또 북부(밀라노, 베네치아, 볼로냐 등), 중부(로마, 피렌체, 페루자 등), 남부(나폴리, 시칠리아 등)의 차이가 심하고, 그 속에서 또 도시에 따라 차이가 난다. 다사다난(多事多難)한 공간이다.

어쨌거나 아름다운 지중해의 바다, 해안선을 따라 그 다섯 개의 마을을 순례하며 걷는 것은 친퀘 테레 관광의 백미라 할 수 있다. 그보다 더 아름답고, 몸과 마음이 설레고 전율케 하는 트레킹 코스는 드물다. 1박 2일이나 2박 3일의 일정으로 그곳을 손수 걸으며 느끼는 정신적 쾌감이라고 하는 것은 아주 특별하다. 나는 그곳을 걷는 내내 행복했다.

아래 남쪽의 시작점 리오마조레에서 출발하여 마나롤라, 코르닐야, 베르나차, 몬테로소 알 마레를 돌아오는 지중해의 파란 순례길. 나는 그곳에서 북쪽으로 조금 더 올라가 레반토까지 돌아 나왔는데, 많은 관광객들이 몰리는 여름 성수기에는 몬테로소(알 마레)보다 레반토에 숙소를 잡는 것이 좀 더 수월하면서도 저렴하고 좋다. 레반토도 조용하고 아름답게 즐길 수 있는 지중해의 한 작은 마을이다. 집적된 관광지의 소란스러움으로부터 조금 빗겨나 있을 수 있는 장소. 물론 더운 여름이라면 이탈리아 내수 피서객들도 제법 많겠지만, 그 모습은 그저 로컬 휴양지처럼 소박하고 한가한 빛깔이 있다. 난 그 느낌으로 좋았다.

그러나 친퀘 테레는 아쉽게도, 내 취향처럼 많은 사람들이 그 길을 직접 걷지는 않는 것 같다. 대체로 많은 분들이 통합 열차권을 사서 한 마을에 내려 좀 둘러보고 구경하다가, 다시 기차를 타고 다른 마을로 이동하는 방식의 여행을 한다. 그렇게 바다 위의 외로운 섬처럼 그 마을들이 점점이 떨어져 단절된 듯한 여행. 물론 그것이 더 평범하고 무난한 여행의 현실일 터다. 하지만 직접 걷는 도보여행의 아쉬움 같은 것은 있다.

나는 오감도(五感道)의 내 작대기 같은 것을 들고, 아니면 맨손으로 땅바닥에, 또는 벽에다 선(線)을 쭈욱 그어 가며 다니는 듯한 여행을 선호한다. 그리고 그 이동의 선 안에 나만의 무엇인가를 채워, 어떤 사유의 면(面, side, face)을 만들고, 또다시 그 면들을 세워 올려 나만의 사유의 입체공간(dimension), 3차원의 영역을 만들어 간다. 그것은 마치 건축물처럼 입체적으로 쌓아 올려지고, 그렇게 꾸며지고 만들어내는 생각과 견문의 건축물과도 같다. 그러려고 여행 속에서 늘 노력한다. 아니면 그런 재미와 공부를 여행 속에서 즐긴다. 그런 재미로 여행을 떠나고, 여행을 다닌다. 이렇게 말해 놓고 보니, 갑자기 여행이 무슨 도형수학처럼 골치 아픈 것이 돼버린 느낌이지만… 아무튼, 나만의 사유(思惟, 대상을 두루 살피는 인간의 이성작용)의 입체적 공간을 만드는 것이다. 그것은 어떠한 하나의 완성을 향해 나아가는 건축물과도 같은데, 오랜 시간을 숙고하면서 중요한 몇 개의 뼈대를 세우고, 줄을 대 붉은 벽돌을 천천히 차곡차곡 쌓아 올려 벽을 채우고, 그 위에 지붕을 올린다. 그곳에 연결되는 다른 공간(생각)의 면과 면의 이음새에 나무못을 뚝딱뚝딱 박아 넣기도 하고, 바람이 불어오는 바다 쪽에 잘 손질한 나무 창틀을 만들어 넣는다. 때로 그곳에 나무 지지대를 대고 대나무 발과 지푸라기를 엮어 넣어 황톳빛 흙벽을 고르게 바르기도 한다. 손님이나 타인이 머물다 가는 사랑방은 그런 흙냄새 나는 방도 좋을 터다. 뒤로 물러나 눈으로 무언가를 한참 이리저리 가늠한다. 그리고 서까래를 모두 올린 그 지붕, 흙더미를 바른 곳에 다채로운 오색의 기와를 하나하나 정성껏 입을 맞추어 얹고, 그렇게 찬찬히 두루 다른 이들의 삶과 인생의 모습, 빛깔을 세심히 살피는 것, 그런 건축구조물과도 같다. 온몸으로 확인하며 걷는 것, 다양성, 서로 다름을 있는 그대로 수용하는 슬로우 모션, '나'를 한 부분 억제하는 것. 그런 깨어남의 작은 움직임들, 서로 강요하지 않고 공존하는 것.

생각(의 공간)은, 그런 사유는 하나의 거대한 집이며 세계이다. 그리고 그 내부는 논리적이고 과학적이다(미신적인 믿음이지 않다). 때론 철학적이다(삶의 기초는 철학이다).

더불어, 그렇게 밖으로 맞부딪치는 상호반응적 이성작용을 통해 나를 다듬고, 거기 내 삶에 거름을 주고 물과 햇볕을 쪼이며 내 스스로 성장해 나가는 것이 나의 운수행각. 나를 해제하고 밖으로 떠돌아 보고, 느끼고, 만지는 여행이 갖는 목적이고 지향점이라고 말해 볼 수 있다. 내 안에서 일어나는 아주 작은 감정의 변화, 그런 것 하나하나도 놓치지 않고 감지하면서, 그 마음의 중심축을 단단히 붙잡고 의지해, '어떻게 사는 것이 나에게 보다 가치 있는 것일까?'라는 생각 속을 줄기차게 걷곤 한다. 그것은 분명 촘촘한 나의 사유적 구조물이다.

지금도 이따금 작은 흔들림과 미세한 마음의 방황 같은 것은 있지만, 그래도 그 큰 밑그림만큼은 점점 더 확실한 윤곽, 골격을 잡아 가고 있다는 확신이 든다. 어떻게 사는 것이 좀 더 나에게 의미 있고, 가치 있고, 즐거운 것일까 하는 물음에 대한 내 스스로의 대답과 답변들. 내가 찾고 있고, 찾아야 하는 것들. 그런 내 삶의 골격과 밑바탕은 분명 단단해지고 있는 것 같다. 그것을 현실로 느낀다.

그 과정 속에서 '여행(바깥 세상)'은 매우 중요하다. 나에게, 또는 그 누군가에게…. 적어도 내 몸과 정신은 길 위에서 그렇게 구동한다.

나름 내 생활의 한 매듭이 지어지고, 나를 해제하듯 여행길에 오르는 순간은 무척이나 행복하다. 벅차고도 설렌다. 내 안을 비우고, 바깥의 많은 것들을 집어넣는 시간이다.

어쨌거나 어려운 발걸음으로 멀고도 먼 친퀘 테레까지 가서 마을의 주변 정도만을 둘러보는, 바다 위의 섬처럼 격절시킨 여행은 좀 아쉽다. 그곳을 직접 원시적으로 걸으며 만날 수 있는 깊은 아름다움, 벅찬 감격, 많은 감정들을 놓쳐버리게 되기 때문이다.

오히려 그 각각의 마을의 모습도 낭떠러지 같은 절벽길, 먼 산자락에서 바라보는 아득한 시선 속에서 더욱 아름답게 빛난다. '아름다움(美)'의 체험과 감격이라고 하는 것은 가까이에서도 보고, 멀리서도 보고, 서서히 다가가면서 보고, 또 서서히 멀어지며 보는 변화, 그런 마음의 움직임 같은 것이라고 생각한다.

사람끼리도 그런 시선이 필요하다. 그래야 비로소 무언가를 좀 더 선명히 알게 됐다는 느낌의 지점이 온다. 사람의 아름다움도 추함도 그렇게 알아갈 수 있다. 다양한 각도와 거리의 시선이 필요하다.

때론 사람이라는 것도 너무 왜곡되어 있다. 가까이 붙어 있으면서도 잘 알 수 없다. 아니, 인간은 가까이 붙어 있을수록 더 알 수 없는 존재다. 그 혼밀(混密)함에 나 자신조차도 잘 알 수 없다. 생각과 시선의 여백을 좀 만들어 놓아야 한다.

뜻하지 않은 난관에 부딪치고

리오마조레 기차역

　친쾌 테레의 그 출발점이라고 할 수 있는 리오마조레(Riomaggiore)에 와 있다. 소박하지만 벅찬 풍경들이 지중해의 따스한 바람결에 어른거린다. 색 바랜 노란 빛깔의 허름한 시골역사가 진한 시간의 냄새를 풍긴다. 그리고 그 낡은 노란색에 닿았던 시선이 다시 깨끗한 파란색의 바다에 닿으니 눈이 황홀해질 지경이다. 마을의 풍경과 자연 속의 모든 색감들이 햇살 아래 눈이 부시듯 반짝인다. 다른 많은 관광객들도 친쾌 테레의 출발점 주변을 서성이며 한껏 들뜬 표정이다. 얼굴에 기분 좋은 웃음이 한가득. 나도 피사에서 이곳으로 올 때 거의 최대치로 기분이 부풀어올랐다. 부드럽게 눈에 닿는 토스카나의 산자락에서부터 친퀘 테레의 푸른 바다와 산길을 계속 떠올렸다. 몸은 이미 그 상상 안에 있었다.

그런데, 왜…?

이건 웬 짓궂은 심통일까? 아님 시샘일까?

바닷가를 따라 산책로처럼 나 있는 리오마조레와 마나롤라의 아름다운 구간이 덜컥 두터운 철문으로 폐쇄되어 있었다.

'아… 아, 이런! 정말 제대로 샅샅이 훑어 걸어 볼 것을 작정하고 왔는데. 첫 시작부터 물을 먹고 마는가!'

서서히 예열하며 잔뜩 끌어올렸던 기대감, 그 불끈했던 기운이 갑자기 땅바닥에 턱, 내동댕이쳐지는 기분이었다.

약간의 패닉 상태.

'…그럼 우선 뭘 해야 할까?'

거기서 거의 울먹이듯 사람들을 붙잡으며 물어 알아본 얘기로는 지금 현재 이 구간이 폐쇄되어 있기도 하지만, 이 바닷가 절벽 구간은 낙석 등의 위험 문제로 인해 여차하면 빈번하게 폐쇄된다는 것이다. 오히려 이곳을 걸을 수 있다면 제법 운이 좋은 편이라고. '그렇구나… 그런 것이었구나… 아…'

나는 안으로 이를 악물며 고개를 끄덕였다. 그렇다면 만약, 이곳을 여행하려 계획하시는 한국 관광객들께서도 이런 불확실한 변수를 충분히 감안하시는 것이 좋을 듯하다. 경우에 따라 바닷가의 발코니처럼 잘 꾸며진 그 길을 걷지 못할 수도 있다.

그렇게 내 마음이 땅바닥에 떨어졌다. '그럼 무슨 재미로 여길 돌아다녀야 할까?' 허탈했다. 크게 낙담한 내 마음을 힘겹게, 허무하게 추

스르며 우선 리오마조레의 마을 구석구석을 터덜터덜 힘없이 돌아다 녔다. 바닷가의 보석처럼 아름다운 곳이다. 그렇게 힘없이 걷다가 믿을 수 없는 뭔가를 발견했는데, 눈앞에 불쑥 마나롤라로 가는 나무 푯말이 정말 말 그대로, 까만 어둠 속의 하얀 빛줄기처럼 내 눈에 들어왔다. 진짜 거짓말 같았다. 그리고 내 시선은 숨 가쁘게 그 화살표가 가리키는 방향을 쫓았다. 화살표는 리오마조레의 좁은 마을길을 따라 저 왼편 높은 산자락을 향해, 가느다란 길로 구불거리며 그 산을 넘고 있었다.

'옳거니!' 말하자면 여기 현지인들이 그저 마을을 오가며 걸어 다니는 길이다. 또 그 높은 산자락, 산마루에 마을 사람들이 경작하는 포도밭과 여러 가지 작물들의 밭이 있다. 어쨌거나 마나롤라로 이어져 있는 길이다. 주저할 것이 없었다. 그래서 나는 그렇게 산 위로 나 있는 길을 타고 소망하던 친퀘 테레 트레킹을 시작했다. 무릎에 다시 단단한 힘이 들어갔고 허탈함으로 풀려 있던 근육들은 다시 적당한 긴장감으로 조여들었다.

나에게 걷는다는 것은 '살아 있다'는 표식 같은 것이다. 그리고 그게 내가 아는 삶의 공부다.

The "Via dell'Amore" is closed. '비아 델 라모레(Path of the Love)', 가는 길 도중에 키스하는 조각상이 있어 '사랑의 길'로 더욱 유명해진, 특히나 연인들에게 인기 많은 이 구간이 폐쇄됐다. 쇠사슬과 두툼한 자물쇠로 굳게 잠겨 있다.

두 번째 마을, 마나롤라

마나롤라(Manarola)를 향해 걸었다. 그 높다란 고갯마루, 산자락의 끝으로 올라가 뒤돌아보니, 아래로 내리꽂듯 가파른 산비탈과 좁은 계단이 리오마조레로 떨어져 있었다. 그 높은 곳에서 바라보는 풍광은 숨을 멎게 했다. 끝도 없는 바다 위에 또 하나의 끝도 없는 바다(하늘)가 포개지며 펼쳐져 있었다. 이제 뒤돌아 그 산마루 길을 걷는다. 산의 허리를 어루만지듯 나 있는, 하늘 위의 넓은 대지(大地), 어머니의 살 같은 흙냄새가 났고, 대자연과 인간의 따스한 숨결 같은 것을 느끼게 했다. 자연은 인간의 어머니, 그런 생명의 냄새가 흙, 땅에서 났다. 우리는 그 우주, 별, 땅의 최소단위로 이루어져 있다. 그런 것들이 내 발에 채이며 길 위에 묻혀 있었다. 넓은 허공 위에 가득했다. 길 왼편으로 깎아지른 절벽 아래 파아란 물감을 풀어놓은 듯 선명한 바다가 넘실거렸고, 그 느낌의 촉감과 거리만큼이나 아찔할 정도로 아름다웠다. 모든 것이 눈부신 자연의 색, 모든 것이 가슴에 무척 가까웠다. 그리고 산자락을 따라 길게 줄지어 선, 자연의 테라스(terrace)로 층층이 깔려 있는 계단식 포도밭과 경작지들이 또 다른 장관을 연출했다. 그리고 무척 건조하고 푸석해 보이는 외모지만, 지중해의 생명이자 축복인, 그리고 건강의 상징인 올리브나무가 간간히 눈에 들어온다. 올리브 열매는 하나도 버릴 것이 없다(씨만 빼면, 식당이나 술집에 가면 가장 먼저 올리브 절임을 내놓곤 한다). 그 아슬아슬한 길을 걷는다. 가슴이 찢겨지는 것만 같다. 하지만 그 '찢김'은 너무 기분 좋다. 걷는 자와 살아 있는 땅과 자연의 교감은 달콤했다. 무척 달다. 입안에서 씹힐 만큼. 그리고 반대편 멀리 하얀 민소매 상의를 입은 금발의 여인. 그 자연의 표정을 닮아 건강해 보이는 한 서양 중년 여성이 다가온다. 그녀도 나도 혼자다. 우리는 그 길 위에서 서로의 옷 깃을 사각 스치며 그 높은 하늘처럼 열린 미소로 인사를 교환한다. 그 여인의 맑게 미소 짓는 눈 속에 푸른 바다가 들어 있었는데. 그 여인이 이 바다를 바라볼 때 그 눈동자 속으로 스며들어온 것이리라. 선글라스를 벗은 하얀 눈가에도 푸른 빛이 감돌았다.

  전혀 다른 세계(界)처럼 느껴지는 자연의 숨결과 공기의 깊은 호흡감. 산소가 풍부하게 들어 있는 그 탱글탱글한 공기방울들이, 폐 속 깊숙한 곳까지 시원하게 밀려들어와 폐 바닥에 닿았다. 자연의 다양한 티끌들이 짭조름한 바닷바람에 실리고 날려 내 마음 끝에서 세차게 나부꼈다. 내 몸과 마음의 끝이 그 바람에 펄럭인다. 돛처럼 세차게 펄럭인다. 잠시 멈춰 서서 산과 바다를 멀리 바라본다. 바람이 내 머리카락을 흔든다. 헝클어진다. 마음속에서 무언가 가볍게 술렁인다. 뭉클거리며 부드러운 물처럼 무엇인가 내 안으로 흐르는 소리… 그 뜨겁고도 따스한 촉감, 그것이 나를 지난다. 그런 것들이 지금 내 영혼의 골짜기를 따라 흘러내리고 있다.

삶의 갈증 'Thirsty'

앞으로 고꾸라질 듯 가파른 산비탈로 잇대어 이어진 길, 친퀘 테레의 자연의 품 안으로 깊게 파고들어 있는 마나롤라를 지나, 또다시 높은 곳으로 오르는 코르닐야(Corniglia)를 향해 걷고 있다. 계속 현지 마을 사람들이 일상과 생활 속에 걷고 오가는 길을 밟아 걷는다. 그 길은 삶이고 혈(血)일 것이다.

특히 마나롤라에서 코르닐야로 이어지는 구간은 무척 아름답다. 인간적이고 영감적이다. 그 절경들은 동네 사람들이 그냥 막 다니는 투박한 산길의 것들을 말하는데, 지역 관광청에서 운영하는 마나롤라~코르닐야 구간은 비교적 잘 닦여진 평탄한 길이고, 약 1시간 정도가 소요된다고 들었다. 하지만 나는 리오마조레의 출발점에서처럼 그 잘 닦여진 길이 아닌 숨처럼 이어진 마을의 산길을 계속 타고 있었다.

친퀘 테레 다섯 개 마을의 전체 길이는 약 13㎞ 정도가 되고 마을과 마을 사이의 평균 거리는 대략 3㎞ 정도다. 사랑의 길(비아 델 라모레) 위의 리오마조레와 마나롤라 구간이 다른 구간에 비해 직선상의 거리가 짧은 편이고, 나머지 구간들은 대략 비슷비슷하다. 하지만 '어떻게 걷느냐'에 따라 그 체력소모와 소요시간에 많은 차이가 날 수 있다. 또 꼭 전체를 걸어 보고 싶은 마음으로 가더라도 무난한 트레킹 코스가 안정상의 문제로 폐쇄되었을 수도 있다. 말하자면 상황에 따라 예상한 것과 다르게 걷는 강도와 시간에 많은 변수가 발생할 수 있다는 얘기다. 따라서 그곳을 조목조목 살피며 걸어 보는 친퀘 테레의 자기순례를 원하신다면, 조금은 느긋한 마음과 느슨한 일정을 잡아 가시는 것이 좋을 듯하다.

그 주변에서 만난 몇몇 한국 학생들은 주로 피렌체를 집중공략했는데(피렌체는 일본 소설 『냉정과 열정 사이』로 유독 유명해졌는데 요즘은 일본인보다 한국인이 더 많다. 물론 일본인들의 해외여행 비율 자체가 낮은 이유도 있을 것이지만. 섬처럼 자기 안으로 고립되어 있다), 당일치기로 친퀘 테레를 후다닥 번개처럼 다녀오는 친구도 있었다. 그 소리를 들었을 때 나도 모르게 '끄응…' 하는 신음 소리를 냈다. 좀 안타까웠다. 내 여행관과는 좀 차이가 있어서다. 물론 피렌체에 머물면서 가까운 친퀘 테레를 아예 방문 대상으로 취급하지 않는 사람들이 훨씬 더 많겠지만, 그런 현상이 내 여행관점에서는 좀 아쉬운 대목이다. 바쁘고 시간에 쫓기는 일반 직장인들이야 어쩔 수 없다고 하더라도(2주를 채워 휴가를 내고 유럽을 오는 사람들이 있었다), 그래도 방학이나 휴학 기간을 이용하는 학생들은 훨씬 시간이 많지 않은가? 그런 푸른 청춘에 좀 더 걸맞게 자기 건설적인 여행의 시간을 보낼 수 있다. 또한 그런 시간적 여유를 얻을 수 있다. 인생에 큰 자양분이 될 수 있는 젊은 날의 여행(물론 늦게 떠난 여행도 그런 것이 될 수 있다). 그 여행의 순간을 자기 시간의 피와 살처럼 꼭꼭 씹어낼 수 있는, 그만큼 젊은 날의 소중한 순간들이다. 그렇게 다져진 것들은 또다시 삶의 어딘가로 이어질 것이다. 나는 어쨌든 그런 잔소리를 하게 된다(다 각자 자기 여행을 하는 것이지만). 만약 그런 것이 아니라면, 이번이 아니면 평생 다시는 와볼 수 없는 '유럽 여행'이라는 생각에, 마치 화려한 버라이어티 불꽃쇼와 같이 매우 유명한 유럽의 도시들을, 장소들을 숨 가쁘게 찍으며 순회하는 것은 아닐까? 하는 생각도 들었다. 한국의 현실 속에서 충분히 공감되고 이해할 수 있다. 분명 그럴 만하다.

하지만 젊은 날의 여행 속에서 뭘 눈에 넣고, 뭘 피부로 호흡하고 돌아가느냐 하는 것은 상당히 중요하다. 갔다는 '사실'보다 '왜' 갔느냐가 중요하다. 여행(바깥 세상)은 생각보다 매우 중요한 순간이다. 그리고 의미 있는 순간이다. 여행이란 분명 가벼운 것이기도 해야 하지만, 진지한 구석(내용)도 있어야 한다. 여행은 그런 좋은 학습의 바탕이 된다.

그러나 많은 한국인들이 일반적으로 선호하는 여행코스, 여행방식이 나로서는 큰 아쉬움을 갖게 한다. 굳이 심술맞게 예를 들자면 3박 5일, 하롱베이 앙코르왓 투어 같은(앙코르왓의 정글을 걷다가 그런 투어 상품명을 한글로 붙인 대형버스들을 많이 봤다), 여행 후 한국의 바쁜 일상 속으로 되돌아가 파묻히면 사진과 기념품만이 남겨질 뿐, 다른 것들은 금방 쉽게 소멸해버리는 여행. 홈쇼핑 같은 여행(때론 잠깐 아무 생각 없이 바람 쐬는 것도 좋겠지만). 그런 가벼움과 형식에 머물러 있는 경우가 분명 많다. 그리고 시간이 조금 더 지나면, '내가 거기에 다녀 온 것은 맞나?' 하는 망각이 생겨난다. 마치 본래 없었던 일처럼, 기억되지 않는 기억처럼, 그 기억 안에 자신만의 자양분(정신의 성장과 발전에 도움을 주는)이 없다.

바쁜 일상과 바쁜 여행의 소모적 반복이 계속 이어지고 있는지도 모르겠다. 바쁘고 정신없는 일상이 여행 속에도 깊이 전염되어 있다. 어떤 삶, 일상의 갈증으로 인해 일탈(여행)의 음료수를 계속 마셔대고는 있지만, 돌아와 또다시 너 심한 갈증을 느끼게 되는, 짙은 설탕과 탄산 자극의 음료수와 같다.

짧은 순간의 섬광 같은 자극과 흥분은 분명 있겠지만, 결국 오래가지 못하는… 형식은 남지만 내용은 별로 남지 않는다. 결과는 남지만 과정은 생략된 듯한 여행이다.

차라리 여행의 빈도수를 줄이면서(한국인들의 해외여행 빈도는 상당히 높다. 일단 그건 좋다. 그게 한국인의 에너지다), 그곳에 개인적인 깊이와 알찬 내용, 의미를 좀 더 많이 담아보는 것은 어떨까? 많은 곳에 가지 않더라도 좀 더 깊이를 담는 것. 요즘 유행하는 어디서 한 달 살아 보기, 또는 짧지만 휴가 내내 자기가 좋아하는 도시에서 살아 보기. 살아 보는 듯한 모드 속에서 삶에 필요한, 보다 많은 것들을 감지할 수 있다. 여행 속에는 그런 요소도 있어야 한다. 그렇듯 자신만의 스토리, 조금은 느리고 느긋하게, 하지만 일상 안으로도 뭔가 흔적이 남겨지는 여행, 그 체험이 일상 속으로도 뭔가 넘어 들어오는 여행, 집으로 돌아와 현실의 마음가짐과 관점의 위치가 조금은 달라져 있을 여행, 제자리로 돌아왔지만 내가 조금 달라졌고, 그래서 그 공간도 조금 달라지는 여행(그러나 "일상에 남기기는 뭘 남겨! 그냥 놀러 가는 거지" 하신다면 나로서도 별 수는 없다. 물론 그도 맞는 말이다. 놀러 가는 거다. "세상물정 잘 모르는구만! 이렇게 바쁜 세상에 태평한 소리나 하고 있다"고 꾸지람을 들을지도 모른다. 프랑스 파리에서 스페인의 까미노 데 산티아고를 걸었다는 두 한국 젊은이를 만났다. 난 큰 호기심이 생겼다. '어떤 자기 고민으로 그 길을 걸어 보기로 결심했을까? 와우 대단한데…' 하지만 그들과 대화하면서 난 큰 실망감에 사로잡혔다. 그들은 그걸 무슨 하나의 스펙처럼 생각하고 있었다).

나는 삶에서 느끼게 되는 갈증에 대한 해소, 그 해갈에는 일상과 조금 다른 우회적 접근방식이 필요하다고 생각한다. 물론 지금까지 살아온 삶의 방식이 아주 좋았다면, 흡족했다면 삶에 갈증 같은 것은 느끼지 않을 것이다. 하지만 심한 갈증을 느낀다면, 그런 목마름과 삶의 허기가 있다면, 그건 어떤 구조적 변화나 새로운 배움 같은 것이 필요하다는 시그널과 같다. 마음과 정신의 배고픔, 그런 경고, 또는 메시지와도 비슷하다. 그럴 때, 다른 장소를 둘러보는 여행 속에서 무엇인가를 깊이 살피고, 느끼고, 그것을 자신의 일상 안으로 가져와 보는 변환 작업은 의미가 있다. 또 새로운 어떤 것을 배우는 것도 삶의 활력을 가져다줄 수 있다(몸속 호르몬이 달라진다. 그것을 통해 뭔가가 열린다). 좁은 일상의 루틴 속을 계속 의미 없이 맴도는 것보다 효과적이다.

그러나 단순히 소비적, 향락적인 일상과 일탈(여행 또는 다른 그 무엇이든)의 반복이라면 또 다른 삶의 공허와 갈증에 봉착할 가능성이 높다. 단순한 자극이 사라지면 그 뒤에는 공허가 남는다. 의미 있는 것은 그 뒤가 공허하지 않다. 단순한 자극의 반복으로는 삶의 본질적인 부분이 개운해지지 않는다. 본질적인 부분의 변화가 전혀 없기 때문이다. 그 자극된 일시적 감정에 의존해 잠시 달라 보이는 것일 뿐이다. 그렇게 잠시 뭔가 달라진 듯한 기분이 들 뿐이다.

여행을 좀 더 깊은 호흡으로, 느슨하게 흐르는 시간 속에, 두루두루 살피는 사색과 산책 속에서 본질적인 자신의 문제(삶의 갈증, 자신만의 갈증)를 문득 발견하게 될 수도 있다. 그런 순간, 그런 자기 발견을 위해 우린 길을 떠나곤 한다.

여행길 위에서는 누군가를, 무엇인가를 만난다

길을 걷고 또 걸어, 코르닐야 마을의 어귀에 거의 다 다다르려고 한다. 산자락의 길이 마을에 가까워 오면, 좁고 가파른 비포장의 산길이 조금씩 완만해지면서 코르닐야로 발을 들이는 곳 즈음에는 말끔한 돌계단이 나타난다. 그리고 그 돌계단의 좁은 골목 옆에 자그맣고 아름다운 성모(聖母)마리아상 하나를 발견한다. 그 마리아상 앞 건너편에는 수도꼭지가 달린 작고 소박한 식수대가 있는데, 그것을 발견하는 순간의 작은 순례길의 한 단락 해갈이다. 하나의 갈증이 그곳에서 해소된다. 그리고 내가 갖고 있는 신앙의 형태와는 상관없이, 이 작은 마리아상은 이 길을 걷고 있는 모든 사람들에게 건강과 축복을 기도해 주는 것 같았다. 그리고 목마르고 지친 자들을 위해 마을 어귀의 작은 샘(泉)으로 존재하는 것이다. 이 길 위의 사람들이 어떤 마음으로, 또 어떤 목적으로 다들 걷고 있는지 모르겠지만, 나 또한 그들의 작은 순례와 일상을 위해 기도했다.

인생은 결국 모두가 다 홀로 된 나그네들 아닌가? 그 속에서 서로 인간적인 연민 같은 것은 갖고 살아가는 것이 아름답고 좋다. 그리고 그렇게 따스하게 안으로 다듬어진 마음이 내 자신도 행복하게 하기 때문에. 그것이 내가 알고 있는 '신앙, 믿음' 같은 것이다. 이해하려고 들면, 모든 인간을 이해할 수 있다.

그리고 신은 어떠한 모습으로든 존재한다. 당신이 고집하는 모습으로만 존재하지 않는다.

　그렇게 목마른 갈증을 채워 주고 닦아 주는 이곳의 샘은 오고가는 많은 사람들을 서로 마주치게 하고, 서로의 눈길이 닿는 정겨운 교차로가 돼 주고 있었다. 그렇게 이 돌계단 길을 내가 터덜터덜 내려오는데, 두 명의 프랑스인, 연인 사이로 보이는 남녀인데 그 중에 아가씨가 나를 보고 환하게 반긴다.

　'왜, 내가 그렇게 반가운 걸까?'

　내가 지금 입고 있는 하얀색 바탕에 빨강, 파랑의 줄무늬가 있는 올랭피크 리옹(프랑스 프로축구팀)의 유니폼이 그녀를 반갑고 기쁘게 한 것이다. 나는 왜인지는 잘 모르겠지만 프랑스 국기 색깔, 빨강과 파랑과 흰색의 그 조합을 좋아한다. 뭔가 깨끗하고 시원하고 산뜻한 느낌을 준다. 디자인적으로도 그 조합이 예쁘다. 프랑스 축구팀 리옹의 팀 컬러도 그 색깔들의 조합으로 이루어져 있는데, 나는 그래서 더욱 좋아한다. 하지만 난 불어를 모르고, 그들은 영어가 되지 않는 상황이다. 반갑게 만나 영어와 불어가 혼돈스럽게 충돌하던 내용의 핵심을 대강 정리하자면 이렇다.

"너, 프랑스 사람이니?"

"아니, 나는 아니다. 나는 한국인이고 남한에서 왔다, 농(Non)! 코헤앙(Coréen), 드 코헤 뒤 쉬드(de Corée du Sud). 그리고 프랑스 프로축구팀 중에서는 남동부, 하얀 절경의 몽 블랑이 가까이에 있는 리옹, 올랑피크 리오네(Olympique Lyonnais)를 좋아한다."

그러자 그 프랑스 아가씨는,

"그래 맞아, 프랑스 축구팀이라 너무 반가웠어! 그리고 이탈리아의 이런 촌구석에서 너를 만나니 정말 반가운걸, 그치! 한국인이라니 더욱 놀랍다, 얘…"

그렇게 전광석화와도 같은, 마치 부싯돌이 번쩍거리는 반가움을 그들 커플과 갑작스럽게 나누게 됐다. 우리는 투닥투닥 서로의 손과 팔을 더듬었다. 그들은 나와 반대로 마나롤라로 향하고 있었다.

파리에서 그 하얀색 유니폼을 입고 길을 건너기 위해 횡단보도 앞에 서 있는데(난 편안한 운동복 같은 차림일 때가 많다), 오토바이를 타고 멈춰 서 있던 나이가 좀 있는, 희끗한 검은 머리에 이목구비가 짙은 한 아저씨가 반갑게 나를 가리킨다. 엄지손가락을 치켜 보였다, 가슴을 가리키며 뭐라고 빠르게 프랑스어로 막 얘기하시는데, 도통 무슨 말인지 모르겠다. 한 단어를 붙잡고 알 만하면, 이미 수많은 단어들이 지나가 버린다.

"야, 훌륭한데, 멋있어, 최고야! 그래, 리옹이 프랑스 최고의 팀이지, 세속적인 생제르맹에 비할 수 있겠어. 암튼 파리에서 만나니 반갑네. 오늘 파리 관광 즐겁게 잘 해라!"

뭐, 이렇게 얘기하신 것 같다는 느낌, 감(感)은 있다.

나도 어눌하지만 내가 알고 있는 좋은 표현의 프랑스 단어들을 총동원해 반가움을 표시했다. 축구팀, 빠히 샹-제흐망(Paris Saint-Germain)의 도시에서 만나는 리오네(Lyonnais, 리옹 사람)인 것이다. 유럽에서는 자신이 태어나고 자란 고장, 그리고 할아버지의 손을 잡고 꼬마 시절부터 다녔던 그 축구팀을 통해 자신의 정체성과 존재감을 표현하곤 한다. 유럽의 자기 고장(고향) 축구팀은 자신의 생활이고 일상이고, 때론 신앙이다. 그렇게 축구를 즐기는 그 자체가 그냥 그들의 삶이다. 그건 단순한 스포츠가 아니다. 문화이고 그들이 세대를 거쳐 가꾸어 온 오랜 전통이다. 그리고 그 속에는 좀 더 많은 것이 투영된 자신만의 철학과 컬러가 있다. 물론 전 세계의 거대한 돈이 모여드는 시장, 비즈니스이며 중독이기도 하다(유럽 여자 중에도 축구라면 아주 지긋지긋해 하는 사람들도 있지만. 스페인 살라망카의 한 여자 친구는 축구 얘기하는 것을 무척 싫어했다. 할아버지와 아버지가 레알 마드리드의 골수팬이었다. 그래서 자신은 그럴 때 청개구리처럼 바르셀로나를 응원했다고. 그건 좀 심각한 문제를 유발시킬 수 있다. 마드리드를 중심으로 하는 스페인 중부 전통의 까스테야노 지역에는 특히 레알 마드리드 골수팬들이 많은데, 이게 또한 정치적 성향과 연결되곤 한다).

어쨌든 반가웠던 그 프랑스 커플과 아쉬운 듯 헤어지고, 나는 순서를 기다려 그 식수대에서 물을 받아 마시고, 손수건을 적시고 얼굴과 목덜미, 손을 닦아냈다. 물이 달고 시원했다. 하나의 길의 끝, 그 중간 지점에서 만나는 기분 좋은 멈춤. 그리고 또 다른 길로 열려 떠날 수 있는 잠시의 충전. 그렇게 서성거리고 있는데 주변에 있던 독일인으로 보이는, 나보다 조금 높은 연배의 여성이 나에게, "실례하지만 뭐 좀 물어봐도 되겠냐?" 하고 영어로 말을 건네 온다.

독일인 가족인데 부부와 대학생 정도로 보이는 청년이 함께 그 길을 걷고 있다. 운동화에 흙먼지가 잔뜩 묻었고, 조금은 남루해 보이는 옷차림의 나, 동양인인 내가 궁금했을까? 그랬을 것도 같다.

'이 유럽의 깊은 골짜기 같은 곳을 홀로 걷고 있는 동양인 나그네가, 어디서 온 사람일까?' 그런 것이 궁금했을 터다.

그녀는 그렇게 어디서 왔냐고 물었고, 나는 한국에서 왔다고 대답했다. 그리고 가족들끼리 하는 대화를 나도 옆에서 듣고 있었기에 "혹시 독일에서 오시지 않았냐?" 나는 되물었다. 그때 갑자기 이상하게 독일어로 독일이 떠올랐다. 영어의 저메니(Germany)가 아니라 도이칠란트(Deutschland, 독일어 단어의 뒤에 있는 'd'는 /t/ 발음이 난다. 네덜란드어도 그렇다. Holland=홀란트)라는 단어를 사용해 내가 물으니, "맞다!" 독일에서 왔다고 반긴다. 경우에 따라서는 독일어를 사용하는 오스트리아나 스위스 사람일 수도 있는 것이다.

스위스 사람들은 느낌이 좀 다르다. 내가 만나고 경험했던 스위스 사람들은 대체로 그랬다. 그건 마치 알프스 같은 사람들이라고 해야 할 것 같은데… 아무튼 그렇게 잔잔한 이야기들이 서로 가볍게 오가다, 내가 아는 독일어가 있다고 그녀에게 얘기했다.

단켄(Danken), 감사합니다.
구텐 모르겐(Guten Morgen), 안녕하세요, 아침 인사.
구텐 탁(Guten Tag), 안녕하세요, 낮 인사.

"와우! 어떻게 독일어를 아냐고, 완벽한 발음"이라고, 과장된 칭찬
을 해준다. 그리고는 그럼 한국어로 인사 '안녕하세요'는 어떻게 하느
냐고 묻는다. 내가 얘기해 줬고 그녀가 따라 한다. "아… 녀… 하시
오…"

내가 당신이 발음하기에는 어렵고, 매우 낯설 것이라고 웃으며 얘기
했다. 그녀도 고개를 끄덕이며 크게 따라 웃는다.

사람이 그렇게 오고가고 되돌아오는 마음이 고마웠다. 기분 좋은
가족이다. 그 여인의 표정도 살갑고 편안하다. 가족끼리 어딘가 멋진
자연 속을 걷는 모습은 바라보는 것만으로도 나를 유쾌하게 한다. 자
연 속에 담겨 있는 그 가족들의 표정과 혈색이 무척 건강하고 맑아
보였다. 한국에서도 어린 아이들과 함께 아름다운 산을 찾는 가족들
의 모습은 항상 보기 좋다.

"독일인들은 걷는 것을 좋아해요. 숲속을 걷고 산길을 걷죠."

그녀가 그렇게 말했다. 사람은 익숙하게 접하는 환경에 동화되어
살아갈 수밖에 없다. 그렇게 서로 닮아 가고 비슷해진다. 공간과 인
간, 인간과 공간. 독일인들의 그 이성과 철학은, 걷기, 걷는 그 숲속에
서 나오는 것일지도 모른다는 생각을 했다. 수많은 철학자들을 배출

한 나라가 아닌가? 철학은 기본적으로 걷는 것이다. 철학은 멈춰진 이론이라기보다는 움직이는 행동이고 운동성에 더 가깝다. 물리학(物理學), 무엇과 무엇 사이의 관계, 습관, 교감, 방식, 공유, 공감, 표현, 운동성에 대한 가르침이며 직접적인 체험이다.

그리고 나는 그 속에서 헤겔의 '현상과 본질'을 잠깐 떠올려 봤다(스페인 살라망카의 한 술집에서 스물한 살의 앳된 독일 어학생과 '철학의 정신적 치유와 방법론'에 대해 긴 토론을 했던 적이 있다. 그녀는 동양철학에 대해서도 상당한 지식을 갖고 있었는데, 앞으로 그 일을 해 보고 싶다고 했다. 그때 내 나이는 서른여덟이었다). 그녀 가족과의 헤어짐을 나는 "단켄, 감사합니다"로 마무리했다.

고등학교 때 제2외국어로 독일어를 잠깐 배웠었는데, 그 세 가지 표현을 빼고는 전부 몽땅, 그 어떠한 한 톨의 흔적도 남김없이 내 기억 속에서, 연기처럼 사라져버린 독일어. 아무리 샅샅이 내 머릿속의 서랍들을 다 뒤져 봐도 다른 독일어의 흔적은 찾을 수 없다. 기억해낸다는 의미 자체가 없다. 그냥 나머지는 없다. 제로다.

그리고 보니 당시 학교에서 젊은 나이에도 불구하고 머리가 훌러덩 벗겨지고 촌스러운 아저씨 안경에, 늘 칙칙한 옷차림의 남자 독일어 선생님이 기억난다. 사제지간에 배은망덕한 말이지만 그래서 그때부터 내게 음울한 독일어의 이미지가 만들어진 것이 아닐까? 알 수 없다. 하지만 독일어는 분명 좀처럼 내 몸속으로 잘 스미지 않는 언어다. 그런 언어들이 있다. 내 몸과 느낌에 잘 밀착되지 않는, 딴 세상의 언어로 멀게 겉돈다. 하지만, 단 세 가지 문장만으로도 독일 사람들을 드물게 어디선가 만나면 엄청난 위력을 발휘하곤 한다. 베트남 북부의 산악, 싸파에서 하룻밤을 함께 보내고 트레킹도 함께 했던 소탈하고 젊은 독일인 커플이 있었는데, 먼 아시아로 여행을 와서 여러 나라를 돌며 연인끼리 아주 좋은 추억을 만들고 있었다. 이 친구들도 내가 알고 있는 이 세 개의 독일어에 무척 놀라워했다. 그리고 자고 일어나 그 깊은 산악의 단 공기를 마시던 아침에 내가 실제 그들에게 써먹기도 했다. "구텐 모르겐, 좋은 아침이야!"

사실 이번 여행에서 단 한번도 방문해 보지 못한 독일을 가 보고 싶은 마음도 있었다. 하지만 프랑스와 이탈리아에 많은 욕심을 내면서 힘들어졌다. 그래서 꼭 둘러봐야만 하는 나만의 과제를 갖고 있던 네덜란드까지만 공부하고 긴급히 내려올 수밖에 없었다. 하지만 독일은 나중에 장소가 갖고 있는 관광적 매력보다는 그 사람들에 대해서, 현대 독일적 철학과 이성에 대해, 생활현장에서 직접 관찰하고 공부해 보고 싶다. 여건이 된다면 베를린에서 한 달 살아 보기, 또는 남부의 뉘른베르크, 프라이부르크, 뮌헨(그땐 기본적인 독일어를 공부해 볼 것이다). 텍스트북에 의존하는 것이 아니라 직접 살아 있는 인간적 접촉과 공간의 텍스처(질감, 공기)를 통해 배우고 느껴 보고 싶다. 그런데 스페인에서 만난 독일 친구들 얘기로는 독일에서 뭔가 친절하고 살가운 그런 서비스 같은 것은 기대하지 말라고 말했었다. 표정 자체가 밋밋한, 심심한, 그저 그런 재미없는 얼굴들이라고… 물론 북부와 남부, 위아래 지방마다의 차이는 다소 있겠지만…. 아무튼, 가게 되면 큰 기대는 하지 마! 그런 식으로 툴툴거리듯 나에게 말했었다.

그날 밤, 밤새도록 그들과 함께 술을 마시고 어울려 놀면서도 스페인, 프랑스 친구들과는 달리 젊은 남녀 그 두 명의 독일인 친구들의 표정은 좀 애매모호했다. 나, 한 명의 동양인이 이 모임에 낀 것이 좀 탐탁지 않았는지는 모르겠지만 표정을 알 수 없는, 좀 뻣뻣한 근육의 얼굴이 자주 눈에 띄었다. 스페인 안에서 지내면서 살갑고 부드럽고, 말랑말랑한 것에 익숙해져 있던 내 감각들에 조금은 낯설게 비벼지는 표정이었다. 딱 잘라 설명하기는 어렵지만 스페인 사람들은 좀처럼 갖고 있지 않은 어두운 낯빛과 눈빛. 그 개인들의 성격일 수도 있지만, 스페인에서 스페인적 공간의 열기와 그 생리적 분위기에 깊이 젖어 있으면서도 '독일인 특유의 표정을 감출 수 없었던 것이었을까?' 하는 생각을 그때 했었다. 스페인에서 만난 다른 독일인들의 표정과 표현도 대체로 무겁고 건조했고 심심했다. 차분하고 점잖은 사람들이었지만 내 취향과는 좀 거리가 있는, 조금은 부담감이 생기는 스타일이라고 해야 할까? 아니면 좀 사무적이고 딱딱한 사람들이라고 해야 하나?

그들의 삶의 철학에 대해, 부정적인 것이 아닌 지극히 현실적인 것이라고 나는 이해한다. 우린 너무 미신적 삶, 세상의 긍정에 빠져서도 안 된다. 서양철학과 동양철학 사이에는 그런 큰 간극이 있다.

어쨌거나 내가 경험하고 아는 범위에서, 유럽인들은 나라마다 사람들의 얼굴 표정이 다르다. 자주 사용하는 얼굴 근육 자체가 다르다. 물론 유전적으로 그 외모도 아주 조금씩, 또는 분명하게 다르다. 평균신장도, 머리색과 빛깔도, 눈동자의 색깔도, 느낌도 다르다. 옷 입는 스타일도 다르다. 말할 때의 손짓도, 특유의 몸에서 뿜어져 나오는 체취도, 분위기도 다르다. 어떤 생각이 머릿속에서 굴러가는 방식도 다르다. 어떤 현상에 대해 초점을 맞추는 관점, 시각도 다르다. 동양인에 대한 첫 어프로치도 나라마다 다른 느낌을 준다. 동양인에 대한 편견과 기본적인 생각, 태도도 다르다. 그래서 내 기억과 추억 속에는 그런 각 나라마다의 유럽인들의 이미지, 공통점 같은 것이 모여들어 제법 짙게, 굵은 윤곽선으로 남아 있다. 그리고 그것이 내게 서양인들과 그들의 역사와 문화, 문학을 공부하고 이해하는 데 지금도 큰 도움이 되고 있다.

그리고 나는 그들에게 어떤 한국인으로 기억될까 하고 생각해볼 때가 있다. 좋은 추억도 있고 나쁜 기억도 있다.

코르닐야, 마을 중앙의 작은 쉼터

코르닐야 일상의 골목,
일 비콜로 디 조르나타(Il Vicolo di Giornata)

무엇을 만나다

코르닐야(Corniglia)는 바닷가의 낮은 지대에 항구를 끼고 있는 다른 여느 마을들에 비해 상당히 높은 지대에 위치해 있다. 따라서 기차를 타고 기차역에 내려 그곳에 가려면 약 350개 정도 되는 계단을 오르는 수고를 피할 수 없다. 큰 짐까지 지고 걷다 보면 제법 힘들 수 있는 운동량이다. 친퀘 테레의 작고 큰 마을들을 높은 산줄기 위에서 바라보면, 바닷가의 곶같이 높이 솟아올라 절벽 위에 마치 거대하고 우람한 성채처럼 자리 잡고 있는 곳도 있고, 또는 움푹 파인 골짜기의 끝에 고깃배의 부두, 항구와 함께 마을이 형성되어 있기도 하다. 그곳의 크고 작은 마을들이 그 아름다운 지중해와 산자락의 능선을 타고 파도처럼 출렁거린다. 한 장 한 장의 가슴 벅찬 풍경화인데, 바라보는 인간의 넋이 잠시 나가곤 한다.

마을로 들어서니 나는 큰 시장기를 느꼈다. 줄기차게 걷는 여행 중에는 먹은 것들이 금세 몸 안에서 사라진다. 마을 중앙의 작은 광장에 사람들이 이리저리 북적인다. 나는 눈에 단번에 들어오는 그 광장 앞 동네 구멍가게에 들어가 간단한 먹거리와 비라 모레티(Birra Moretti) 한 병을 샀다. 그 맥주가 유리 냉장고 안에서 이마에 차가운 물방울을 연신 흘려대며 나를 너무나 간절하게 쳐다보고 있었다. 내 마음 속을 아는 듯, 나를 유혹하는 듯. 사지 않을 수 없었다.

이탈리아에서 특별한 일이 없으면 늘 맥주로는 이 모레티를 찾게 된다. 무난하면서도 가볍지 않은 묵직한 맛이 좋다. 이탈리아에서는 가볍고 라이트한 맥주 맛보다 조금은 묵직한 것이 좋다. 나는 이탈리아 맥주 페로니의 '나스트로 아주로(Nastro Azzurro, 파란 리본이라는 뜻)보다 모레티가 더 좋다. 라벨에 녹색 중절모와 똑같은 색의 양복을 입고 생맥주 잔을 들고 있는 아저씨도 맘에 든다. 뭔가 고집스러운 이탈리아 장인의 맥주 맛을 표방하고 있는 듯하다. 묵직하지만 맛의 뒤끝은 깨끗하다. 마감처리를 잘 해 놨다. 그 두툼한 맥주병을 들고 짙은 나무그늘이 드리운 등나무 쉼터 안쪽으로 깊숙이 들어간다. 벽에 둘러쳐져 있는 돌벤치에 털썩 앉는다. 앉은 돌바닥에서 몸 안으로 차가운 공기가 스민다. 세상 좋은 순간이다. 그리고 몸을 채운다.

모레티를 몸 안으로 흘린다. 비라 모레티가 끝도 없이 내 몸 속으로 빨려 들어간다. 그 차가운 액체의 끝이 송곳처럼 짜릿하다. 목 안에 텁텁하게 메말랐던 갈증도 완벽하게 씻겨 내려간다. 그리고 그 옅은 알코올 기운이 온몸으로 서서히, 서서히 번진다. 사랑할 수밖에 없는 여행의 순간이다. 한동안 멍하니 왔다갔다 하는 사람 구경을 한다. 그 깊은 그늘 속에 앉아 그렇게 사람을 바라본다. 다양한 모습과 표정의 사람들이 내 앞에서 끊임없이 왔다갔다 지나는데, 때로 그 사람의 얼굴에 비친 인생을 상상해 보곤 한다. 내 공상 속에서 때론 그 얼굴과 몸짓은 그 사람이 겪었을 지난 인생이 파노라마처럼 차오르곤 하는데, 하나의 스토리가 발생하는 것이다. 예측할 수 없는 곳에서 나의 공상은 그렇게 눈앞의 현실과 현실 뒤에서 눈에 보이지 않는(때론 감춰진) 현실 속을 떠돈다.

내가 첫날 편도의 친퀘 테레 길을 걸었을 당시에는 영국인들이 참 많았던 것 같다. 그 다음으로 이탈리아, 프랑스 그리고 독일 사람들도 제법 있었다. 떠들고 지나는, 내 귀에 들리는 언어로 추측하기에는 대충 그랬다. 그날 내가 봤던, 그 길을 걷고 있는 동양인은 나 말고 중국인으로 보이는 가족이 있었는데, 홍콩이나 대만 사람이었는지는 모르겠다. 하지만 그 가족은 이상하게도 적당한 운동화나 트레킹 복장을 갖추지 않은, 피렌체 시내에서 흔히 볼 수 있는 동양인 관광객 같은 하늘거리는 복장과 빳빳한 구두를 신고 그렇게 산길을 타고 있었다. 당시 생각컨대 애초에는 그럴 계획이 없었지만 어찌어찌하다 보니 얼떨결에 걷게 된 사람들 같아 보였다. 그런 느낌의 동양인들이나 서양인들은 기차로 이동하며 마을을 둘러보는 여행을 한다. 물론 서양인 관광객들의 복장이 훨씬 캐주얼하기는 하다. 동양인들처럼 지나치게 꾸민 듯한 옷차림은 별로 없다(멀리서 왔으니 보다 특별할 것이다). 매우 털털하고 편안하게 걸을 수 있는 옷차림의 서양인들이 많다. 그리고 과거에는 중국 관광객들이 매우 촌스러운 옷차림과 꾸밈이었다고 하지만(지금도 나이든 분들은 그런 경우가 많지만), 지금은 전혀 그렇지 않다. 특히 유럽 관광지에서 마주치게 되는 중국 젊은이들의 경우는 상당히 세련되고 고급스럽다. 요즘은 결코 그 차림새와 패션이 한국인 관광객들(아시아에서 나름 알아 주는, 아니, 이제는 세계적 주목을 받고 있다고 해야 하나. 마치 프렌치 쉬크를 대체한 듯하다)에 비해 뒤처지지 않는 것 같다. 오히려 일본인들이 촌스럽고 털털한 복장이 많다. 혹은 하늘한 모자를 쓰고 무척이나 신경 쓴 듯한 복장이다. 밀라노의 비토리오 에마누엘레 2세 갤러리아에서 마주쳤던 많은 중국인들은 사실 좀 놀라울 정도로 잘 차려입었다. 아마도 내 모습이 오히려 과거 촌스럽고 조금은 민망한 중국인의 모습에 가까웠을 것이다. 그 가난한 배낭여행객의 복장으로 화려한 밀라노의 쇼윈도 앞을 서성거렸다. 그것도 세상의 좋은 구경거리다. 익숙하지 않은 진열상품 앞 가격표의 동그라미들을 세심하게 헤아려 보며⋯ 아마도 내가 그 명품 브랜드 매장 안으로 들어가려고 했다면 나는 복장불량으로 제지당했을지도 모른다. 사실은 들어갈 엄두도 나지 않았고, 그럴 필요도 느끼지 못했다. 그냥 세상 돌아가는 물정을 공부한다. 그 쇼윈도 너머로 보니 중국인 쇼핑객들을 전문적으로 상대하는 현지 중국인(동양인) 점원들이 보였다. 베트남에서도 가끔 현지인이 베트남어로 말을 걸어와(나에게 무엇을 물어본 것일 것이다) 나를 크게 당황케 하는 경우가 있었다. 사실 베트남어는 나에게 어느 외계행성의 언어, 화성어나 토성어쯤 되는 거리의 느낌일지 모른다. 도저히 감조차 잡기 어렵다. 베트남을 다니며 나는 "깜언, 감사합니다. 신짜오, 안녕하세요"를 남발하는 수준에 정체되어 있다(태국에선 코쿤캅, 싸와디캅. 근데 이게 가끔 이상하게 헷갈린다. 바본가? '감사합니다' 해야 할 때 '싸와디캅' 하고 있다. 그건 일본에서 '아리가또' 해야 할 때 '이랏샤이마세!'하는 꼴이지 않은가. 나름 귀엽게 봐 줄까?). 하지만 뭐 그리 기분 나쁠 건 없다. 그만큼 이방인 같지 않은, 도드라져 나온 거부감이 없다는 표현이니 내 정서에는 오히려 더 바람직하다.

그나저나 다시 앞으로 돌아가, 여기 이 산길을 걷고 있는 사람들은 미리 준비된, 계획된 것처럼 나름 트레킹 복장을 갖춘 듯한 차림새, 운동화 또는 등산화 같은 것을 신은 사람들이 많았다. 하늘거리는 옷차림과 빳빳한 구두는 이 흙길에서 매우 생경하다. 그리고 내가 이 길을 걸으면서 본 한국인들은, 마나롤라 마을 주변에서 조금 위로 올라오면 파란 물감의 바다가 잘 보이는 비교적 넓은 바닷가 포도밭이 있었는데… 어쩌면 그곳이 나름 친퀘 테레에서 사진 찍기 좋은 장소로 소문난 곳인지도 모르겠다. 내가 지나가며 또 산을 오르며 뒤돌아보기에도 무척 근사한 장소였다. 한국 대학생으로 보이는 세 명의 여자아이들이 사진 찍기 삼매경에 빠져 있었다. 마치 모델처럼 멋스러운 포즈와 각도를 다양하게 잡아 가며, 연출하며, 아니면 마치 어느 여배우의 화보촬영 같은 사진들을 찍고 있었다. 대단한 움직임과 정지모선.

그 풍경 속으로 바닷가 포도나무의 넓은 초록 잎들이 지중해 햇살에 닿고 투과되어 노랗게 바스락대고 있었고, 칼칼한 지중해의 여름볕이 그 초록 엽록소 안으로 혈액처럼 모여들고 있었다. 그런 노르스름한 빛이 포도밭으로 쏟아져 내리고 있었다. 어떤 사물, 사람, 자연의 표면에 튕겨져 부서지는 빛들로 인해 내 눈이 너무 부셨다. 눈의 조리개를 가늘게 조절해야 할 만큼 아름답고 시린 풍경이었다. 그곳에서 그 세 명의 한국 여자아이들이 함께 바스락거리고 있었다.

장소가 바뀌면 사람의 몸과 영혼이 다르게 반응하고 느끼게 된다. 다르게 반응하고 있다. 다르게 반응하게 되어 있다.

어린 그녀들에게도 그런 꿈같은 시간일 것이다. 그런 경험과 접촉들이 좀 더 다양한 시선, 시야의 여행으로 계속 이어지기를 바랐다. 어디나 비슷하고 회색빛 톤이 많은 한국 사회의 공기와 도시외관 속에(나는 한국의 도시 풍경에 큰 불만을 갖고 있다. 이제는 조금씩 자신만의 공간 개성, 아이덴티티를 찾으려는 노력이 보이기는 하지만…) 깊이 잠겨 있다가 유럽의 풍경 속으로 이동하여 머물러 있게 되면 눈에서부터 짜릿한 해방감과 쾌감을 얻게 된다. 식상한 말이지만 어려서 동화책에서나 보던 색채, 빛, 공기, 풍경들이 현실로, 일상의 모습으로 계속 이어진다. 내가 알던 프랑스 친구는 유럽은 어디를 가나 다 비슷비슷하다고 말하기도 했지만…. 그녀의 눈에는, 그 유럽이라는 오랜 양식 안에서는 그럴 수도 있겠지만 그 도시들은 매우 신중하게 '사람'을 중심으로 설계되고 만들어져 있다. 한국인들에게 익숙하다고 할 수 있는 서양 국가 미국과는 또 다른 가치철학의 세계다. 빠르고 편리함으로 치자면 한국도 무척 좋은 곳이지만(빠르고 편리하고 간편함으로 따지면 한국이 세계 최강이다. 누구도 못 따라온다. 물론 이는 강한 국제적 경쟁력이 되기도 하지만…), 그러나 내 삶의 내용과 즐거움과 깊이도 그렇게 빠르고 편리하고 간편하게만 가서는 안 될 것 같다. 불편함과 느림의 미학과 묘미로 둘러보기에 좋은 곳이 바로 유럽이다(각자의 취향 차이라고 할 수도 있겠다. 빠르고 간편하고 안전한 한국의 도시 생활을 좋아하는 유럽 젊은이들도 많으니깐. 특히 여성들이 그렇다. 특유의 재미와 활력도 넘치고, 나 또한 그 혜택을 누리며 산다. 하지만, 나는 이상하게도 불편하고 번거롭고 느린 것을 좋아한다. 젊은 날을 빗겨난 지금은 정적이고 조용한 것이 좋다). 삶은 무엇을 베이스에 두느냐에 따라 완전히 달라진다. 따라서 내 몸과 생각의 중심을 이루는 그 '베이스'가 어디에 있느냐, 무엇이냐, 그것이 중요해진다. 아날로그적인 불편함과 느림도 때론 우리의 삶과 행복에 필요하다. 직업적인 일은 빠르게, 디지털적으로 하더라도 내 삶의 한 공간과 행복은 느리게 아날로그적으로 즐길 수 있다. 그렇게 바쁨과 쉼의 밸런스가 맞춰진다. 사실 행복과 삶의 내부 작동원리는 아날로그다(똑같이 디지털로 복사한다고 행복해지지 않는다). 아주 작은 일상의 부품들이 하나하나 모여 톱니바퀴를 서로 물고 째깍째깍 돌아가는 시계와 같다. 그런 아날로그적인 순간과 순간들의 집합이다.

초록 포도나무 잎들이 꿈꾸는 햇살처럼, 체내의 그런 풍부한 광합성처럼 포도밭의 그녀들에게도 그런 건강한 시간이기를 바랐다. 또 그렇게 인생에서 의미 있는 순례의 시간이기를 나는 빌었다. 넓은 곳을 돌며 다른 좋은 것을 보고 느끼면, 자기 것도 좋은 것으로 바꿀 수 있다. 젊은이들에게는 더욱 그런 것을 기대하게 된다.

난 사람들의 그런 '교차로(crossing)' 같은 지점을 즐기곤 한다. 작고 소박한 마리아상과 맑고 시원한 식수대가 길을 걷던 세계의 많은 사람들을 그 지점에서 만나게 한다. 그렇게 사람들이 만나고 마주치는 교차로 같은 지점이 있다. 세계 사람들의 다양한 모습과 표정이 그곳에서 자연스럽게 노출되고 담겨져 있다.

그 교차점에서 어떤 모습과 모습, 어떤 가치와 가치, 어떤 생각과 생각, 어떤 느낌과 느낌, 그런 것들이 가볍게 부딪치고 뒤섞인다. 그리고 그런 여행의 스냅사진(snapshot), 기억의 이미지, 찰나의 기록, 그런 혼합물, 서로의 뒤섞임을 통해 나 자신을 보다 잘 알 수 있게 되고, 또 남을 잘 알 수 있게 되기도 한다.

세상에 대한 이해의 폭이 넓어진다. 그리고 그 연속된 시선으로 나를 바라본다. 그래야 그런 이해와 또는 오해, 차이와 다름에 접근할 수 있다.

닫혀 있으면 충분히 배울 수 없다. 자기 것만을 주장하는 곳에서는 '배움'을 얻을 수 없다. 세상과 사람에 대한 이해도 넓히기 어렵다. 그 안에 아무것도 없어서 덜그럭거리는 것과, 있어서, 자기 내적 고민이 있어서, 또는 깊은 생각이 있어서 덜그럭거리는 것은 다르다.

여행은 그런 닫힌 문을 여는 것과 같다. 덜그럭거리며 열린다. 그리고 그것은 자신의 투명한 거울이 된다. 그 혼돈의 덜그럭거림은 시간을 통해 다부진(쉽게 무너지거나 부서지지 않는) 자신의 내적 질서를 완성해 준다.

삶은 다양하다. 암기하듯 피상적으로 공부하는 책이 아닌, 또는 한국적 사고에 자신을 깊이 고립시켜 계산해 바라보는 세상도, 삶도 아닌.

여행 속에는 전혀 다른 운영방식으로 돌아가고 있는, 또는 다른 가치체계로 돌아가는 3차원의 '다른 공간'이 존재하고, 그 공간 속에는 또 다른 방식의 '사람들'이 살아가고 있다. 그들은 가까운 내 주변 사람들과는 제법 많이 다른 방식으로 생각하고, 다른 형태의 가치를 추구하고, 다르게 행동하고, 말하고, 다른 일상의 소재들, 단어, 언어들을 입에 올리곤 한다. 그리고 다른 양식, 다른 빛깔의 인생을 가꾸며 살아간다.

나 자신도 그들 속에 섞여든다. 그렇게 그 사람들과 함께 교차되고, 작은 조각으로 나뉜다. 나는 때로 나를 해체하려고 시도한다. 그렇게 해체된 내 작은 파편들이 날아가 그들의 어깨에, 땀으로 젖은 살갗에 달라붙는다. 그럼 그 속에서 문득 이런 생각을 하게 된다.

'나는 지금 어떤 모습으로 살아가고 있을까?'

어쨌거나, 난 그런 여행의 순간들이 좋다. 그런 관찰과 생각 속의 여행을 좋아한다.

등나무 그늘 속 돌벤치에 앉아 나는 계속 그렇게 사람들을 바라보고 있다. 내 시선 앞을 쉼 없이 수많은 사람들이 왔다갔다 지난다.

삶은 언제나, 누구나 어딘가로 향하고 있다. 어느 곳으로든 가고 있는 것이다. 무엇인가에 떠밀려 가든, 스스로 가든, 어디론가 간다. 어디로 간다는 목표가 없어도 간다.

'하지만 도대체, 당신은 어디로 가고 있는 것인가? 또 나는, 어디로 향하고 있는 것일까?'

길 위에서 내 몸은 한없이 열리고, 열린 그 몸속으로 많은 것들이 흘러 들어오고 또 많은 것들이 흘러나간다. 그리고 그 몸속에 떠나지 않고 남아 있는 어떤 것들이 '나'이지 않을까? 그것이 '나'인 것 같다.

내 몸은 그렇게 외롭고도 새롭다.

(소설가 김훈의 『자전거 여행』에 나오는 표현을 일부 차용함)

지그재그로 놓여진 수많은 계단 아래, 그 끝에 코르닐야 바닷가 기차역이 있다. 내가 스페인과 프랑스의 많은 지중해 바다를 보았지만, 친퀘 테레 옆을 흐르는 바다 색깔이 가장 아름답지 않았나, 그런 기억을 갖고 있다.

베로나자(Vernazza)

이름을 알 수 없는 한 작은 마을. 유럽은 아주 작은 마을들도 예쁜 이름을 갖고 있다. 그런 자기의 고장, 지역에 대한 사랑이 각별하다. 내가 아는 스페인 분들도 직업상 어쩔 수 없이 대도시인 마드리드, 사라고사, 바르셀로나, 세빌야, 말라가에 나가 젊은 날을 살았더라도, 은퇴하면 다시 작고 평화로운 자기 고향마을로 돌아왔다. 물론 기본 적으로 웬만해서는 고향을 잘 떠나지 않는다. 그곳에서 우선 자신의 삶의 가치와 즐거움을 찾는다. 소박하고 과장되어 있지 않다. 행복은 먼 곳에 있지 않다.

7
춘천의 봄

무척 긴 여행이 끝나고….

나는 서울을 완전히 떠나,

춘천에 와서 추운 한겨울(2014년 말~2015년 초)을 보내고 첫 봄을 맞았다. 2015년 봄이다.

집 동네 주변을 다니다 제비들을 볼 수 있었는데, 따스한 봄 햇볕 사이를 반짝거리며 날고 있었다. 새까맣게 윤기가 흐르는 검정색 연미복을 휘날리며 우아하면서도 재빠르게 공기를 가른다.

나즈막한 기와집들 사이의 널찍한 바람의 통로를, 그 생명의 통로를 난다. 채소들이 심어져 있는 빈 공터 위를 마음껏 날아다니기도 하고… 내 마음에도 그처럼 여유가 생겨난다.

나는 세상에서 제비가 제일 좋다. 예쁘고 귀엽다. 그리고 착하고 맑다.

뒤집어 보이는 하얀 배도 그렇게 아름답고 깨끗할 수 없다. 잠시 공터에 앉아 날개를 햇볕에 바스락대며 뭔가를 쪼아 먹기도 한다.

'너무 반갑구나! 아, 내가 제비를 너무 오래도록 잊고 살았구나….'

내 어릴 적, 서울에 그 많던 제비들은 다 어디로 가버린 걸까? 공기는 과거보다 더 좋아졌다고 말하는데….

그런 공간이 없다. 여유가 없다. 생명의 여백이 없다.

바람, 생명, 인간, 기억, 제비들이 숨 쉬고 날 수 있는 여백이 없다. 그런 빈 공터가 없다. 또 하나의 거대한 기억의 부재(不在).

제비의 그 작은 몸 하나 편히 쉴 수 있는 공간이 서울엔 이제 없는 것같이 느껴지곤 한다.

5층 아파트의 베란다 천장 위에 제비집을 짓기도 했던 그 제비들이 보이지 않은 지 아주 오래 됐다. 언제 마지막으로 본 것인지 기억도 나지 않는다. 2층 베란다 창밖으로 전깃줄 사이를 오가며 날던 그 오래전의 제비들….

내 시선 아래로 너그럽게 흐르던 서울의 소박한 기와집들, 밤이면 그 작고 촘촘한 골목들 사이로 노란 가로등불이 떠올랐다. 그곳으로 총총총, 느릿느릿 사람들이 지나고, 때론 연인들이 그 가로등불 아래에서 하루의 마지막 이별을 하고 있다. 행복한 듯 소곤소곤거린다. 그 풍경을 가만히 보고 있는 나는 소르르 졸음이 몰려오는데 모든 것이 그렇게 꿈인 것만 같다. 몽롱한 형체와 불빛으로 내 옛 기억 속을 떠돈다.

그리고, 그 춘천의 봄(春)에 글을 써 보기 시작했다.

너무 오랜만에 본 제비 탓일까? 아니면, 그 옛 불빛 탓일까? 그 봄에 들뜬 낙서 같기도 하고 아지랑이 같기도 한 글들을. 봄이 지나고,

무더운 여름 하늘 아래 곧 증발해 버려도 좋을 그런 내 글들을….

검은 빛의 겨울나무들, 흩어진 잔설(殘雪). 얼어붙은 파란 새벽별, 달은 시리도록 맑았다.

그리고 밑으로 흐르던 옛 온기, 내 안에 소복소복 눈처럼 쌓이던 말들, 형용들, 비에 젖은 그대의 이름, 그 사이를 지나던 시간, 계절, 그리고 2015년의 봄. 그 봄의 공터를 나는 까만 제비들.

공을 주우러 오던 아이, 빗겨 내리던 초록 햇살, 햇살 속에 내 오래된 기억들.

하나, 둘, 셋, 넷… 하얀 백지 위에 새로운 시간과 공간이 떠올랐다. 그리고 새로운 언어들이. 하지만, 나에겐 왠지 친숙한, 그 새로운 시간과 공간의 진동이, 그 키 작은 언어들의 꿈틀거림이, 봄의 온기처럼 내 몸속으로 흘러들었다.

따뜻했다.

그리고 글은, 머리가 아니라 온몸으로 쓴다는 생각이 들었다.

2부

인연

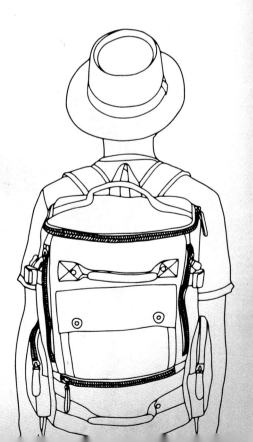

1
반복되는 인연, 그리고 헤어짐

프롤로그

8월 말의 필리핀은 우기(雨期)다. 2007년 8월 말 필리핀 세부(Cebu) 국제공항에 처음 내렸을 때, 그날의 풍경과 감촉들이 지금도 생생하다. 그 '처음'이라는 것 속에 눅눅하게 들러붙어 있는 것들…. 지금도 짙은 농도로 내 몸 안에, 머릿속에 남아 있다. 시간이 지나도 웬만해서는 잘 지워지지 않는다.

세부 국제공항은 예측하고 상상한 것에 훨씬 못 미치는 것이었다. 마치 내가 상상할 수 있었던 아프리카 어느 가난한 나라의 낡고 허름한 시골 공항 같은 풍모. '나름 동남아의 유명한 휴양도시의 국제공항이 이런 꼴이라니…' 말문이 막혔고 실망감이 밀려왔다.

휑하고도 몹시 후줄근한 공항터미널의 내부 모습들, 어두운 낯빛으로 서성거리던 공항 직원들, 어둑어둑한 실내 천장의 형광등 불빛…. 마치 오래되고 때가 잔뜩 낀 병원 건물의 흰 내벽 같은 것이 좁은 복도를 따라 계속 이어져 있었다. 그리고 그 중간에 허술하기 짝이 없는 목재 초소 같은 것이 있었는데, 그곳에 그런 후줄근한 제복을 입고 입국심사원이 앉아 있었다. 텁텁한 눈길의 위아래 살핌이 끝나고(그 시간이 제법 오래 걸린 것처럼 느껴졌고) 멋없고 단조로운 빨간색 입국허가 스탬프를 찍어 주고, 그 아래 자신의 사인을 펜으로 날린다. 그것도 외국 공항을 다니며 처음 보는 광경이었다(지금은 세부에서도 심사원의 사인을 남기지 않는다. 더러 그런 나라들이 있다. 하지만 도리어, 왠지 그 담당자 사인이 그 국가에 대한 신뢰감을 떨어뜨린다). 그렇게 비행기에서 내려 그 낡아빠진 흰 벽의 통로들을 구불구불 복잡하게 돌아 나와, 짐을 찾고 공항터미널 밖으로 나오자, 숨이 턱 막히는 묵직하고도 농밀한 공기. 그 속에 끈적끈적하게 배어 있는 꽉 찬 열기와 습도가 나를 단숨에 압도했다. 찜통같이 찌는 듯한 밤이었다. 서울 여름 열대야의 두 배, 세 배, 또는 네 배는 더 무겁게 느껴졌다. 그런 전혀 색다른 공기층의 감촉, 끈기, 부피감, 그리고 내가 세부가 '처음'이라는 낯섦에서 오는 긴장감과 경직됨이 한데 뭉쳐져 잘 잊지 못한다.

그리고 그 터프한 열대 우기의 날씨만큼이나 혼잡했던 공항터미널 밖의 풍경들…. 요란스럽게 손짓하며 부산스럽게 움직이는 택시 호객꾼들과 이름 같은 것이 적혀 있는 뭔가를 들고 여행사 직원인 듯한 사람들이 마구 혼잡스럽게 뒤엉켜 아우성치고 있었다. 어느 공항의 흔한 풍경이라고 할 수도 있고, 그런 흔한 풍경이 아니라고 말할 수도 있다. 세부공항의 입국터미널은 땅 밑으로 꺼져 있다. 그래서 공기가 더욱 탁하게 느껴지고 무척이나 부산하고 어수선하다. 공식적인 택시 승강장은 위, 지상으로 올라가야 한다.

아무튼 그런 무질서함과 밀폐된 열기가 나는 무척 당황스러웠고 호흡기를 조이는 듯 답답했다. 그리고 공항 바깥 공기와 처음 접촉하는 순간, 그 코끝에 닿았던 열대(熱帶) 세부의 그을려 타는 듯한 공기 냄새…. 그것은 내가 알고 있는 공기 냄새와 분명 다른 것이었고, 정말 그 열기 속에 공기가 타고 있는 듯했다. 그래, 공기가 타고 있는 냄새. 그 표현 말고는 다른 표현을 찾기 어렵다.

필리핀 세부(혹은 필리핀의 어느 곳이나)에 도착하면, 그들만의 특유의 냄새가 있다. 언젠가 어떤 미국인이 나에게 말하기를, 한국에도 공항에 내려 처음 밖으로 나가 공기를 흡입하면 그 특유의 한국 냄새가 있다고 말했었다. 또 일본을 자주 다니는 어느 한국인의 말에 따르면 일본 공항에 도착하면 일본만의 특유의 냄새가 있다고 했었다. 그러나 그것들이 구체적으로 어떤 성질의 것인지 나는 잘 모르겠다. 내 코로는 잘 짐작할 수 없고 분석이 되지 않는다. 혹은 그것에 대해 그 정도로 잘 알지는 못한다. 파트리크 쥐스킨트의 소설 『향수』 속에 등장하는 그르누이라면 아주 미세한 작은 하나도 결코 놓치지 않고 잡아내겠지만 말이다. 그러면 냄새라는 것을 통해 그곳의 모든 본질을 분석해낼 수 있을 것이다.

물과 돌 냄새, 샐비어와 맥주 냄새, 살에 얼룩져 있는 눈물 냄새, 마르거나 젖은 지푸라기 냄새, 유리 냄새, 다림질한 비단 냄새, 쿠엔델의 차 향기, 뜨거운 물에 녹차가 우러나는 김 냄새, 푸얼차 냄새, 달콤한 우유홍차 냄새, 각기 다른 포도주병의 코르크마개 냄새, 서지영 씨의 손수건 냄새, 윤시은의 배낭 냄새, 거기 배낭에 묻은 봄흙 냄새, 안달루시아의 건조한 햇볕 냄새, 밀가루가 가득 든 자루 냄새, 나무 창고 냄새, 녹색 향첩, 펠리시에의 향수, 18세기 리스본의 향기, 해가 지면 곧 향기가 나기 시작하는 꽃, 나폴리의 밤, 사향 냄새를 풍기는 인도양의 바다, 남양(南洋)에 고립된 폴리네시아의 새하얀 파도 냄새, 비를 맞는 흙냄새, 가을 속에 마르고 젖는 낙엽 냄새, 오래된 소설책 냄새, 레코드판 냄새, 4월에 내리는 비 냄새, 오래전 4월의 하늘 냄새, 새벽의 푸르스름한 공기 냄새, 밤이 곧 사라지는 냄새, 깊은 산장의 장작 냄새, 나무 냄새, 느릅나무, 하얀 자작나무, 단풍나무….

하지만 어쨌거나, 나중에 세부에서 지내면서 내가 나름대로 분석하고 해석해 본 그 냄새의 결론 같은 것은 있다. 그 필리핀의 독특한 냄새의 원천은 우선, 그들이 바베큐 같은 것에 너무나 흔하게 사용하는 씨즈닝, 그 소스 냄새로부터 기인한 것으로 추정된다. 필리핀식 간장에서 비롯되는 특유의 냄새에 젖은 그 소스를 바른 꼬치식 바베큐는 필리핀에서 가장 대중적이고 흔한 음식이다(담백한 한국의 간장보다 비릿한 냄새와 맛을 갖고 있다). 그렇게 태워진 연기가 늘 공기 중에 떠돌아다니곤 한다. 그리고 그 속에 또 다른 성질의 냄새가 조금씩 곁들여져 있는데, 그건 아마도 그들이 대중적으로 가장 많이 사용하는 세제에서 비롯된 냄새 같다. 특정한 상표가 생각나기는 하지만 여기서의 언급은 생략하기로 하고, 한국에서 필리핀으로 가는 세부퍼시픽 같은 비행기 안에 들어갈 때, 그때도 그 세제 냄새가 희미하지만 분명하게 난다(지금은 대부분 평균가격 정도를 받지만 과거에는 세부퍼시픽이 파격적으로 싼 프로모션 가격이 종종 나오곤 했다). 까맣게 잊고 있던 그것에 대한 내 후각이 되살아난다. 필리핀에 가면 론드리(Laundry)샵, 대신 빨래와 건조를 해주는 가게들이 제법 많은데 그곳에 가면 아주 진한 그 세제 냄새가 난다. 반나절이면 빨래가 완벽하게, 또는 과자처럼 과도하게 마른다. 어쨌든 그런 것들이 공기 중에 떠다니며 한데 얽히고 뒤섞여 묘한 특유의 필리핀 냄새를 만들어낸다. 나는 그 짙고 선명한 냄새가 코로 흡입될 때, '아, 내가 세부(Cebu)에 와 있지!' 하는 것을 강하게 자각한다. 그 냄새가 내가 세부에 와 있다는 후각적 현실감을 확실하게 일깨워 준다. 그들이 흔하게 먹고 마시고 생활하는 것들과 열대 섬, 바다의 타는 듯한 뜨거운 공기가 한데 혼합하여 농도 짙게 화학반응하면서 그 특유의 냄새를 최종적으로 완성한다. 비슷한 위도상에 있다고 할 수 있는 베트남이나 캄보디아, 또는 태국 같은 나라들과는 또 그 냄새가 완전히 다르다. 바다를 하나 사이에 두고 있는 필리핀과 베트남이지만, 전혀 다른 별개의 딴 세상이다. '어쩜 그렇게나 다를 수 있을까?'

처음 그 늦은 밤 세부공항에 내려, 작은 버스를 타고 시내로 들어가던 풍경도 잊히지 않는다. 가로등 불빛도 거의 없는 어두침침한 거리였다. 그 빈약한 불빛 사이를 달리며 자동차 주변으로 날리던 열대의 뿌연 먼지들, 그리고 그 시선의 위로는 전깃줄들이 낡은 전봇대에 어지럽고 난잡하게 검은 뱀처럼 칭칭 감겨 있었다. 그런 풍경과 느낌들이 자욱한 도로의 먼지 탓인지 아니면 탁한 불빛 탓인지, 혹은 버스 유리창에 반사된 내 모습 때문인지, 잘 알아볼 수 없었고 불분명했다. 그러나 그렇게 선명한 불빛 하나 없는 몽롱한 어둠 속에서도 가난하기 짝이 없는 그들의 살림살이들은 쉽게 다 눈에 들어왔다. 참으로 빈곤해 보이는 거리의 밤풍경이 계속 이어지고 있었다. 모든 것들이 도시의 탁한 어둠 속에 앙상하게 메말라 있었다. 나는 버스 창에 얼굴을 바싹 붙여 유심히 그 처음의 느낌들을 흡입하고 있었다.

그리고 세부에서 생활하는 처음 한동안 나는 택시 유리창 너머로 그렇게 격리된 먼발치에서 그들을 바라봤었다. 아니, 어쩌면 탄자니아와 케냐 세렝게티 초원의 야생동물들을 관찰하는 것처럼 세심하게 그들을 관찰하고 있었는지도 모르겠다. 하지만 어쨌든 또 하나의 인연이 그렇게 나에게 시작됐다.

갑작스런 열대 스콜이 세차게 땅바닥을 후벼파며 뿌옇게 올라오던 그 아련한 먼지 냄새들, 열대 스콜 특유의 비릿하고 진한 습기 냄새⋯ 그리고 깊숙한 골짜기의 바닥과도 같았던 그들의 삶의 냄새들⋯.

(한국에서 세부로 가는 밤비행기가 많다. 지금도 공항에서 택시를 타고 시내로 들어가면 그 밤풍경은 상당히 섬뜩하고 위협적이다)

인연

사람과 사람, 혹은 사람과 만물(萬物), 그 무엇인가의 인연이라고 하는 것은 어느 날 불현듯 자신도 모르는 사이 끈적하게 생겨나기도 하고, 또는 높은 수온에 열대 바다의 거친 태풍처럼 갑작스런 저기압의 상승기류로 휘돌아 소용돌이치며 생겨나기도 한다. 또는 장마철의 눅눅한 습기처럼 아무 소리도 없이, 낌새도 없이 스며들기도 한다. 또는 사막의 모래폭풍의 모습으로 온몸을 흔들어 덮쳐오기도 한다.

그러나 그것의 '시절인연'이 어느덧 다하면, 어느 순간 깨끗이 소멸한다. 실로 신기하게도 없었던 자리에 나타났다 사라지는 태풍처럼 완전히 소멸해버린다. 그 거친 폭풍우의 소용돌이를 기억해낼 수 없을 만큼 감쪽같이 사라진다. 다만 그 뒤에 한동안 그림자처럼 흐르는 뒷바람이 남아 있곤 하는데, 하늘은 연한 햇빛을 받아 바닐라 스카이로 흐르고, 오히려 시원하게 느껴지는 바람과 풍경이다. 그리고 때로 그 인연의 방향과 매듭이 다른 곳으로 전환(be transferred to)되어 버리기도 한다. A에서 B로 순식간에 이동해버린다.

그래서 그 '인연'이라고 하는 것의 정직한 내부 속성은 억지로 잡아당기고, 그렇게 자신이 만들고, 원하는 대로, 하고 싶은 대로 해서 되는 것은 아니다. 오히려 그렇게 나름의 억지 인연을 만들고 지속하려하다 보면, 거기엔 서로 맞지 않는 부작용이 생겨난다. 그런 엇나감, 불편함이 생겨난다. 함께하는 것이 심히 불편하고 괴롭다. 또는 그 뭣도 아닌 어정쩡한 관계, 별 의미를 부여하기 어려운 관계가 된다(그걸 잘 느끼지 못하는 사람들도 많지만).

'진정한' 인연은 그 시간을 따라 마치 자석처럼 다가가 움직이게 되는데, 잘 떨어지지 않는다. 아닌 인연은, 꼭 움켜 붙들고 있어도 손가락 사이로 모래알처럼 다 빠져나간다. 마음이 그렇다. 그건 진짜 자신의 인연이 아니다. 적어도 그 시절인연이 다 소멸한 것이다. 그 시절적, 계절적 인연이 소멸하고 있는 것이다. '인연(因緣)'이라는 것도 다양한 모양과 깊이와 색감을 갖는다. 인연은 시간의 수레바퀴 속에서 함께 돌아가고, 변화한다. 그것이 사람이든, 다른 무엇이든, 그렇다.

남는 것이 있고, 떠나는 것이 있고, 그저 흘러버리는 것이 있다. 그렇게 인연의 순수한 모습은 때가 되면 자연스럽게 몸과 마음에 착 와

닿아 감기고, 또 그 시절인연이 다하면 툭 하고 분리되어 떨어져나간다. 그래서 그것의 때(時)와 감각을 올바로 이해하고, 삶 속에서 터득해 살아가는 것은 사람에게 중요하다. 그것은 마치 '순리(順理)'를 이해하는 것과 같다. 순리를 이해하지 못하는 인간은 어리석다. 만나고 떠나고 헤어짐의 순환을 이해하는 것과 같다. 그리고 거기에 정해져 있는 시간과 때 같은 것은 없다.

'인연이 아닌 인연'은 어느 날 가윗날에 싹둑 잘려진 얇은 리본처럼 바람에 날려, 알 수 없는 어딘가로 날아가 버린다. 그건 잡고 싶다고 잡을 수 있는 것이 아니다. 또는 잡을 마음이 없다. 사라졌다. 바람에 날려 소리 없이 깎여나가는 옛 시간의 일부로 소멸한다. 있었던 인연이 소멸하는 것은 거기에 특별한 이유가 있었을 수도 있고, 또는 별 이유 없이 소멸하기도 한다. 그게 삶의 순환, 흐름이며 변환이다.

하나의 긴 여행이 시작되고, 그 끝이 생겨난다. 모든 것이 그저 한 철 부는 바람일 뿐일 수도 있다.

잠시 아릿하게 스쳤던 순간의 마음 같은 것. 순간은 영원하지 않다. 모든 것은 처음과 끝이 있다.

처음을 보았다면, 그 끝의 가장자리도 볼 수 있다. 그렇게 자연스럽게 찾아오고, 떠난다. 다 제 갈 길을 가는 것, 제 갈 길이 있는 것이다.

하지만 그 끝은, 또 다른 시작과 맞닿는다. 출구이면서 입구가 된다.

2007년의 필리핀 세부. 그래도 10여 년 전 그때의 촌스러운 동네 세부는 얼굴 붉히는 수줍음도 많았고, 그 나름의 순박함도 많았다.

손으로 만지면 그런 순진하면서도 순수한 티가 묻어나오곤 했다. 그 시절만의 부끄러움이 있었고 안온함이 있었다. 지금의 필리핀 깊은 시골이나 외떨어진 섬에서나 볼 수 있는 사람들의 반짝거림이 그때는 세부 도심에도 흔했다. 유리창 너머의 먼 눈길 속에 담겼던 그 찢어지게 가난했던 풍경들의 내면에는, 그래도 사람다운 인간미와 순수한 모습들이 짙고 풍성하게 스며들어 있었다. 그리고 무엇보다 내가 필리핀에서 좋아했던 것은 택시에서, 또는 레스토랑이나 술집에서 흘러나오는 오래된 팝송들의 은은함이었다. 그 부드럽고 감미로운 멜로디와 옛 노래의 향수가 마음을 편안하게 해주는 효력이 나에게는 있었다. 어려서 아득한 시절에 들었던 좋아하는 팝송들이 그때의 감수성과 느낌들을 밖으로 끄집어내어 현실 속으로 흘러나왔다. 가난해 보였지만 그 나름의 삶의 정감이 넘쳤다. 그런 소박하고 소소한 것들만으로도 그 공간은 나에게 상당한 정신적 아늑함과 안식, 위안을 느끼게 했다.

한국의 생활, 여러 개의 무거운 돌덩어리들에 끼어, 부대끼던 마음과 생각에 참 신선하게 다가왔다. 한결 단조롭고 정감 있고 편안했다. 한국에서처럼 내 마음이 복잡하고 번잡하지 않았다.

그래서 내 삶의 흐름을 한국적 습관, 관성 같은 것으로 억제하지 않았다. 나는 본래 한국 주류적 사고와는 크고 작은 이격을 갖고 있던 사람이기도 했다. 그 흐름대로, 내 마음이 끌리는 대로 조심스레 내 안의 격류를 따라갔다.

그러나 지금, 현재 세부의 모습을 그렇게 표현하기는 어려워졌다. 물론, 현재도 세부 도심 속에 흘러나오는 팝송은 대부분 오랜 옛 시간에 그대로 머물러 있지만, 또 똑같이 그때나 지금이나 무척 가난하지만.

이젠 많은 것들이 변했다(2007년으로부터 6년 만에 다시 장기체류를 시작할 때도 그랬다. 그건 입 안에서 씻기지 않고 계속 감도는 씁쓸함이었다).

'왜 그렇게 돼버린 걸까? 그동안 이곳에서 무슨 일이 벌어진 걸까? 또 그렇게 변해버린 그것은 무엇 때문이며, 또 무엇이라고 말할 수 있을까? 그리고 그 상대적 관계개념에 서 있는, 나는 또 무엇인가? 왜 그렇게 돼버린 걸까, 하고 말하고 느끼는 나는 누구인가? 아님, 무엇이 어디서부터 잘못된 것일까? 내가 뭘 모르는 바보였던가?'

실제의 경험과, 경험의 기억은 오류를 포함한다. 그 오류의 정도와 끼인 주관적 감정은 개인마다 다르고, 전혀 상반된 이미지로 남겨지기도 한다. 물론 같은 공간에 대한 개인의 경험과 접촉점, 관련 지식도 다 제각각이다. 아니면, 인간의 기억 그 자체가 오류(오작동)투성이일지 모른다.

the Space between us, 우리들 사이에 놓여진 공간. 그런 것들과 나 사이에 넓게 벌려진 그 공간은 어떻게, 어느 날 생겨난 것일까? 내 앞에 불현듯 낯설게 서 있는, 불편하게 나를 가로막고 있는 그 두툼한 공간, 여러 장의 탁한 유리창 같은 그것들은 대체 무엇일까?

시간이 지난다고 모든 것이 좋아지고, 좋은 것이 되는 것은 아니다. 그 말은 외관상 발전하고 개발됐다고 해서 모두 좋은 것은 아니라는 뜻과 비슷하다(분명 좋은 점도 있지만). 그런 '부동산 개발편향 논리'는 조금은 일방적이고 독선적인 측면이 있다. 어쩔 때는 그것이 마치 자신의 영혼을 팔아 물질을 사는 것과 같이 어리석게 느껴지곤 한다. 그런 탐욕스러움에 반응하는 탐욕스러움의 연속이다. 그런 것들은 무척 빠른 속도로 진행되는데, 생략하는 것이 많고 비인간적이다. 그리고 그것은 높은 전염성을 갖고 있어 옆으로, 가까운 사람에게 전염시킨다.

그런 저급한(저부가가치한) 개발논리를 전혀 의심 없이 수용하는, 그런 생각, 믿음(결국 허망한 욕심의 거품으로 사라질, 고부가가치하지도 않다)의 사람들도 문제가 될 수 있다. 온갖 형태의 경제, 돈벌이, 주객체들. 지역경제에 가장 위험한 순간은 공급과잉 버블의 상태에서 구조적 수축기, 디레버리지(deleverage), 부채 거품 속에 생겨난(또는 감춰진) 부실 정리로 들어가는 시간인데 그건 경제 생태계의 팽창(금리인하, 신용창조)과 수축(금리인상, 신용축소 - 적극적으로 프로모션을 하며 제발 돈 좀 빌려 가라고 노래를 부르던 자들, 은행의 대출조건이 점점 엄격해진다. 일명 '테이퍼링'을 시작하는 것이다), 그런 자연현상과 비슷하다고 말할 수도 있다. 하지만 요즘은 그 팽창과 창조가 지나치게 조작적이다. 준비되지 않은 허술한 규제완화 탓도 있을 것이다. 혹은 서로 암묵적으로 짜고 치는 고스톱, 우리가 아는 세상은 그렇게 우아하고 교양 넘치고 정직하지 않다. 그리고 그것이 사회의 공리를 파괴해 사리를 취하는 모습이 많은데, 그건 '의외로' 마치 어두운 중세시대와도 같은 대중적 무지와 정보의 비대칭을 이용하는 형체를 띤다. 그러니, 골은 더 깊어질 가능성이 높다. 현대사회의 많은 것들에 조금은 치밀한 의심을 가져볼 필요가 있다. 잘 익은 빨간 사과처럼 아주 먹음직스럽고 상큼하고 달콤해 보이지만, 그 속엔 눈에 보이지 않는 독이 들어 있다. 지독한 불량식품이다.

작은 예 하나를 들어보자면, 기업들과 금융권의 보험회사, 은행 등의 회계항목 중에 기괴한 '신종자본증권' 같은 것을 잘 살피고 추적해 볼 필요가 있다.

우리 눈에 쉽게 닿는 최일선의 뉴스라인(혹은 그런 것들)을 보고 뭔가를 판단한다면, 당신은 그들에게 당할 가능성이 높다(그들이 좋아하지 않는 부류의 사람은 그런 욕심이 별로 없는 사람들, 그래서 행복한 사람들이다). 진실은 늘 찾기 어렵다(이 경우 진실 타입2, 혹은 3). 그리고 시간이 걸린다.

하지만 보통, "아차!" 하고 깊고 둔탁한 불길함을 느꼈을 땐 이미 너무 늦다. 혹은 보고 싶은 것만 보는 눈의 어리석음. 그 자극과 심상(心像)에 깊이 빠져 있으면, 마땅히 보아야 할 것들에 대한 눈을 잃고 만다.

온몸으로 감당해야 하는 삶의 많은 고민과 과제들 속에서, 우리가 믿고 있던 그것은 그것이 아니었다는 것을 깨닫게 된다. 좀 더 일찍 알았더라면, 좀 더 일찍 공부해볼 것을. 진실은, 혹은 진리는 그런 모습으로 다가온다. 우리들의 계속 나아감은, 때론 의도된 어둠의 장막을 걷어내는 것과 같다. 혹은 나를, 새로운 지적 지평으로 나가게 하는 것과 비슷하다.

그리고, 나

우린 '자기 스스로'를 항상 경계하고 조심해야 한다. '자신'을 경계하고 조심스레 살피지 않는 데에서 많은 문제들이 발생한다. 그 '나'를 잘 살피는 것, 그것이 현재 산재하고 산적한 모든 사람과 관계와 사회의 문제들을 풀어낼 수 있는 첫 단추가 되기도 할 것이다.

그런 경우가 대부분이다. 모든 문제는 그와 같이 '나' 자신으로부터 시작하는 것이어서, '남' 때문이라고 핑계 삼아 얘기할 수도 있겠지만 그 남(他)도 결국은 '나'라는 사람이다.

'나'란 그렇게 이중적인 존재다. 그 논리에서 벗어나기 어렵다.

오늘따라 그 공간 사이에 있는 'Between(~사이에)'이라는 영어 철자가 이상하고 기괴하게 느껴진다. 정말 본래 '벳(bet, 돈을 걸다, 도박, 내기를 하다)'의 동사에 '윈(ween)'이라는 철자가 들러붙어 만들어져 있었던가? 그리고 왠지 거기에 'e'가 두 개나 들어 있는 것이 이상했다. 너무 낯설다.

본래 그것의 올바른 모습은 'Bitwen' 또는 'Bitwean'이 아니었나?

그런 어느 날 글을 쓰고 싶다는 생각이 들었다. 나름 내 안의 많은 것들을 글로 정리하고 싶었다. 그리고 어느 정도 정리된 그것들을 누군가와 공유할 수 있다면 좋지 않을까. 내가 갖고 있는 것은 몹시 부족하지만, 그것이 먼 곳에 있는 누군가에겐 도움이 될 수도 있지 않을까?

나는 나름 많은 자기 고민으로 살아온 사람이다. 물론 앞으로도 많은 자기 고민을 할 것이다(그것이 삶의 얄팍한 계산은 아니었다. 물론 순간순간 그런 것이 없었다고는 말할 수 없지만).

아주 작은 소수일지라도 그 내 감정과 생각이, 경험이 조금은 도움이 되거나, 삶에 좋은 간접적 영감을 줄 수도 있지 않을까. 또는 그런 식의 이어짐, 교감을 할 수 있지 않을까. 그리고 나는 때로 깊은 생각 속에 잠겨 있는 것이 좋았다. 우리는 무엇인가로 계속 자신을 표현한다.

나는 다른 그 무엇의 표현 형태보다, 이렇게 글로 표현하고 정리하는 작업이 좋았다. 또한 동시에, 그 글을 쓰는 동안 내 자신도 다듬어졌는데, 어쩌면 그것이 더 중요했던 것인지도 모르겠다. 그래, 그것이 더 중요했던 것 같다. 글은 하나의 깊은 명상이 되고… 그리고 그렇게 열리고 조이고를 반복하며, 내부가 겹겹이 단단해진다.

그렇게 열릴 때, 헐거워진 내 생각과 자유가 숨을 쉬며 꿈처럼 부풀어오르곤 했다. 하지만 그 꿈은, 그저 꿈으로서(혹은 꿈으로'써') 사랑할 뿐이다.

내가 글을 쓰기로 결심했던 것은 나와 다른 생각의 사람들을 설득하거나 변화시키고자 하는 것이 결코 아니다(할 수도 없다).

이미 나와 비슷한 생각을 갖고 있는 사람들, 그 소수의 사람들과 생각을 더 보태고, 강화한다는 의미. 그리고 멀리 떨어진 곳에서 서로 혼자가 아님을 느끼는 것. 혹은, 생각해 볼 그런 재료들을 함께 펼쳐 놓아 보는 것, 그런 것들을 어쨌든 써 보고 시도하는 것(어떤 생각에 가 닿는 것만으로도 그건 의미 있다).

그 연결이 미약하나마, 사회적 의미를 생성시킨다. 미약하나마 아주 작은 버팀목이 될 수도 있다.

다양한 가치들 중에 또 다른 작은 하나. 그것이 내가 추구하는 의미라면 의미라 할 수 있겠다.

단 몇 명만이라도… 그 정도는 소망하며 살 수 있지 않을까. 그 정도는 개별적일 수 있지 않을까. 그런 조그마한 자리가 나에게도 있지 않을까? 때로 길이 없어 보이는 세상에서 그런 자위를 해 본다. 또는 그런 정도의 거리와 시간을 둔다.

서두를 건 없다. 생각하기에 따라 시간은 많다.

무엇인가가 어느 날 갑자기 낯설고, 어색하게 느껴질 때가 있다. 거울 속의 내 얼굴도 이상하고, 내 손도 분명히 내 팔로 이어져 있는데, 왠지 낯설고 괴상한 모양처럼 느껴진다. 마치 남의 손이거나, 다른 이의 신체 일부인 것처럼 서먹하게 느껴진다. 아니면 본래 인간의 손과 발이 이렇게 생겨먹었던 것이 맞나? 두 손을 쫙악 펼쳐 바라본다. 바닥을 뒤집어 본다. 손가락이 이상하다.

'나'라는 것이 언제부터 있었던 것일까. 거울에 비친 저 사람이 나인가. 내가 맞나?

오늘따라 참 묘한 기분이 든다. '나(我)'라는 존재가 서먹서먹하게 느껴진다. 그 존재와 존재 사이에 뭔가가 이물질처럼 끼어있어, 어떤 '낯선 공간'이 거북하게 놓여 있는 것만 같다. 그것은 어느 날, 도저히 가 닿을 수 없는 끝없는 절벽 같은 먼 공간으로 느껴지기도 하고, 또는 도저히 뚫어낼래야 뚫어낼 수 없는 두텁고도 단단한 철판 같은 존재같이 느껴지기도 한다. 그렇게 그런 것들이 그 낯선 정체를 드러내는 순간이 있다.

인생 속에는 그런 미궁 같은 공간이 존재한다. 그런 거리(the dis-tance)가 당신과 나의 생각 안에서 얼마나 먼지, 혹은 가까운지 우린 알 수 없다. 그저 자신만의 거리를 갖는다.

영원히 알아낼 수 없을 것 같은, 파헤치고 또 깊이 몰입해도 도저히 터득하고 이해할 수 없을 것같이 무질서하게 혼합되어 있는 것들.

삶과 인생(人生)이란 때론 그렇게 짙고 깊은 미궁의 안개 속과도 같다. 어느 날, 알 수 없는 삶, 또는 사람들의 의문에 빠져드는 것처럼.

물론, 그런 머리 복잡해 보이는 수수께끼를 굳이 캐내고 알 필요는 없다. 알지 못하고 사는 것이 오히려 더 큰 축복에 가까울지 모른다. 어쩌면 현대사회는 그렇게 사는 것이 더 편한 세상이 될지도 모르겠다. 모든 것이 그럴 것을 요구하고 있는 것 같기도 하다.

한편으로, 그저 아무 생각 없이 사는 것… 하지만, 그 안에 치명적인 독처럼 도사리고 있는 위험, 그 최소한의 진실(본질)조차 전혀 알지 못하고 사는 것을(이 경우는 진실 타입1), 그 전반에 구조적으로, 회로적으로 먼저 내포되어 있는 위험, 독을 자각하지 못하고 사는 걸 어떻게 '축복'이라고 말할 수 있겠는가?

그걸 축복이라고 말할 순 없다. 그걸 편안하게(편안할 수 없다. 당신은 지금 편안한가?) 잘 사는 것이라고 말하기 어렵다.

새로운 각성이 필요한 시간이다.

나는, 다른 이의 삶이 아닌, 내 삶이 내 자신에게 진지하고 간곡하게 물어 오는 제법 많은 것들, 그런 질문들 앞에 당면해야만 했다. 내 삶이 내 자신에게 계속 질문해 오곤 했다. 그리고 더 이상 나는 그런 질문들에 대한 대답(혹은 대답 같은 것)을 계속 뒤로 미루어 둘 수가 없다. 그걸 어느 시간지대 안에서 느꼈다. 또는 깨달았다.

당장 정확한 대답은 찾지 못하더라도, 그 물음을 내 안에 깊게 품을 필요가 있었다. 그런 필요를 절감했다.

그리고 잠시 멈춰야 한다는 생각이 들었다. 정신없이 빨리 달릴수록, 오히려 이상한 방향으로 흘러 떨어지고 있었다. 어느 날 문득 눈을 뜨니, 이상한 곳에 휩쓸려 있었다. 내가 점점 이상해지고 있었다. 그래서 멈춰야 했다.

그리고 그런 의미 안에서, 뭔가 좀 더 내 자신의 실질적인 움직임이 필요했다. 계속 이런저런 세상 불평불만만 하고 있을 수도 없었고, 너무나도 느리게 변하는, 혹은 더 나빠지는(물론 좋아지는 것도 있다), 또는 전혀 변화하지 않는 세상만 바라보고 있을 수도 없었다. 나만의 효과적인 움직임, 본질적인 변화, 그런 것이 필요하다. 어정쩡한 도피가 아니라 적극적인 추구의 실천과 과정, 그리고 나만의 결과와 결론이 필요했다. 그것은 또 다른 과정이 될 것이다.

그래서 어느 날 문득, 우린 길을 떠나게 되는 것인지도 모른다. 그렇게 길을 떠나고 싶다는 생각, 마음이 드는 것인지 모른다. 그런 명한 의문 같은 것들을 풀어내기 위해⋯

어쨌든 풀어내 보기 위해, 풀어내 보고 싶어서, 너무 무겁고 버겁게 느껴지는 삶의 무게를 좀 가볍게 하거나, 또는 너무나 얄팍하고 가벼운 삶의 무게를 조금은 묵직하게 하기 위해, 우린 길을 떠나게 된다.

삶에는 있어야 할, 필요한 무게가 있다. 자기가 편안하고 보람 있게 느끼는 각자의 무게. 그 무게의 본질, 혹은 원천은 우리의 내면, 영혼, 인간존재의 안쪽을 담당하는 것이어서, 그런 비슷한 것이 안에서 단단히 중심을 잡고 있어야 한다. 내 안의 질서, 그게 없으면 인간은 공허해진다.

공허한 삶과 인간은 지나치게 가볍다. 입으로 후 하고 바람을 불면, 어디로든 날아가버릴 듯 가볍다. 어디로든 날아가, 달라붙을 듯 가볍다. 그런 사람들에게는 '중심'이라는 것이 없다. 겉으로는 있는 듯 보이지만 실제론 없다.

나는 지금도 흩어진 그 내 '중심'을 찾고 있다.

도시 세부의 주택가, 거리 풍경

2
필리핀 세부의 역사적 유산들

가난함의 굴곡 속으로
(가난은 위험한 것일까, 나쁜 것일까)

내가 가진 세부의 사진들은 이제 2007년도의 것들이 아니라, 모두 2011년 이후의 사진들이다. 오래전 그 시절의 사진들은 노트북의 말썽으로 대부분 소실되었다. 그것이 우연인지, 아니면 필연인지는 알 수 없다. 현재 그 옛 세부의 모습을 찾아보기 어려운 것처럼(혹은 본래 착각이었던 것일 수도, 하지만 난 어떠한 과정도 결정도 경험도 '후회'하지 않는다. 그 모든 것들이 나를 이루기 때문에), 그 사진들이 거의 모두 사라져버렸다. 굳이 시간상으로 헤아려 보면 그리 먼 시간도 아닌 것 같은데…. 2007년도 그 처음, 그 즈음에 내 눈에 담았던, 그 낡고 수줍은 풍경들…. 하지만 그것들은 이젠 빠르게 퇴색되어 색 바랜 흑백사진처럼 아주 멀고도 까마득한 시간의 것들로 느껴지곤 한다. 삶의 풍경들은 순식간에 변해버린다. 우리들의 마음보다 빨리 지난다.

한 장의 옛 사진 속에 나도 까맣게 그을려 미소를 잔뜩 머금고 있고, 변함없는 하얗고 푸른 바다가 나를 두른다. 그때의 나는 무척 혈기 넘치고 젊어 보인다. 그렇게 내 자신도 조금은 늙을 만큼의 시간이 흘렀다.

하지만 이미 지나간 것, 사라진 것, 존재하지 않는 것에 감정적으로 휩쓸려 지나치게 매달릴 필요는 없다. 그건 어리석고도 덧없다. 털어낼 것은 털어내야 그 자리에서 새로운 살이, 새로운 의미가 돋아난다.

혹은 그 자리에 '새로운 관계설정'을 만들어낼 수도 있다. 서로에게 기분 좋고 적당한 정도, 거리의 관계로 새로워질 수 있다. 그게 가능하다.

아! 그리고 매우 중요한 것. 세부 막탄에 새로운 공항터미널이 건설됐다. 현재의 새 국제공항은 과거의 그 낡고 초라하기 그지없던 시골 동네 공항에 비하자면, 정말 천지가 개벽한 것이다. 2018년 9월 10일 잠깐 세부에 들렀다가 나는 황당할 정도로 놀랐다. 내 눈을 계속 껌벅껌벅 의심하고 있었다(어떤 한국인들은 이 새 공항도 허접하다고 말하는 분들이 계시지만). 그리고 그 옆 오른쪽에 보이는 과거의 구(舊)공항은 도메스틱용으로 사용되고 있는데, 그 내부도 아주 많이 밝고 세련되게 리뉴얼되었다.

세상을 여행 다니며 위험한 곳, 위험한 장소란 어떤 의미일까? 우리는 좀 비위생적이고, 가난한 사람들의 삶이 적나라하게 드러나 있는 삶의 장소, 그런 장소들과 실제로 정말 위험한 곳, 위험의 가능성이 높은 장소를 분별하는 것에 조금은 혼돈을 하는 것 같다.

가난한 나라, 그런 가난한 사람들이 밀집해 살고 있는 주택가나 그런 일상의 거리를 실제 매우 위험한 곳으로 간주하고 쉽게 속단해버리곤 한다. 말하자면 '가난'을 위험한 것과 동일시하는 것이다. 또는

'가난'을 몹시 불쾌한 어떤 '나쁜 것'이라 생각해버린다. 그런 편견과 선입견에 무의식적으로, 혹은 의식적으로 사로잡혀 있곤 한다.

물론 가난하다고 할 수 있는 나라를 여행하면서, 만약 돈이 많은 것처럼 겉으로 행세하고, 고가의 귀중품 같은 것을 밖으로 쉽게 노출해 놓고 다닌다면 우발적으로, 또는 계획적으로 그런 위험(소매치기 등)에 처할 확률이 높아질 수 있다. 하지만 그런 경우를 말하자면, 잘 사는 선진국이라고 할 수 있는 유럽을 여행하면서도 똑같은, 마찬가지의 환경이 된다. 미국의 대도시는 더 위험할 수도 있다. 잘 사는 곳의 사람들도 남의 것을 탐낸다. 또는 제법 잘 사는 사람들일수록 더 남의 것을 탐낸다(그것을 탈취하는 방법은 분명 다를 수 있겠지만). 유럽의 나라마다 좀 크고 작은 차이는 있겠지만, 오히려 유럽이 그런 면에서 (소매치기 같은) 더 위험하고 조심해야 하는 곳이라고 볼 수도 있다. 나도 여행 중 서브용 배낭 하나를 도둑맞은 적이 있다. 내 친구는 잠깐 벤치 옆에 놓아 둔 노트북을 눈 깜짝할 사이에 도난당했다(바로 옆에서 코를 베어가는 것이다). 또는 매우 심각한 상황, 갖고 있는 거의 모든 것을 강탈당하다시피 한 한국 여성(혼자 유럽을 여행하던)의 절박한 사정을 숙소에서 듣기도 했다(나름 그 친구의 미숙함, 안일함도 있었다). 유럽(배낭)여행 속의 그런 이야기를 풀어놓고자 한다면 아마 끝도 없을 것이다.

하지만 어찌 됐든 간에, 내가 자주 겪어 본 생활경험상으로 그런 가난함의 공간이, 세부의 서민주택가나 구시가지의 거리와 골목이 결코 그렇게 위험한 곳은 아니다. 그저 똑같은 우리들의 일상처럼, 그런 삶의 장소일 뿐이다. 다만, 여행 중에 어디를 가든 작고 큰 위험에 스스로 조심할 필요는 있다. 그건 보편적인 '해외'여행지에서 누구에게나 해당되는 사항일 것이다. 요점은 가난한 나라의 여행지라고 해서 '무조건 위험하다, 그런 곳이다'라는 편견은 과장되어 있고 잘못 부풀려진 부분이 많다. 잘못된 시각적 판단, 우려일 수 있다. 그리고 어느 나라에서나 위험한 장소와 위험한 시간, 그리고 위험한 상태, 상황 같은 것은 분명 존재할 것이다. 매우 단순한 예겠지만, 유흥업소 같은 것들이 밀집해 있는 우범지역에서 인적이 뜸해지는 깊은 밤, 술에 많이 취한 상태로 보인다면 아마도 위험할 수 있다. 또는 그런 곳에서 술에 취해 현지인 누군가에게 행패를 부린다면 좋지 않을 것이다. 거기다 함께 무리 지어 있는 일행의 숫자와도 연관이 있을 것이다. 혼자 그런 상태에 놓여 있다면, 나쁜 마음을 먹고 있는 현지인에 의해 얼마든지 충동적인 범죄가 발생할 수 있다. 물론 그래도 소지품, 돈 같은 것을 간단히 털어 가는 정도의 피해라면 좋겠지만, 외국인을 상대로는 상당히 심각한 상황으로 확대될 수도 있다. 아무튼 치안의 정도는 나라마다 차이가 있다. 또한 외국인 관광객은 그런 일이 현지에서 발생했을 때 수습, 처리하는 데도 큰 어려움을 겪을 수밖에 없고, 또한 결코 만만한 일이 아니다. 피해를 고스란히 떠안아야 한다. 하지만 이런저런 머리 아픈 것들은 다 차치하고, 기본적이고 통상적인 그 사회, 국가의 안전함에 있어 스스로 큰 불안이나 걱정을 떨쳐버릴 수 없는 여행경로라면, 나는 그 여행은 가지 않는 것이 좋다고 생각한다. 그곳을 여행하는 목적과 이유를 뛰어넘는, 알 수 없는 위험을 감수할 필요는 없다. 또 여행하는 그 나라 안에서 안전한 곳과 위험한 곳, 문제가 있을 수 있는 장소와 시간 등도 충분히 스스로 판단할 수 있을 것이다. 그런 정도의 사전정보는 미리 알아보고 여행을 떠날 터다. 좋아서, 관심이 많아서 가 보는 곳이지 않은가.

'여행의 위험성' 같은 것을 얘기하다 보니 여담 하나가 생각난다. 호주에서 알고 지내던, 나보다 대여섯 살 정도 어린 일본인 여자가 있었는데 조부모님이 오래전에 브라질로 이민을 가서 자신은 브라질에서 태어났고 브라질 사람처럼 자란 친구다. 나와 알고 지내던 그 당시에는 브라질에서 만난 호주 남자와 좋은 인연이 만들어졌고, 그 인연이 깊어져 호주 브리즈번으로 와서 결혼과 정착을 준비하고 있었다. 그런데 중요한 것은 브라질에서 그 친구의 외모가 브라질인이 아니라 전형적인 일본인, 동양인의 모습이라는 것이다. 그래서 자신은 브라질 리우데자네이루에 살면서 벌건 대낮에, 주변에 지나다니는 사람들도 많은 거리 한복판에서 핸드백, 가방 같은 것을 강탈당한 경험이 여러 번 있었다는 것이다. 말하자면 브라질 태생의 브라질인이지만, 그곳에서 그녀의 동양인 외모는 그저 연약한 한 명의 여성 관광객으로 보일 뿐인 것이다. 그리고 그런 종류의 험악한 일들을 더러 그곳에서 경험하며 살게 된 것이다. 그래서 그녀가 나에게 크게 힘주어 말했던 기억은(정말 굉장히 힘주어 말했다), "난 브라질에 사는 게 정말 싫었어!" 하지만 "지금은 좋다." 그런 브라질에 비교해 호주는 살기에 더할 나위 없이 좋다. 그리고 퀸즈랜드 브리즈번과 골드코스트 주변은 호주에서 일본인들이 제법 많이 정착해 사는 지역이기도 했다. 당시 그녀는 결혼식 날짜를 코앞에 두고 있었고, 더불어 아기를 가졌다는 소식까지 겹쳐져 나도 덩달아 무척 기분이 좋았던 기억, 다른 친구들과 함께 진심으로 열렬히 축하해 주던 기억이 있다. 성격도 마음씨도 둥글둥글하니 참 착하고 부드러운 일본 아가씨(또는 일본계 브라질 아가씨)였다. 어쨌든, 이것이 또 브라질에 대한 불필요한 부정적 선입견을 보태는 것은 아닌지 모르겠다. 하지만 남미를 여행했던 사람들의 이야기를 들어 수집해 보면 확실히 다른 국가들에 비해 브라질 대도시의 악명은 높은 것 같다. 만약 브라질을 여행한다면 그런 정보와 대책은 나름 준비해서 떠나는 것이 좋을 것 같다. 브라질은 정말 아득히 먼 곳이다. 그곳에서 무슨 큰일이 벌어진다면 몹시 힘들다.

'가난함의 모습'이 시각적으로, 또는 심리적으로 불안감을 부추기는 느낌을 만들어낼 수는 있을 것이다. 하지만 어떤 결론 같은 것을 미리 공감, 환기해 보자면 여행 속에서 '위험하다'는 것은 자신 스스로를 여행지에서 어떻게 관리하느냐의 문제에 더 가까울 것이다. 난 늘 그렇게 생각한다. 당연한 것이겠지만, 두말하면 잔소리겠지만.

안전한 여행을 위해서는 어디를 가나 자신의 몸가짐과 행동, 그런 준비와 태도가 가장 중요하다. 현재 세계의 누구나 여행을 다니고 있는 여행지로 거론해 본다면, 그런 장소들 자체가 갖고 있는 절대적 위험성 같은 것은 적을 것이다. 아무 탈 없이 그곳을 여행하는 세계인들이 많기 때문이다. 따라서 해외여행은 항상 스스로 조심하는 것이 좋다. 오히려 그곳의 사회적 정서나 문화를 무시하는 듯한 몰지각한 행동들이 문제를 불러일으킬 소지가 높다. 남의 나라에 가서 주인 행세를 하려는 것은 좀 이상하다.

아무튼 어쨌거나 '가난'이 결코 '위험'한 것은 아니다. 한국이 말 그대로 찢어지게 가난했던 전후의 1950년대(세계 최빈국, 거의 순수한 농업 국가 상태였으며 생산성이 세계에서 가장 낮은 나라였다)나 1960년대(베트남, 필리핀보다도 훨씬 못살았던 시절, 필리핀의 원조를 받았다)에, 또는 1970년 대(한국은 돈을 벌기 위해 월남, 남베트남에 들어갔다. 월남의 1인당 GNP가 한 국의 약 3배 수준에 이르렀다), 그리고 1980년대(아직 가난한 모습이 많이 남아 있었다. 하지만 가난한 줄 몰랐다. 1989년에 일반 한국인들도 해외여행을 나갈 수 있게 됐는데, 비행기를 탄다는 것은 정말이지 신비한 경험이다), 그 시 절의 한국을 '위험한 공간'이었다고 말하기 어려운 것처럼(오히려 위험 은 다른 곳에 있었다). 가난함을 위험한 것으로 동일시하는 시각은 문 제가 있다. 오히려 어떤 면에서는 한국의 그 시절(삶의 공간)이 '그때가 참 좋았지…' 서로 살 붙이고 살고, 사람 살기에 더 안전하고 행복해 보이기도 했다. 내 어리고 오랜 기억 속에도, 누군가 마구 버려져 있 다는 느낌이 별로 들지 않았다. 좀 더 따뜻했다. 그 가난했던 시절 한 국을 방문했던 외국인들도 한국인들이 참 따뜻하고 순수했고 부끄러 움 많고 인심(人心) 많았다고 회상한다. 위험하지 않았다.

그리고, 가난은 불쾌한 것도 아니다. 그냥 그렇게 삶의 모습이 놓여 있을 뿐이다. 모든 것이 다 각자 그냥 그렇게 그대로 있다. 또 가난이 무시해야 하는 대상은 더더욱 아니다. 그런 시각, 시선, 의식의 정화 도 필요하다. 그리고 그들의 삶이 혹 넉넉해 보이진 않겠지만, 당신이 생각하고 상상하는 만큼 그렇게 부족하지도 않다. 그건 당신의 시각 적 착각이거나 고정된 어떤 관념(편견)에서 흘러나온 것일 가능성이 있다. 오히려 그들은 우리들보다 더 마음의 부자들인지 모른다. 더 삶 에 만족하고, 감사해하며 사는 삶일 수 있다. 훨씬 마음 편한 삶일 수 있다. 오히려 그들이 갖고 있는 그런 마음과 평화의 깊이를 놓치지 말아야 한다. 우린 그냥 삶이 주어진 대로, 허용하는 대로 감사해 하며 소박하게 살아갈 수 있다. 누구나 다 그럴듯한 무언가가 될 필요는 없다. 그게 조금은 장황하게 얘기한 '부족함(가난함)'에 대한 나의 결론 같은 것인지도 모르겠다.

  하지만 이 즈음에서 현대 세부(Cebu)의 위험성 하나 정도는 팁으로 이야기하고 넘어가야 할 것 같다. 과거에는 그런 모습이 거의 없었는데 지금은 하나의 현실을 이룬다. 다양한 술집과 나이트클럽, 유흥업소, 음식점들이 밀집해 있어 밤이면, 특히 주말 밤이면 떠들썩하게 혼잡한 망고스퀘어(세부시티에서는 유명한 건물) 주변에서 무리를 지어 다니며 구걸하는 아이들이 있다. 특히 세련된 옷차림의 한국인과 같은 외국인을 표적으로 하는데, 그 아이들이 구걸하는 듯 갑자기 확 달려들어 정신없게 하고 있는 찰나, 그 짧은 순간의 당황과 방심 속에 허둥대고 있을 때, 당신 주머니 속에 있는 스마트폰이나 지갑은 이미 사라져버린 후일 것이다.

  너무 있어 보이는 가방 같은 것도 조심해야 한다. 이런 경우는 좀 드물기는 하지만 현지의 자잘한 사건들이 있어 언급하자면, 밤의 한적한 장소와 시간에 한국인을 대상으로 하는 오토바이 날치기 같은 것을 당할 수도 있다(물론 현지인이 당하기도 한다. 한국인들은 세부 지역경제, 또 필리핀 다른 곳의 경제에도 큰 몫을 차지하고 있다). 특히 인적이 드물어진 밤 시간에 괜찮은 핸드백(또는 숄더백)을 멘 여성이라면 더욱 조심해야 한다. 물론 그런 늦은 밤 시간, 으슥한 곳은 상식적인 위험의 범위에 들어가는 것일 터다. 그리고 씁쓸한 것은 세부시티, 만다웨시티, 그런 세부 중심부에서 그런 모습이 점점 많아진다는 것이다. 과거에도 똑같이, 또는 더 가난했지만 그런 정도의 심각성, 위협으로 체감되지는 않았다.

'왜 그렇게 점점 나빠지는 것일까?'

방치된 듯한 도시계획, 버려진 듯한 열악한 인프라, 증가하는 사람의 집적과 이동, 물동량, 세부의 교통체증과 피로도는 점점 마닐라 수준에 다가가기 시작했다. '아, 옛날이여!' 그로 인해 택시비와 소요시간이 과거에 비해 2배, 3배가 든다. 마닐라에 가면 교통체증으로 돈을 더 달라는, 때론 엄청난 액수를 바가지 씌우려는 택시기사와의 시비가 끊이지 않는다. 그것만으로 무척 피곤해진다.

어쨌든 세월이 또다시 한바탕 뒤집혔다. 세부 지역정부의 노력이라고 해야 할까, 그런 자구적인 플랜이 있었던 것 같다. 최근에 혼란하고 지나치게 탈선적인 망고 에버뉴 지역을 나름 건전하게 정리정돈한 모습이다. 전보다는 확실히 좀 더 밝고 건전해졌다. 그리고 이제 혼잡한 주말에는 경찰들도 자주 그곳 주변을 순찰하는 눈치다. 하지만 세부는 과거에도, 또한 현재에도 필리핀의 다른 지역, 예를 들어 대표적인 앙헬레스(클락)나 마닐라 같은 곳들에 굳이 비교하자면, 조용한 촌동네 유흥가의 모습 정도라고 볼 수 있다. 그리고 조금만 부지런히 나가면 청정의 푸른 바다와 섬, 새하얀 해변을 만날 수 있다. 나도 다른 동남아 휴양지의 바다를 제법 가 봤지만, 바다는 필리핀의 바다가 최고다. 경우에 따라서는 유럽 지중해의 바다보다도 더 아름답다. 다만, 어쩌다 물을 먹으면 필리핀 바닷물이 더 짜다. 몹시 짜다. 그런 파란색 여행이라면, 필리핀은 분명 좋은 힐링이 될 것이다. 물놀이와 무더위로 좀 지치면 저렴하고 시원한 마사지로 뭉친 근육도 좀 풀어주면서… 1시간 바디마사지가 250페소, 6천 원 정도면 충분하다. 어쨌거나 난 그 건전한 변화(망고 에버뉴)를 환영한다.

필리핀의 화폐단위 'peso'는 스페인어로 'weight'를 의미한다. 스페인이 식민지 시절, 중남미에서 금과 은을 지독스럽게 약탈하던 시절 생겨난 단어이자 개념이었을까? 멕시코, 콜롬비아, 아르헨티나, 칠레, 쿠바, 우루과이 등이 지금도 '페소'를 쓰고 있다.

세부시티 구시가지, 꼴론의 모습

변이하는 역사적 유산들

필리핀 세부시티의 구시가지, 과거 도시의 옛 중심지였던 꼴론 (Colón)에 가면 세부 서민들의 삶을 가장 리얼하게 살필 수 있다. 그리고 세부 근처의 아름다운 섬이나 바다에서 휴양하는 것이 아니라, 나름 도심 속의 역사유적 관광코스를 다닌다고 하면, 이 지역을 돌아다니게 되어 있다. 중심도로 길가에 있는 산토 니뇨(Santo Niño) 가톨릭성당이나 그 성당 뒤쪽에 있는, 1521년 4월 21일 처음 필리핀에 도착한 항해사 마젤란의 십자가가 있는 장소. 그리고 그 앞의 바다가 내다보이는 곳에 세부시청이 있다. 세부섬 전체를 관장하는 프로빈시알 카피톨(Provincial Capitol)은 좀 더 도시내륙 안쪽에 있고, 이 청사는 말 그대로 세부시티를 관할하는 곳이다. 그리고 다시 그곳에서 바다의 해안선을 따라 왼쪽 방면으로 조금만 더 나가면 '포트 산 페드로(Port San Pedro)'라는 요새 같은 곳이 나오는데. 스페인 식민 시절에 바다, 항구 쪽의 방어와 경계를 목적으로 지어진 것이다. 스페인과 미국 식민지 시대를 거쳐 1942년에서 1945년 일본 점령기에는 전쟁 중 포로수용소로도 사용되었던 곳이니 나름 세부의 험난했던 역사의 흔적을 대변해 주는 장소다.

1941년 12월 일본의 하와이 진주만 기습공격이 벌어지고(1939년부터 1941년 일본 국책사업의 난요흥발, 난요척식 주식회사 등은 남양군도의 개발과 군사화에 박차를 가했다. 이때 많은 한국인들이 남태평양의 사이판, 티니안, 팔라우, 마샬제도 같은 곳에 강제 징용되었는데 부산항을 떠난 배가 시모노세키, 요코하마를 거쳐 남양군도의 넓게 흩어진 섬들에 사람들을 배치했다. 미군의 정찰기를 피해 이리저리 곡선을 그리며 야밤을 이용해야 하는 험난한 뱃길이었다. 그리고 까마득한 바다 안에 고립된 섬들이었다) 1942년 6월, 그 미군 해군기지와 조선소가 있던 진주만의 호놀룰루섬에서 북서쪽으로 약 2,000㎞ 떨어진 곳, 미드웨이 해전의 대패를 기점으로 일본군은 급격히 전선에서 무너지기 시작했다.

1944년 7월과 8월, 미군의 대규모 일본 본토 공습이 가능해졌고 일본의 패망이 서서히 다가오고 있을 즈음, 필리핀 본토의 루손 마닐라 육상전(1945년 1월부터), 마리아나 제도, 타이완, 일본의 이오섬(이오지마) 주변의 바다에서는 일본의 격렬한 마지막 저항이 있었다. 필리핀 루손섬 클락에 있던 제1항공함대 사령관 오니시 다키지로의 의견에 따른 마지막 버티기. 자살특공대(가미카제)가 등장한 것도 그 즈음이다. 이 가미카제 특공대는 1944년 10월 '필리핀 해전'이라고도 부르는 필리핀 동부 연안의 섬, 레이테(Leyte, 세부섬 바로 오른쪽에 있다)만 해전에서 처음 등장하게 되는데. 그 최초의 명령을 받은 자살폭격기 6대는 필리핀 남부 민다나오섬의 다바오에서 이륙했다. 당시 오니시는 훈련량이 절대 부족한 조종사들로는 미군의 촘촘한 방공망을 피해 효과적인 공격의 성공을 기대할 수 없다고 판단했다. 더욱이 미국의 신형 함상전투기의 개발로 제공권에서도 크게 밀리는 형국이 됐다. 1944년 즈음이 되면 일본은 엄청난 인적, 물적 결핍에 시달리게 된다. 아니, 그 이전부터 이미 바닥이 났다. 미드웨이 해전 이후 연이은 패배로 숙련된 일급 전투기 조종사는 거의 찾아보기 어려웠다.

하지만 폭탄을 만재한 미쓰비시 중공업의 제로센 전투기를 조종해 그냥 적의 항공모함이나 함대로 떨어져 부딪치는 것은 충분히 가능해 보였다(호리코시 지로가 설계한 제로센은 같은 연료로 기동력과 항속거리를 최대치로 높이기 위해 비행기의 무게를 줄였는데, 조종석과 연료탱크에 방탄장치를 생략했다).

그러한 방식이 아니고서는, 마지막 전선에서 일본은 버텨낼 수 없었다. 당시 일본군은 이미 정상적인 전투로 싸워나갈 수 없는 형편의 군대였다.

그리고 일본 정부는 이런 전황과 극심한 열세, 큰 패배들을 일본 국민들에게 알리지 않았다. 속이고 있었다. 광신적 군부, 지나친 정신주의, 자신에 대한 큰 오판, 광기, 미신적 신앙인 신도(神道). 그런 것들이 말기에 뒤범벅되어 있었다.

필리핀에 얽힌 일본의 그 이야기는 어쨌든, 세부의 이 작은 요새인 산 페드로 주변으로 제법 넓은 공원이 꾸며져 있다. 그리고 이곳을 천천히 둘러 걷다 보면 '미겔 로페스 데 레가스피(Miguel López de Legazpi)'라는 인물을 만날 수 있는데 좀 어설프고 조잡하기는 하지만 그의 동상과 기념비 같은 것도 그곳에 있다.

하지만 여기서 잠깐 스톱. 필리핀 맥주를 포함하여 스페인어 미겔(Miguel)을 '미구엘'로 발음하는 분들이 계신데, 그렇게 알고 계신 분들도 많고, 또한 마트의 한국어 발음표기도 그렇게 되어 있는 경우가 많다. 하지만 미구엘은 잘못된 발음이다. 스페인어에서 'ue'는 'g'와 합쳐져 하나의 모음 '게'로 발음한다. 굳이 다른 예를 들어보자면, 오래전 유대인들을 격리시켜 집단거주시키던 지역을 'gueto(게토)'라고 불렀다. 이 구역을 벗어나는 경우 유대인임을 표시하는 빨간 모자를 써야 했다. 혹은 노란색 배지나 표식을 착용해야 했다. 이탈리아어로는 'ghetto', 그리고 전쟁, 전투를 의미하는 스페인어도 'guerra(게라)'로 발음한다('r'이 두 개면 'rr' 혀를 공기 중에 떨어야 한다. 그 있잖은가? 스페인어 특유의… 'r'이 단어의 맨 앞에 올 때도 그렇게 발음한다. 나는 스페인 친구들이 칭찬할 만큼 그걸 잘 한다. 설명을 자꾸 추가하려다 보니 산 너머 산이 된다). 하지만 만약에 '구에'로 발음해야 하는 예외적인 경우에는 'güe' 이렇게 'u' 위에 점을 두 개 찍는다. 이 두 개의 점을 문법적으로 뭐라 하는지는 까먹었지만 '기진맥진한, 진이 빠진, 힘이 하나도 없는' 혹은 '나 죽겠어!'라는 의미를 가진 형용사가 'exangüe(엑산구에, 조금 빠르게 발음하면 엑산퀘라고 들리기도 한다)'. 하지만 이런 모음 발음을 요구하는 스페인어 단어들은 그리 많지 않다. 아! 맨체스터 시티의 아르헨티나 출신 축구선수 아구에로(Agüero)가 있다. 아, 또 생각났다. 베르구엔싸(Vergüenza), 창피함, 부끄러움, 수치스러움의 뜻을 갖는 여성명사다. 아무튼 그래서, 다른 사람들이 '산 미구엘, 산 미구엘' 그렇게 말하면 난 왠지 몸이 불편해진다(이런, 또야!). 마치 뭔가 듣지 말아야 할 것을 들은 것처럼 몸이 배배 꼬인다.

어쨌거나 레가스피, 그는 1565년 세부섬을 거쳐 필리핀 제도 전체를 정복하고 초대 필리핀 총독이 된 스페인의 관리다. 그에 앞서 로페스 데 레가스피는 아메리카 대륙의 현재 멕시코 지역을 정복하고 만들어진 스페인의 식민지 '누에바 에스파냐(Nueva España, 새로운 스페인이라는 뜻)'의 통치자들 중에 한 명이었고, 1564년 11월 21일 멕시코의 서부 해안 항구에서 다섯 척의 배로 구성된 자신의 함대와 부대원들을 이끌고 아시아 식민지 개척을 위해 출항했다. 그리고 그 한도 끝도 없는 태평양 바다를 재래식 항법으로 가로질러 사이판과 괌을 포함하고 있는 마리아나 제도(이곳은 미국과 일본의 태평양전쟁에서도 매우 중요한 장소가 되는데, 이곳에서부터 일본 본토 공습이 가능해졌기 때문이다. 그전에는 항공모함으로 일본에 최대한 접근해야 함재기를 통한 소규모의 공습을 할 수 있었다)에 잠시 정박해 숨을 고르며 함대를 정비한 후, 1565년 2월 13일, 드디어 첫 마젤란의 실패 이후 재침입과 정복을 목적으로 필리핀 세부 막탄의 바닷가에 다시 상륙하게 된다.

마젤란의 십자가

당시 스페인 제국의 식민지 건설에 있어서는 금과 은 같은, 약탈할 수 있는 즉각적인 구매력의 금은보화가 우선 가장 큰 목적이었고, 또는 당시 고귀하고 값비싼 카리브해 연안의 열대작물인 사탕수수(설탕)도 중요했다. 그리고 더불어 종교적인 목적, 점령에 이은 가톨릭(기독교)의 현지포교에 혈안이 되어있던 시절이었다(하지만 스페인의 이런 종교적, 이념적 경직됨과 고립은 결국 스스로의 몰락으로 이어지는 주요 원인이 된다). 그리고 당대 스페인과 유럽 사회에서는 '부(富)의 빅뱅'이라고 불릴 만큼 엄청난 고가에 팔려나가던 고부가가치 상품들, 막대한 이익을 선사해주던 상품들인 후추, 정향, 육두구 등과 같은 아시아 향신료 직접 거래하는 데 큰 관심을 갖기 시작했다. 그러나 아프리카 최남단의 희망봉(케이프반도의 맨 끝)을 돌아 인도로 이어지는 대항로(희망봉을 길게 돌아야 했던 해로의 거리를 혁신적으로 단축시킨 이집트의 수에즈 운하는 유럽의 지중해, 이집트, 사우디아라비아, 수단 주변으로 좁게 지나는 홍해, 아덴만, 아라비아해, 그리고 인도양을 연결하는 것으로 1869년 11월 프랑스인 레셉스에 의해 최초 완공되었다. 그리고 이후 수심과 폭이 확장되었다), 인도의 캘리컷, 고아, 스리랑카의 콜롬보, 말레이(말레이시아)반도를 따라 말라카 해협의 믈라카(말라카) 등과의 향신료 무역의 독점권은 이미 포르투갈이 선점하고 있었다(바스코 다 가마는 1498년 더 깊은 아시아의 동쪽으로 떠났다). 당대의 그와 관련한 아시아의 항해와 상업, 거점들은 국가의 일급기밀에 해당했다. 유럽 내에서도 그럴 만한 이해당사자들끼리 독점하며 그 체제를 유지하려고 했다. 초창기엔 이 향신료들이 유럽의 리스본과 안트베르펜 엔트워프(당시 유럽의 상업과 금융의 중심지였다)에 집결, 유럽 전역으로 재판매, 유통되었다.

1557년 중국의 마카오반도까지 진출해, 특별거주지로 조차하고 있던 포르투갈은 당시 일본도 수시로 드나들고 있었다. 그리고 그 포르투갈로부터 총을 받은 일본은 오닌의 난(1467년, 교토)으로 촉발된 전국의 무질서, 이미 그 철포(조총)를 사용하여 백 년 가까운 세월 동안 치열한 내전에 내전을 거듭하고 있었다. 1575년 나가시노(현대 일본 중부 아이치현 동쪽 끝에 위치함)전투에서 다케다군(다케다 가쓰요리, 다케다 신겐의 아들)에게 대승리한 오다 노부나가는 일본 천하를 거의 손아귀에 잡았다. 그 나가시노 전투는 당대 최강이라고 할 수 있는 활과 창과 칼의 다케다 기마군과 신무기 조총으로 무장하고 숙련된 오다 노부나가와 도쿠가와 연합군의 대결이었다. 하지만 그렇게 다케다군을 크게 제압한, 일본 천하를 거의 손아귀에 잡았던 그 언저리에서 오다 노부나가가 뜻하지 않게 선봉대에 있던 심복 아케치 미츠히데의 배신과 반란으로 죽게 되자, 그 밑에 있던 하시바 히데요시는 재빠르게 그 혼돈의 틈을 비집고 정권을 탈취한다.

일본의 최초 해외유학생들은 1582년 포르투갈인들이 아시아로 넘어온 역방향을 따라 유럽에 갔다. 그 유럽의 모습을 공부하고 눈에 담았다. 그리고 그들은 1592년 일본으로 돌아왔다. 하시바 히데요시는 1586년 조정으로부터 '도요토미(豊臣)'라는 성을 하사받았고, 1587년 규슈 정벌을 마무리함으로써 사실상 당시 오기마치 일왕을 제외하고는 최고의 권력자, 관백(일왕을 대신하여 정무를 총괄하는 최고직이며 이런 막부 시절의 일왕은 사실상 권력의 협조자 정도라고 볼 수도 있다)이 된다. 그리고 히데요시는 조신을 기처 이제 조금씩 기울기 시작한 제국, 명나라로 출병할 것을 계획하였고(여기에는 복합적인 정치, 경제적 이해가 내포되어 있다) 1592년 임진년 음력 4월 12, 13일, 조선 부산으로 향하는 새까만 전선(戰船)들을 규슈 북쪽의 히젠, 그리고 가라쓰 앞바다에 띄웠다. 그렇게 7년(임진왜란, 정유재란)의 피비린내 나고 눈이 아득해지는, 그리고 동시에 너무나도 지리멸렬한 동북아전쟁의 서막이 새벽 부산 앞바다의 짙은 안개 속에서 떠올랐다. 만주의 여진족도 거친 들녘의 흙과 풀 냄새를 풍기며 꿈틀거리기 시작했다. 우리는 살이 터지는 추운 겨울, 정묘년과 병자년의 일들을 잊지 못한다. 한족이 몽골의 원나라를 물리치고 세운 명나라는 1644년 멸망했다. 그리 길다고 볼 수 없는 276년의 제국이었다.

한편, 스페인에게는 그 당시 그런 향신료들, 나중에는 도자기와 비단 같은 값비싼 고수익의 동양 상품들을 얻기 위한 새로운 무역항로와 아시아의 식민지 개발이 절실했다. 그리고 뒤에 실제 필리핀 식민지의 '마닐라'는 그 역할을 톡톡히 해내게 되는데, 그래서 중남미에서 약탈한 엄청난 양의 은(銀)이 스페인에서 중국으로 흘러들었다. 1573년 현대 볼리비아의 포토시(Potosi)에 은화를 제조하는 조폐국이 스페인에 의해 설치됐다. 1545년 거대한 은 광산인 '세로 리코(Cerro Rico)'가 발견됐다. 그 스페인 은화(페소)가 바로 '세계 최초'로 국제무역에 통용된 신뢰된 '화폐'라고 말한다면 틀림이 없을 것이다(지금도 당시 항해 중 악천후로 침몰한 스페인 보물선을 추적하는 이들이 있다). 이로 인해 당시 서쪽 석양으로 아름다운 만을 끼고 있던 항구 마닐라도 세계무역의 중심지로 크게 번성하게 되었고 많은 중국인들이 동서무역과 관련해서 들어와 정착하기 시작했다. 지금도 마닐라 북부 파시그 강

너머 비논도에 가면 거대한 차이나타운이 있다. 세계에서 가장 오래된 차이나타운이다.

16세기부터 19세기까지 은(銀)은 세계무역 전체에 통용되는 신뢰받는 화폐, 안정된 가치를 보유한 화폐의 기능을 갖고 있었고, 유럽의 많은 국가들은 중국의 최첨단 상품들을 구매하기 위해 은을 화폐로 사용하며 크게 지출했다. 그래서 당시 중국은 현대의 미국처럼 마치 은본위제의 기축통화국과 같은 지위를 누리고 있었는데, 엄청난 무역흑자로 중국 내부에 세계적 부(富)가 쌓이고 두텁게 축적되었다. 그것은 현대의 돈처럼 아무 실체(實體)적, 자기본원적 가치가 없는 '종이돈'이 아니다. 일본과 미국은 그런 돈(채무화폐)을 마구 찍어내고 있는데 그건 발행 즉시 부가 아닌 빚이 되고, 이자가 붙는다. 일본은 매년 국가 전체 예산의 약 25%를 그 부채에 대한 이자비용과 만기 도래하는 채권, 국채의 원금상환으로 사용하고 있다. 일본중앙은행을 통해 빚을 내 빚을 갚는 누증된 구조 같은 것인데, 그 비율과 무게는 계속 증가할 가능성이 높다. 일본중앙은행은 기형적으로 자국기업 주식 등을 매입하여 부실, 경쟁력 없는 기업들, 자국 내 자산가치 하락과 내부경기 하락을 억지로 인위적으로 막아서고 있는데, 그러나 그 끝의 가장자리는 몹시 불안하고 암울해 보인다.

MMT이론, 기축통화적 기능의 자기함정과 끝도 없는 탐욕, 그리고 무지(無知, 그건 알면서도 모른 체하는 것이다. 또는 계속 달릴 수밖에 없는 것이다). 2012년부터 아베 신조, 자유민주당, 구로다 하루히코 일본은행 총재(2013년 3월~현재)의 그 빚은 더욱 급격히 늘어나고 있다. 부실을 계속 빚으로 틀어막고 있는 것이다. 구체성은 다르지만 이런 내환적

양상은 한국 내부에서도 벌어지고 있다. 빚으로 가려져 있는 것들이 너무 많다. 어쨌거나, 보통 가계경제를 기준으로 빚의 이자와 원금상환 비중이 소득의 20%를 넘어서면 생계에 부담이 된다고 본다(뭔가 점점 나빠지는 것이다). 일단 경상소득은 그대로 유지된다고 가정하고 말이다. 하지만 그 소득에 문제가 생기거나, 채무부담이 계속 증가하는 구조라면 고위험군으로 분류될 수 있다. 실제 기업들도 자기자본 대비 전체 부채비율과 별도로, 상시 운영에 있어 차입금 의존도가 20%를 넘어서면 은행에서 위험신호로 해석, 대출을 제한하기 시작한다.

  앞으로 점차적으로는 '바젤3'라는 가계, 기업, 은행 금융권 모두 종합적, 총량적 부채감시 평가 관리규제시스템을 적용받게 되는데, 이는 그 속에 자본의 질과 투명성까지도 깊게 들여다보는, 새로 업그레이드된 회계측정감시시스템의 국제협약 회계감독 기준이다. 이는 현재가 아니라 미래 시점으로 운동하고 있는 것에 상계된 신용평가, 점수를 산출해내고 현재에 선제적으로 적용시킨다. 그래서 그 객체의 재무건전성, 신용등급의 평가 등에 큰 영향을 미치게 되는데 선제적인 신용리스크 관리 및 대응을 그 목적으로 한다. 한마디로 간략하게, 자기도 감당되지 않는(때론 부도덕한 부채규모로 사업을 하거나 투자행위를 하는) 그런 과도한 부채 레버리지(Leverage)영업을 제한하는 것이다. 탐욕은 그 중간에 끊어내기 어렵다. 자신이 파멸할 때까지. 그래서 無知하다고도 말할 수 있는 것이다. 하지만, 현대 세계경제의 써클이라는 것이 금융파생상품처럼 서로 얽히고설켜 있어 위험과 위기를 서로에게 전염시키게 된다.

다가올 경제의 파고와 해일은 많은 것들, 기존 체제를 시험에 들게 할 가능성이 높다. 그 해일의 물이 썰물로 모두 빠져나가고 나면 많은 것들이 서서히 그 실체를 드러내게 된다. 물론 이도 상당한 시간을 필요로 한다. 모든 것은 시간이 보여 주고, 그 시간이 해결해 준다. 그래서 그 시간을 어떻게 채워나가느냐가 중요해진다. 위기는 자기부실의 노출이고, 자각이고, 그래서 기회이고 나아감이고, 또는 몰락이고 소멸이다.

아무튼 그 시대에는 중국이 바로 그런 세계무역의 중심이었다. 18세기에 들어 영국인, 유럽인들은 차(茶)에 빠졌다. 차가 세계무역에서 가장 중요한 아이템으로 자리 잡는다. 차의 카페인은 멈출 수 없는 중독이 되었고 생활이 되었고 일상이 되었다.

그런 심각한 무역불균형은 영국이 강제적으로 중국에게 인도에서 들여온 아편을 팔아넘길 때까지 계속 지속된다. 중국이라는 나라의 이름 자체가 '차이나(China)', 도자기를 의미한다. 도자기의 시대, 11세기부터 중국은 도자기를 대량생산할 수 있었고 중국 내에 대중화되어 있었다. 그래서 송나라, 그 시대부터 중국의 요리도 크게 발달한다. 중국 징더전, 청화백자(靑華, Blue and White)의 시대였다. 14세기부터 17세기까지 중국이 세계의 도자기 시장을 완벽하게 지배하고 있었다. 스페인어나 이탈리아어도 그 영어식 형태의 이름을 그대로 사용한다. '치나(China 혹은 Cina).'

타이완이 '포르모사(아름다운)'라는 이름으로 서양세계에 알려진 것이 1542년의 일이다. 그 주변을 항해하던 포르투갈 선박의 항해사들이 그렇게 부른 데서 유래한다. "일랴 포르모사(Ilha Formosa=Beautiful

Island)!" 그리고 이후 스페인, 네덜란드가 타이완의 일부 지역을 점령하고 있기도 했다. 그런 즈음의 17세기에는 타이완의 원주민과 명나라 때 중국 푸젠성(福建省, 복건성, 타이완과 바로 마주보고 있는 지역)에서 대거 이주한 본성인(本省人)들이 섬 안에 전부였다. 그리고 청일전쟁 후 50년의 일본 식민(1895~1945)이 있었고, 본토에서 밀려난 중국 국민당 정권, 장제스와 함께 약 2백만 명의 중국인, 외성인(外省人)들이 들어온 것은 주지하듯 최근의 일이다. 역사적으로 중국에서 두 차례 대거 유입된 그들을 타이완에서는 그렇게 구분한다. 본성인, 외성인. 현재 타이완 순수 원주민의 비율은 전체 인구의 약 2%에 불과하다.

한국인들이 좋아하시는 여행지, 낡은 노란 빛깔의 베트남 호이안. 저는 그곳에 가면 껌가 루옥(닭고기 덮밥, 닭백숙 덮밥이라고 해도 무방하다. 국물도 주고 맛있다)을 꼭 먹는다. 호이안은 15세기 이후에 국제무역항으로 번성했다. 중국, 일본, 인도는 물론 포르투갈, 스페인, 네덜란드, 프랑스의 상선들이 수시로 드나들었다. 호이안은 베트남 중부, 19세기 이후의 무역항 다낭 이전에 번성했던 무역도시로, 호이안에도 명나라가 몰락하던 시기 푸젠성에서 베트남으로 이주한 중국인들이 제법 있었는데 지금도 그 흔적을 확인할 수 있다. 참고로 베트남 북부 하노이의 바다 관문은 하이퐁, 남부는 큰 강을 거슬러 호치민에 연결된다. 호치민은 저지대이고 땅 밑의 지반이 약해 미래 해수면 상승에 따른 위협이 큰 도시다. 저지대의 네덜란드는 물론 인도의 콜카타, 뭄바이, 자카르타, 방콕, 상하이, 미국의 마이애미, 심지어 뉴욕, 베네치아, 하이퐁, 몰디브 같은 저지대의 섬들과 해안지역 등이 그렇다. 그리고 더욱더 난폭해지는 태풍이나 허리케인, 폭우(rain bombs)

가 다니는 길목 또한 위험하다. 극단의 자연재해는 엄청난 경제적 비용을 필요로 한다. 만성적 통화 버블화된 현대의 국가경제에 큰 위협이 될 수 있다.

아무튼 어쨌거나, 이후 포르투갈을 몰락시키고 그 아프리카~인도 항로의 시위를 17세기 초반부터 장악한 나라는 다름 아닌 네덜란드였다. 스페인이 아니었다. 당대 유럽 내에서 가장 막강한 권력을 쥐고 있던 스페인은 1580년 포르투갈을 합병해버렸다. 네덜란드는 1602년 아시아 해상무역을 위한 국가와 자본이 결합하는 형태의 네덜란드 동인도회사 베렌흐드 오스트-인디스 콤파니(Verenigde Oost-Indische Compagnie, 'VOC'=United East-India Company)를 설립했다. 일반인을 포함한 다수 주주들의 투자와 배당을 기반으로 하는 최초의 주식회사 형태를 띠고 있었다. 하지만 출발 당시 네덜란드의 조건과 환경은 결코 높은 수익률을 기대하기 어려웠다. 돛을 단 재래식 범선과 항법으로 유럽에서 아시아로 가는 길은 끝도 없는 위험의 연속이다. 하지만 네덜란드는 17세기 이후 아시아에서 포르투갈을 빠르게 밀어내고, 인도네시아의 바타비아(현재의 자카르타)에 무역본부를 두고 여러 상업 거점과 무역망을 크게 넓혀나가기 시작했다. 일본의 나가사키, 히라도 데지마(出島)에도 무역 포스트를 두었다. 일본의 쇄국정책과 기독교 포교에 매우 민감해 있던 그곳, 나가사키에는 중국인과 네덜란드 상인들만이 출입할 수 있었다. 하지만 그 장면은, 이 작은 출구는 동시에 일본의 상당한 경제적 이익으로 연결되었고(1650년 조선 기술자들의 일본 도자기가 나가사키에서 유럽으로 처음 수출되었다), 그것은 나아가 근대화의 기본 돈줄과 세계 판도 변화의 큰 틈을 일본으로 하여금 엿볼 수 있게 했다.

일본 에도시대의 경제, 문화적 발전과 겐로쿠 호황기(1688~1707), 조 닌(町人), 즉 상인세력의 성장, 미쓰이, 스미토모 같은 거대 상인조직과 기업의 발생(현대에도 미쓰비시, 미쓰이, 스미토모가 일본의 최대 3대 재벌그 룹을 이루고 있다. 사실상 일본의 경제, 금융 및 은행업을 포함한 너무나 많은 분야가 이들에 의해 지배되고 있다고 해도 과언이 아니다. 전통적인 일본의 정 경유착을 포함하여…), 화폐와 시장경제의 활성화, 자본주의의 성장과 성립, 에도시대에 각 번(藩)의 지방 다이묘를 정기적으로 1년간 에도 에 머물게 했던 제도인 참근교대제로 수행단 전체가 이동하고 정주하 게 되며 촉진된 전국적 도로, 교통, 숙박, 사회 인프라의 정비, 개선, 발전, 그리고 도시 에도의 개발과 번성, 또한 이렇게 서동(西東)을 잇 는 역참도시들의 성장과 발전, 경제 활성화에 따른 인구의 폭발적 증 가, 출판물의 활성화와 대중화, 실용적인 서양학문에 대한 관심 증 대… 이런 상황 속에서 뜬구름 같은 유교적 관념론에 회의를 느끼기 시작했다. 그때부터 그런 사회적 분위기가 무언가, 일본 자신도 모르 게 천천히, 서서히 압도되어 가기 시작했다.

아편전쟁, 중국(청나라)의 두 차례(1842년, 1856년) 큰 패배. 일본은 1858년 미일수호통상조약을 시작으로 영국, 러시아, 네덜란드, 프랑스 와도 통상조약을 체결하였다. 두려움과 극도의 불안, 어쩔 수 없는 수용과 협력, 앞으로 일본이 나가야 할 방향, 사회 내부 모순들의 격 렬한 충돌과 대치, 막부체제 말기의 혼돈, 암살과 담합, 싸움이 끊이 지 않았다. 체제를 유지하려는 자들과 파괴를 원하는 자들, 양이(攘 夷)와 개화(開化)… 그런 것들이 어지럽게 혼재되어 있었다. 그것이 흘러 메이지 유신, 대정봉환(大政奉還, '권력을 왕에게 되돌린다', 1867년 10월 천 년 가까이 이어져 온 일본 사무라이 무신 군부정권 체제에서 왕정으로의 복고를 말한다. 우리들은 오래도록 몸에 익숙한 일본이란 국가, 운영과 계급체계, 집단의 운동성과 감춰진 본능, 혹은 침묵 같은 것을 잘 살펴야 한다. 겉으로 보여지는 것이 전부가 아니다)에 이른다.

규슈, 혼슈 서쪽의 끝, 시코쿠의 4대 웅번(雄藩)과 중앙 도쿠가와 에도 막부의 대결구도 속에서 귀결된 이 국가체제 변화의 사건을 기폭으로, 현대의 고착화된 일본 사회의 모습에서는 상상할 수도 없는, 상상도 되지 않는 엄청난 변화와 개혁들이 쏟아져 나왔다. 그리고 1868년 7월 에도를 '도쿄(東京)'라 명명하고 천 년의 교토(京都)에서 수도를 이전한다.

그러나 정치시스템은 그들이 배우고자 했던 서양의 의회민주주의 같은 것이 아니라 오히려 후퇴한 듯한 왕정복고였다. 그건 기형적이고 모순적이었고, 지나치게 정치적이었던, 그래서 비극이 되었다. 그리고 사라진 막부(도조 히데키, 야마모토 이소로쿠)의 군부정권은 보란 듯 부활했다.

어쨌거나 네덜란드의 이런 폭발적인 무역수요를 지원하기 위해 1609년 세계 최초의 국영은행인 암스테르담 은행이 설립됐고, 그것은 영국 런던에 1694년 설립된 민영은행 잉글랜드 은행보다 85년 빠른 금융기술이었다(하지만 이제 제조업, 즉 미래 기술이 부실한 금융의존 경제는 붕괴하고 쇠락할 가능성이 높다. 혹은 팔아먹을 수 있는 필요 잉여자원이 풍부하던가. 이제 또 다른 한 차원의 레벨이 필요해지는 시대로 가고 있다. 경제적으로, 또 정치적으로). 황금기 때의 네덜란드는 유럽 전체 해운 물량의 4분의 3을 지배하고 있었다. 물론 이는 네덜란드의 유럽 내 중요한 지정학적 위치가 큰 도움이 되기도 했다.

16세기 이전에 영국은 무척 가난했고 유럽 내에서도 변방으로 취급받던 삼류국가였다. 신대륙 아메리카에서 금은보화를 싣고 세빌야로 돌아오는 스페인의 배들을 해적처럼 기습적으로 공격하고 약탈해야 했다. 어쨌든 유럽의 상업과 금융의 중심지는 그렇게 엔트워프에서 암스테르담으로, 암스테르담에서 런던으로, 그리고 대서양을 건너 미국의 뉴욕으로 옮겨가게 된다. 뉴욕의 원래 이름은 '뉴암스테르담'이었다. 유럽 대륙 밖의 식민지 쟁탈전 초기, 아프리카 노예무역, 설탕, 삼각무역, 노예무역의 총본산인 리버풀의 산업혁명(1760~1840), 그것은 맨체스터, 리즈, 셰필드, 버밍험, 브래드포드로 이어지고 런던에서 집약된다. 그런 설탕을 생산하던 카리브해, 남미의 사탕수수 농장들… 그런 시절 1667년 네덜란드는 뉴암스테르담(뉴욕)을 영국에게 넘기고 남미의 수리남을 받았다. 수리남은 현재도 네덜란드어를 공용어로 사용하고 있다. 1630년대 현대 브라질의 헤시피에 네덜란드는 서인도 회사를 설립하기도 했는데 1654년 포르투갈이 브라질 북동부지역을 다시 점령한다. 이때 종교적 박해를 피해 이베리아반도에서 네덜란드로 들어갔던 유대인들이 헤시피에서 본국 암스테르담으로 되돌아가거나 뉴욕(뉴암스테르담)으로 들어가 유대인 공동체를 만들기 시작했다. 1530년대 최초로 브라질의 항구도시 헤시피에 정착한 사람들은 포르투갈인들이었다. 그 지역에서는 설탕전쟁이 벌어지고 있었고 대규모의 값싼 노동력이 필요했다.

서아프리카 기니만 연안에는 가나의 '엘미나 요새' 같은 시설들이 즐비했다. 흑인 노예들이 대서양을 건너기 전에 집결시키던 대량수용 시설이다. 현대의 가봉, 카메룬, 나이지리아, 베냉, 가나, 토고, 코트디부아르 등과 같은 지역을 이룬다. 엘미나 무역항은 당시 세계 최대의 노예무역 기지였다. 1637년에 네덜란드가 소유, 지배하였고 1872년에는 영국으로 그 소유권이 넘어간다. 이 노예무역에 적극 가담하며 막대한 이익을 얻었던 국가들이 영국과 포르투갈, 네덜란드와 프랑스 등이다. 그리고 아프리카 약탈의 또 다른 상징인 코끼리의 상아도 블랙마켓에서 수없이 거래되었고 아프리카의 금(金)도 이곳에서 반출되었다. 그리고 그 수용시설 안에는 가톨릭이나 개신교 교회도 함께 있었는데, 당장 이 자리에 글로 표현하기 거북할 만큼 수많은 악행을 일상처럼 저지르면서도 그들은 교회에 가서 자신을 위해 예배하고 기도했다. 1534년 영국교회는 로마교황청으로부터의 독립을 선언했다. 영국 내 부패한 교회와 수도원의 재산을 몰수했고 종교개혁에 박차를 가했다. 1536년 웨일스는 잉글랜드와 통합되었다. 스코틀랜드가 영국에 편입된 것은 나중인 1707년의 일이다.

아무튼 어쨌거나, 이렇게 또 다른 시대의 거대한 야누스의 문이 그 바다에서 바다를 건너 유럽과 아시아로, 대서양으로 크게 열렸다.

그 거친 세계사의 격랑 속에서, 유럽에서 아시아의 물길로 거칠게 내닫던 그 역사의 모습은, 어떤 높이의 파도와 해일로 교차되고 덮쳐지고 있었던 것일까? 그 바닷길에서 대체 무슨 일들이 벌어지고 있던 것일까?

정말 많은 일들이 벌어지고 있었다. 하지만 그때, 스스로에 고립되어 죽어가고 있던 자들은 누구인가?

그 바닷길에서 동서양 모두에게 너무나 중차대한 역사의 흐름이 새롭게 만들어지고 있었다. 거대하고 어마어마한 폭풍우로 모든 것을 집어삼킬 듯 소용돌이치고 있었다. 어떤 역사의 변곡점을 지나면 많은 것들이 변한다. 우리는 그것을 잘 눈치채지 못할 때가 많은데, 하루라는 작고 바쁜 공간 안에 갇혀 살면 우린 그런 긴 역사의 변이를 잘 감지하고 인식하지 못한다. 지금 당장, 오늘 일어나는 상징적인 일들이 보여 주고 있는 현상 너머의 본질(뼈)과 깊은 뿌리를 이해하고 수용하기도 어렵다. 시대착오적이 된다. 자꾸 헛다리를 짚게 된다. 역사의 반복과 패턴을 공부해보는 것은 그래서 중요하고 좋다(과거는 그냥 옛날 일에 불과한 것이 아니다. 난 세상을 살아가는 '교양필수' 중 하나라고 말하고 싶다. 세상을 살며 꾸준히 공부해야 하는 교양필수과목이 몇 가지 있다고 나는 생각한다). 이해하고 받아들이는 것만으로도 큰 곳으로 나갈 수 있다. 현대의 모든 현상은 지난 역사 속에서 그 선례적 모양(포맷)을 반드시 찾아낼 수 있다. 겉모양과 용어는 다르겠지만 비슷하게 시공을 초월하여 이어져 있는 그것의 힌트들, 그리고 단락되고 결절된 현재와 순간이 아니라 오래도록 연결되어 있는 깊은 뿌리를 찾아보고 이해할 수 있다. 그 변곡의 징후와 흐름을 차분히 살펴보려는 시도, 그 시야의 범위는 중요해진다. 내 개인의 삶에 영향을 주기 때문이다. 그리고 그런 변곡의 흐름, 환경 속에서 자기(국가) 안으로 고립되고 쪼그라들어 있으면 안 된다.

나는 지금, 2019년 6월, 하나의 거대한 변곡이 이미 시작됐다고 느낀다. 우리들의 내부에도, 우리들의 외부에도…. 우리들의 그 운동성이 무엇을 선택하고 어떠한 방향으로 나가게 되느냐에 따라 전혀 다른 결과에 직면할 가능성이 높다는 예감이 나는 든다.

아무튼 그것이야 어찌 됐든, 짧게는 불과 최근 20년 동안(아날로그 제조업 시대 1990년대의 끝을 지나 2000~2020년)만을 살펴봐도 세계, 사회, 경제, 문화, 기업, 의식, 산업계의 비즈니스 환경, 조건, 그 밑바탕을 이루는 플랫폼 자체도 이미 크게 변화했다. 우리가 인식하고 있는 것보다 훨씬 많이, 크게, 구조적으로 변했다. 물론 정치의 관념, 시대적 역할, 경제적 인구의 내용도 변했고, 또 변화하고 있다. 기업들의 사회 속 접근 방식도 달라져야 한다. 지금의 아이들은 자신의 조부모나 부모가 태어나고 자랐던 세상을 알 수도 없고, 상상하는 것조차 힘들다. 경영학자 피터 드러커의 저서『프로페셔널의 조건』에 나오는 표현을 빌리자면, 그렇듯 도태와 진화가 글로벌적 차원에서 치열하게 벌어지고 있는데, 설사 그 주객체들이 오직 지역 시장(공간)만을 목표로 삼고 있다고 하더라도 세계적 환경변화의 도전과 영향을 피하기 어렵다.

뭘 추구하고 어떻게 살든, 그런 현상과 역사적 반복을 이해하고 공부해 보는 것은 좋다. 순간의, 단기간의 디테일에 매몰되는 것보다 길게 반복되는 패턴과 싸이클, 큰 그림을 눈여겨보는 것. 그럼으로써 디테일을 올바로 해석할 수 있다. 최소한의 내 자신에 대한 경제적 보호와 방어를 위해서도 그렇다. 물론 그 보호와 방어의 해법 또한 간단하고, 다양할 수 있다. 그러나 순간에 매몰되고 집착되어 있는 것은 위험하다. 경제적으로, 또 정치적으로도 위험하다.

더불어, 심지어 문학과 글에 대해 다소 고전적인 태도를 갖는 나에게도 현대적 환경의 글과 문학, 다양한 형태의 스토리는 그런 고전적 방식만으로는 예측하기 어려운 형태와 질감으로 창작, 생산되고 또 소비되고 있다. 누구나 다양한 형식, 매체의 틀 속에 자신만의 작가주의적 표현을 만들어낼 수 있다. 자신을 진솔하게 보여줄 수 있다. 식상한, 늘 거기서 거기인 듯한 방송, 컨텐츠에도 이제 질리는 시대다. 혹은 그것이 바보 같은 중독을 만들어낸다.

또 하나의 예, 지난 100여 년 동안 지구의 바다 해수면은 20㎝ 정도 상승했다. 그 속도는 더욱 급격해지고 있다. 지금, 얼마 전, 단기간만을 생각한다면 그 형체는 흐릿하고 불확실한 듯하다. 하지만 길게 늘어뜨려 보면 그 패턴이 또렷하게 드러나는데, 그것이 뭘 말하고 싶어하는지, 극단으로 치닫는 기상이변, 그것이 몰고 온 것, 그리고 앞으로 몰고 올 많은 것들을 얘기하고 싶지만, 지면이 부족하다. 그것을 한 편의 소설에 녹여서 써 보고 싶은 계획은 있다. 개인의 삶에 심각한 영향을 준다. 만년설의 빙하, 히말라야 주변 같은 곳들 또한 위험하다.

오래전 당시 유럽인들은 그 누구보다도 잘 알고 있었다. 수많은 부의 원천들이 아시아에 있다는 것을, 자신들이 갖고 있는 것은 정말 조잡하고 별볼 일 없는 것들이라는 것을. 그 시대에는 그랬다.

현대의 단편성과 비좁은 시야로는 잘 와닿지 않을 수도 있지만, 과거 서양(유럽)인들에게 동양은, 하나의 거대한 동경의 대상이었다(마치 지금의 정반대 상황처럼. 하지만 역사의 거대한 수레바퀴는 또다시 천천히 불규칙한 방향으로 돌고 있다. 본래의 제자리를 찾아가는 습성이 있다. 서구와 동방에 걸친 거대한 영토의 러시아는 최근 10년 유럽 중심의 경제전략에서 벗어나 동방, 극동아시아로 무게중심을 이동하고 있다. 블라디보스톡의 활기와 변모, 성장은 이를 잘 보여 주고 있다). 사막 위에 어른거리는 신기루처럼 아름답고 신비한 곳. 금은보화와 값진 물건들, 그런 신비한 선진문물들로 가득한 곳. 저 무지개 너머 보이지 않는 곳에 존재하는, 간절히 가보고 싶고 닿고 싶은 이상향의 공간. 그것이 오래전 유럽인들에게 비추어진, 또는 상상하곤 했던 아시아의 모습이었다. 씻을 수 없는 아시아에 대한 열등감에 젖어 있었다.

그래서 그들은 하얗게 파도치는 해안가에 나와, 그 끝도 없는 바다를 바라봤다. 그들은 가난하고 배고팠고, 대서양의 파도는 차고 거칠고 높았다. 지중해의 잔잔하고 따스한 내해와는 전혀 다르다.

그 부유한 아시아를 동경하는 마음으로 그렇게 하염없이 바다를 바라보고 있었고, 1453년 현대 터키의 콘스탄티노플(이스탄불)이 오스만 제국에 함락되면서 이슬람 세력이 동방으로 통하는 육로를 완전히 장악하게 되자 서쪽에 고립된 유럽인들의 허기는 더욱 절박해졌다.

중국과 향신료무역의 인도는 당시 세계 최고의 부를 향유하고 있었다. 국제무역의 수익도 대부분 중국과 아라비아(아랍), 인도 그리고 베니스(베네치아)의 상인들이 장악했다. 『동방견문록』의 마르코 폴로(1254~1324)도 베니스 사람이었다(몽골 쿠빌라이 칸의 중국 원나라에서 17년간 살기도 했다). 그래서 바다를 통해 보다 저렴한 운송비용과 빠르게 이동할 수 있는 대담하고도 혁명적인 도전이 서쪽 유럽인들에게 절실했고, 필요했다. 16세기 초 베네치아는 포르투갈로 인해 유럽무역에서의 독점적 지위를 상실했다. 바다와 육지, 그들의 지중해 패권은 서서히 저물어 갔다.

서유럽인들은 당시 거의 모든 부문에서 중국과 인도에 뒤처져 있었지만, 비좁고 촘촘한 땅덩어리 안에서 끊임없이 벌여 왔던 해상(지중해, 대서양)과 육상에서의 전투, 그렇게 서로 살갗처럼 닿고 붙어 피비린내 나는 전쟁역사의 그 경험과 항해술(조선술, 해상전투력), 그리고 그런 필요(needs)에 의해 개발되고 발전된, 그렇게 한발 앞서 있던 무기들과 관련 산업기술은 동양, 아시아를 충분히 무력으로 농락해볼 수 있는 수준에 있었다고 볼 수 있다. 그리고 그들은 스스로도 예상치 못한 어처구니 없는 승리를 이어가게 된다. 아시아의 중심부에서 나름 격식과 예의를 갖추던 시대가, 1760년을 지나, 원하는 것이 있으면 모든 무력과 폭력을 동원해 약탈할 수 있는 '야만의 시대'로 서서히 넘어가게 된다.

하지만 이쯤으로 이 지면에서 다룰 수 있는 역사의 감당되지 않는 넓이, 혹은 깊이는 수습하고, 어쨌든, 앞서 언급된 역사적 사실들 중에 그런 역사적 희미한 배경과 그림자들이 필리핀 세부섬의 이 작은 장소, 위치와도 깊은 연관을 맺고 있다는 것(필리핀은 유럽, 아프리카, 인도에서 중국과 일본으로 건너가는 길목에 있다. 아메리카 대륙에서 태평양을 지나는, 아시아의 입구이기도 하다), 그 정도로 마무리해야 할 것 같다.

그리고 눈에 보이는 저 산 페드로 요새 안쪽으로 조금 들어가면 필리핀의 독립 100주년(1898~1998년)을 기념하여 당시 현역 왕과 왕비였던 후안 카를로스 1세와 소피아가 이 '산 페드로'를 방문(1998년 2월 11일)했는데, 그 방문기념 동판 같은 것이 걸려 있다. 지금의 스페인 왕은 펠리페 6세로 나보다 좀 더 나이가 많은 젊고 큰 키의 사람인데,

어쨌거나 파란만장한 스페인 왕실 역사를 잇는 현재의 사람이다. 현새의 왕비, 레티시아가 당시 왕세자였던 펠리페 6세와 결혼할 당시 스페인 TV의 유명한 앵커였다는 것, 그리고 이혼 경력이 있는 여자라는 것이 매우 큰 화제가 됐다(무척 놀라운 일 아닌가. 나름 체면을 중시하는 왕실에서). 그래서 그녀는 스페인 왕실 최초로 평민 출신의 왕비가 되었고 그게 2014년의 일이다. 레티시아는 나름 유럽 사회에서 지금도, 자기들끼리 통용되고 관리되는 봉건적 전통의 왕실이나 귀족들의 가문, 그런 커뮤니티에 속하지 않았던 그저 평범한 일반인이었다.

어쨌든 그렇게, 그 산 페드로 요새와 기념광장이 있는 그곳에서 더 왼편인 바닷가 쪽으로 걸어 나가면, 세부섬에서 보홀이나 레이테, 시키호르, 민다나오(잠보앙가, 수리가오)와 같은 다른 섬으로 배가 떠날 수 있는 부두(pier)들이 줄지어 서 있다.

산 페드로 요새 입구

Miguel López de Legazpi Monument

산 페드로 안에서 전문적인 웨딩촬영을 하기도 한다

삶의 유산들

세부 안에서 나름의 역사지구이면서 세부 서민들의 삶을 가장 직접적으로 관찰할 수 있다는 꼴론, 그 콜럼버스의 공간 속으로 나는 들어간다.

'꼴론(Colón)'이라는 이름은 본래 스페인어로, 저 유명한 1492년 아메리카 신대륙을 발견한 '크리스토퍼 콜럼버스'를 말한다. 그래서 스페인의 도시 어디를 가도 '꼴론'이라는 이름의 도로명이나 그 비슷한 것들을 하나 정도는 발견할 수 있다.

그 콜럼버스의 시대에는, 서쪽의 대서양 바다로 끝없이 나아가면 아시아에 닿을 수 있다고 추측하던 시절이다. 또는 그 끝에 낭떠러지 같은 벼랑이 있을지도 모른다고(그 시대의 지식인들이나 뱃사람들은 지구가 둥글다는 것을 확신하고 있었지만 그 누구도 서쪽 바다의 끝으로 가는 모험에는 뛰어들지 않았다), 거기에 있는 어마어마한 아메리카 대륙, 그런 끝도 없는 육지 덩어리의 존재도, 그 육지 너머 또다시 끝도 없는 바다, 태평양이라는 존재도, 그것에 대한 개념조차도 없던 시절이다. 그 머나먼, 끝도 없는 어딘가에서 아시아(인도), 남아시아, 중국이 바로 나올 것이라고 생각했던 시절(물론 그 미신적 믿음의 현실적 실현, '북서항로'를 말해 볼 수도 있다. 유럽에서 북아메리카 대륙의 북쪽 바다를 넘어 태평양으로 나오는 항로다. 그 항로는 수세기 동안의 실패와 희생을 치른 후 20세기 초, 1903~1906년에 노르웨이 탐험가 로알 아문센에 의해 처음 성공했다), 당시 콜럼버스의 항해는 예측된 무슨 과학적 항해의 목적지가 있었던 것이 아니다. 자신이 나아간 항해를 꼼꼼히 기록했을 뿐(기록되는 삶).

자신이 나아가는 길이 바로 나침반이고 항해고, 아스트롤라베(astro-labe)고 신세계(新世界) 그 자체였다. 그건 우선, 단지 되돌아오는 것을 목적으로 한 기록일 뿐이었다. 도저히 알 수 없는, 예측할 수 없는 미지(未知)의 해역으로 나아가는 모험, 도박 그 자체와도 같았다. 앞으로 어떤 일이 갑자기 바다 위에서 벌어질지, 또 어떤 곳이 저 수평선 위로 불쑥 튀어올라 나타나게 될지 알 수 없었다. 그 항해는 당시 통상의 관념으로는 '자살행위'에 가까운 것이었다.

하지만 그의 도전과 떨쳐 나아감이 새로운 시대와 역사를 열고 만들었다. 하나의 어마어마한 역사의 변곡점이다. 그 변곡점의 거대한 상자가 '콜럼버스'라는 '열쇠'로 열렸다.

일단 콜럼버스가 괴팍하고 과장된 사람이었다. 식민지에서 그에 의해 자행된 도덕적, 야만적 문제는 차치하고도 말이다. 그런 인간의 도덕적 문제는 시간이 지나며 흐지부지돼 버리는 경향이 많다.

그것이 인간들의 망각이고 점멸이다. 스스로(가해자)도 까먹고, 때론 상대방(피해자)도 까먹는다(혹은 무시하려고 한다. 그 피해자들 속에는 이익을 얻은 자들도 있으니).

그런 이율배반적 선례는 헤아릴 수 없다. 인간의 역사, 그런 콜럼버스의 시대로부터 19세기까지 동서양의 세계사는 그 두려움과 공포의 바다로 나아가는 '대항해'로부터 크게 변화되기 시작했고 우리는 지금도 그 영향과 지배 아래 세계지도가 놓여 있다는 것을 확인할 수 있다. 심지어 거대한 태평양, 대서양, 인도양에 멀리 떨어진 점점의 섬들의 이름과 소유를 통해서도.

바다는 늘 육지를 압도한다. 확장과 연결(연대)은 늘 고립적 이기(利

리)를 압도한다.

1491년 스페인 살라망카 대학에서 그 콜럼버스의 모험 항해에 대한 공청회가 있었고 거의 모두가 반대했다. 그런 허무맹랑한 항해에 스페인 정부가 투자할 수 없다는 뜻이다. 그러나 1492년 1월 그라나다를 탈환한 이사벨 여왕은 그곳에서 콜럼버스를 만나 그의 항해를 최종 승인한다.

1492년 8월 3일 스페인 남단 대서양으로의 출구, 우엘바의 팔로스(Palos)항에서 산타마리아(성모마리아)호를 위시한 3척의 배가 출항한다. 서쪽의 끝으로 가 보는 것이다.

하지만 시간이 지날수록, 모두가 불안과 공포를 느끼게 되는 아득하고 손으로 더듬어지지 않는 뱃길이었다.

처음, 그 끝도 없는 바다의 끝에, 생전 처음 보는 아시아 인디아스 열대의 야자수들이 해변 바람에 날리던 섬, 1492년 10월 12일 tèrra! la isola di 'Guanahani' 그 육지에 다가가며, 얕은 물속을 걸어 그 육지에 처음 발을 딛던 콜럼버스는, 그 사람들은 그 신천지(新天地)를 어떻게 느꼈을까. 어떻게 받아들이고 있었을까. 그 처음의 접촉(contàtto=contact).

'…그는 온화한 기후권에 사는 개화한 문명인이라면 꿈에서나, 그것도 희미하게 볼 수 있는 인물이었고, 변화를 받아들이지 않는 동양권, 그중에서도 극동의 섬나라에서라면 이따금 섞여 돌아다닐 만한 그런 인물이었다. 태고의 모습을 고스란히 간직한 그런 격리된 나라들은 심지어 요즘 같은 현대에도 조상들의 유령 같은 원시성을 대부분 보존하며, 최초의 인간에 대한 기억이 또렷하게 남아 있고 모든 인간은 그의 후손이었다. 자신들이 어디서 왔는지 알지 못한 채 서로를 유령처럼 노려보고, 자신들이 어떤 목적으로 왜 만들어졌는지를 해와 달에게 물었다. 창세기에 따르면 그 시절에 천사들은 실제로 인간의 딸과 관계를 맺었고, 외경 주석자들은 악마들도 지상의 애욕에 탐닉했다고 덧붙였다…마지막 해역을 항해할 때였다. 어느 고요한 달밤, 파도는 은빛 두루마리처럼 너울거리고 부드럽게 퍼지는 소용돌이가 만들어 내는 건 고독이라기보다 은빛 침묵 같았다. 그렇게 고요하던 어느 날 밤, 뱃머리의 흰 물거품보다 한참 앞쪽에서 은빛 물기둥이 보였다. 달빛을 받은 물기둥은 천상의 풍경처럼 아름다웠고, 깃털로 눈부시게 장식한 신이 바다에서 승천하는 것 같았다. 이 물기둥을 제일 먼저 발견한 건 페달라였다. 이런 달밤에 주 돛대에 올라가 대낮처럼 꼼꼼하게 망을 보는 게 그의 버릇이었다(소설『모비딕』중).'

이 늙은 동양인 '페달라'는 필리핀 마닐라 출신의 원주민이다.

그 꼴론(콜럼버스)의 거리는 깨끗하고 말끔한 것에 익숙한 현대 한국인의 시선과 감각에는 너무 적나라하다. 혹은 어떤 불쾌감과 불편한 호흡감을 느끼게 될 지도 모르겠다. 끈적끈적한 삶의 묵은 때가 잔뜩 눌러붙어 있는 거리 구석구석, 왠지 비위생적으로 보이는 거리와 골목, 축축하고 오래 묵은 먼지가 접착제처럼 달라붙어 있다. 비좁고 저질 배합의 콘크리트로 만들어 놓아 제멋대로 깨진 인도들, 구름같이 지나가는 어두운 낯빛의 사람들, 그 속에 시큼하고 텁텁한 사람 냄새, 땀 냄새, 그리고 현장의 길바닥에 여과 없이 펼쳐져 있는 거리의 삶들. 때론 이곳저곳 썩어 악취를 풍기는 물웅덩이를 만나고, 뙤약볕으로 내리쬐는 무더위와 뿌연 거리의 먼지들, 눈과 코가 매울 정도의 지독한 매연, 그리고 치열한, 또는 몸부림치는 듯한 삶의 풍경들….

그런 광경들을 처음 목격하고 접하게 된다면, 사람에 따라서 어쩌면 조금은 충격적인 느낌이 들지도 모르겠다. 결코 유쾌한 광경은 아닐 것이다(또는 잠깐인데 뭐 어때 하며 묵묵하게 다닐 수도 있다). 하지만 조금은 차분하게 마음을 추스르고, 다니고 또 다니다 보면, 어느 정도 그것이 익숙해지기 시작하는데 그 몹시 혼란스러운 틈 속에서도 잔잔한 인간적 여유들이 보인다. 거기에 삶의 행복이 있다.

사람 사는 것이, 다르면 얼마나 다르겠는가?

꼴론의 거리

특히 주말의 꼴론, 한창 때에 이 동네는 정말 인산인해를 이룬다. 사람들이 구름 떼처럼 흘러갔다가 다시 몰려오곤 한다. 나도 그 큰 무리에 섞여 함께 바글바글댄다. 그 거리 빽빽한 보행자들 가장자리로 각종 수선가게와 잡상인들이 한데 뒤섞여 있다. 휴대폰 충전카드를 파는 아줌마, 또는 아가씨. 어두운 빛깔의 나무판 안에 담배, 특히 가치담배를 팔고 있는 청년들, 작고 허름한 나무책상 위에서 도장이나 고무 스탬프를 파 주는 아저씨, 청년. 정밀한 아날로그나 전자시계를 고쳐주는 가게, 핸드폰, 이런저런 잡다한 전자제품, 또는 신발이나 구두, 뭐 그런 온갖 것들을 수리해주는 가게들이 도로 바깥쪽에 도열해 있다. 그리고 거기에 과일, 액세서리, 잡다한 생활용품, 먹거리 등을 파는 노점상들도 가담한다. 도로 안 건물 쪽으로는 별의별 다양한 상품을 파는 작고 큰 점포들이 1층에 있는데 겉보기에 무척 낡은 그 대형건물 안에는 그래도 나름의 커다란 쇼핑몰도 있고, 대형 마트도 있고, 작고 큰 레스토랑, 프랜차이즈 식당 등이 많이 갖춰져 있다. 그 안에 구경할 것도, 살 것도 많다. 어느 쇼핑몰 안에는 아주 오래전 지진의 충격 때문인지 공중계단이 뒤틀어져 위태롭게 서 있기도 한데(나는 2013년 세부에서 큰 지진을 겪었다), 호기심에 발을 쿵쿵 굴러 보면 아직 단단하다. 적어도 저절로 무너질 일은 없어 보인다.

비사야스나 산 호세 같은 오래된 필리핀 세부의 대학들도 그 거리, 시장통에 있다. 색감 있는 각 학교의 교복을 입은 대학생들도 그 동네 안에서 함께 복작거린다(동남아시아에는 대학생들도 교복을 입는다. 필리핀은 100% 입는데, 태국보다 훨씬 컬러풀하다). 그리고 전당포(pawn-shop)같은 것들도 눈에 많이 띈다. 생활이 어려우면 집안에 있는 뭔가를 갖다 맡기고 우선 그것으로 살아가는 것이다. 과거 한국에도 전당포들이 제법 있었다. 하지만 여기 일반 서민들에게는 맡기고 돈을 받을 만한 물건도 많지 않아 보인다. 물론 요즘 시대에는 다양한 것들을 담보로 해서 돈을 빌려줄 것이다. 어쨌거나 그곳에서 너무 정신없어 보일 때는 소매치기 같은 것도 조심해야 한다. 극도로 혼잡한 그곳에서는 현지인들도 똑같다. 그들도 앞으로 가방을 메고 바짝 붙잡고 다닌다. 하지만 내가 나름 수없이 그 꼴론 길을 돌아다녀 봤지만 소매치기나 또는 다른 불미스러운 일을 당해 본 적은 없다. 물론, 늦은 밤 인적이 드문 시간에 외국인이 그곳을 다니는 것은 삼갈 필요가 있다. 그리고 정확하게 언제였는지 기억나지는 않지만, 어떤 일정

기간이 되면 밤에 꼴론 거리의 차량 도로 일부 구간을 막아 놓고 그곳에서 왁자지껄한 노천 야시장이 열리기도 한다. 그 정도의 저녁이나 밤 시간은 문제없다. 그리고 매일 저녁 해질녘이 되면 꼴론의 입구 쪽 인도에 정규적인 노천식당들이 하나둘 자리를 펴기도 한다. 그 거리에서 필리핀 간장이 발려진 각종 꼬치들이 숯불에 구워져 자욱한 연기를 뿜어댄다.

그런 밤의 야시장, 필리핀 서민들이 먹을 수 있는 음식들은 사실 단순화되어 있다. 선택의 폭이 그리 넓지 않다. 그저 꼬치에 끼워 숯불에 굽는 다양한 종류, 부속의 바베큐 음식들이 거의 대부분이라고 봐도 된다. 그것이 가장 대중적이고 흔하고 싸다. 숯불에 구워진 매캐한 연기가 그 주변을 계속 떠돈다. 세부에 있다면 나는 네드 나나이스 그릴(Ned Nanay's Grill)이나 대형 그릴 콤플렉스(큰 시장처럼 되어 있다)인 라르시안을 가곤 했는데, 최근에 들렀을 때 웬일인지 라르시안은 문을 닫았다(그냥 쉬는 날이었을까? 쉬는 날이 따로 있지 않았는데…). 그 왁자지껄한 시장 분위기도 느껴 볼 만하다(하지만 필리핀은 태국처럼 그런 서민 시장이 크게 발달해있지 않다. 왜 그럴까? 거기엔 이유가 있다. 그리고 더불어 태국의 오래도록 부패한 군주제 왕가와 정치, 경제체제를 말해보고 싶지만, 이 또한 지면이 부족하다. 태국은 알면 알수록 놀라운 나라다). 그리고 거기에 알코올 도수가 높은 맥주, 1리터의 큰 병으로 된 레드호스(Red Horse)를 마시거나 알코올 도수가 약 40도 정도 되는 매우 저렴한 탄두아이(Tanduay), 필리핀 럼(Rum)에 콜라나 과일주스 같은 것을 섞어 마시는 것이 필리핀 사람들이다. 열대 더위로 뜨겁게 달아오른 몸속 갈증을 해소하면서도 싸게 마시고 또 싸게 취할 수 있는 방법이 필리핀에선 그렇다. 하지만 가벼운 맥주라고 하더라도 알코올 도수 6.5-7%(Extra Strong)의 레드호스는 자칫 일반적인 맥주를 생각하며 벌꺽벌꺽 마구 들이키다가 보면 나중에 큰일날 수 있다. 실제 목넘김도 부드럽게 술술 안으로 들어가는 느낌인데 그렇게 방심하는 후반부 어느 순간 자신도 모르게 훅 갈 수 있다. 실제 한국인들 중에는 맥주라고 우습게 보고, 부담 없이 마음껏 마시다가 결국 큰일을 치르는 경우를 종종 봤다. 물론 나도 그런 경험이 있다. 그래서 필리핀 친구들 사이에서는 이 레드호스를 '사일런트 킬러(a Silent Killer, 소리 없는 암살자)'라고 부르기도 한다. 따라서 만약, 한국인들이 많이 가는 필리핀 여행에서 레드호스를 한 잔 하시게 된다면, 또는 제법 많은 양의 그 맥주를 연달아 마셔야 하는 경우라면 나름 경계심을 가질 필요가 있다. 무턱대고 막 마시다 보면 조용히 그리고 서서히 암살(be Killed)될 수도 있기 때문에. 그리고 다음날 머리도 깨질 것 같다.

  세부시티의 바랑가이(필리핀의 작은 행정단위) '루쓰(Luz)'라는 동네 풍경. 스페인어로 'Luz'는 빛을 의미한다. 난 그 스페인어의 어감을 무척 좋아한다. "루쓰!"

  하지만, 허먼 멜빌의 1851년작 『모비딕(The Whale)』 속에는 이런 표현이 등장한다. '…침대의 아늑함에 더 집중하기 위해 늘 눈을 감는 버릇이 있었다. 눈을 감지 않고서는 누구라도 자기 자신을 제대로 느낄 수 없기 때문이다. 흙으로 빚은 우리 몸에는 빛이 더 적합하지만, 우리의 본질을 이루는 진정한 요소는 어둠인 것 같다.'

  그러나, 우리들의 힘겨운 상상력이 모험을 갈망하는 곳으로 우리는 나가고 싶어진다. 빛이면서 어둠이고 어둠이면서 빛일 수 있는 곳. 바다는 아마도 그런 상징적 공간 중에 하나일 것이다.

'…열대의 잔잔한 날씨에는 돛대 꼭대기에 오르는 게 무척 유쾌하다. 이런한 공상과 사색을 좋아하는 사람에겐 더없이 즐거운 시간이다…파도가 일으키는 잔물결뿐인 망망대해를 넋 놓고 바라보고 서 있으면, 배도 꿈을 꾸듯 나른하게 흔들리고 잔잔한 무역풍에 졸음이 밀려온다…'

미국 동부의 낸터컷은 당시 세계 포경시장의 중심지였다. 그리고 포경산업은 인간과 그 시대의 많은 것들을 함축하고 있었는데 1갤런의 고래기름 안에 인간의 피가 적어도 한 방울 이상은 섞여들었다.

우리의 영혼은 그 여름바다에 떨어져 다시는 떠오르지 못할지도 모른다.

바랑가이 루쓰, 캄푸타우 같은 세부시티의 후미진 주택가에서 한국인과 필리핀인의 혼혈, 코피노 아이들과 마주치기도 한다. 그들 중에는 한국인 성과 이름을 가진 아이들도 많다.

조용한 암살자

그런 의미에서 '소리 없는 암살자(Silent Killer)'라는 단어, 그 '소리 없는'이라는 형용사 속에서 조용히 떠오르는 생각이 있었다.

삶의, 인생의 '위기'라는 것이 어느 날 갑자기, 별안간, 하늘에서 뚝 떨어지듯 내려오는 것일까? 과연 그런 것일까?

물론 그렇지 않다. 삶과 인생의 위기는 그렇게 갑자기 뚝 하고 하늘에서 떨어지는 것이 아니다. 그런 형태, 성질의 '위기(또는 사건, 사고)'는 사실 상당히 예외적이고 드문 케이스다.

'삶과 인생의 위기'라는 것은 오랜 시간 동안 꾸준히, 소리 없이, 서서히 떠밀려오고 있었던 것들이 대부분이다. 그것이 건강의 문제든, 가정의 문제든, 사업의 문제든, 직장의 문제든, 인간관계의 문제든, 그 관계와 관계의 문제든, 그 무엇이든, 그것은 잘못된 무엇이 꾸준히 누적되고 퇴적되고 쌓여서, 어느 날 어떤 '위기의 결정'처럼 폭발하게 되는 것인데, 누적된 그것이 더 이상 버틸 수 없는 수준에서 그 확연한 폭발력을 드러내게 된다.

그 위기는 오래도록 '소리 없이' 흘러 내려오고 있었다. 다만 그것들을, 우리가 어떤 안일함에 젖어 또는 나태함에 깊이 빠져 적절히 준비하고 대비하지 못했기 때문에, 또는 정작 중요한 것들을 스스로 알아차리고 보지 못했던 것이다. 그런 '자기 자각(自覺)'이 오랜 시간 동안 결여되어 있어서, 또는 어떤 식으로든 그것을 간과해서 그 위기를 자초한 것일 가능성이 높다. 그 화(火)는 내가 스스로 불러들인 것일 가능성이 높다.

그냥 단순히 바쁘게만 몸을 움직여 산다고 '삶의 본질적 위기'를 피해갈 수 있는 것은 아니다. 그건 상당히 어리석은 시야의 생각이다. 그래서 살아가는 동안 우리는 종종 나를, 그리고 삶의 주변을 좀 더 면밀히 둘러볼 필요가 있다. 내 마음과 행동의 안팎까지도 때론 세밀하게 관찰하면서, 여행 속에서 만날 수 있는 다른 공기(대기)로 환기된 풍경, 사람들, 시야, 그 다른 질감의 인생들 속에서 문득 그런 나의,

우리들의 '위기'를 직접적으로, 또는 은유적으로 발견할 수 있다.

그리고 나의, 우리들의 '위기, 불행의 원인'을 발견할 수도 있다. 그런 것들을 여행 속에서 발견하는 것은 중요하다.

그러나 우리는 그런 시간들을 모두 놓쳐버리고, 쉽게 흘러버리고, 그것이 큰 위기의 덩어리로 부풀어 어느 순간 삶에 쓰나미처럼 밀어닥치도록 방치하곤 한다. 그 꾸준하고 분명했던 과거의 실수와 잘못들을 보지 못하는 것이다.

왜, 보지 못했을까? 아니, 왜 보려고 하지 않았을까?

그냥 단순히 바쁘게 몸을 움직여 산다고 '삶의 본질적 위기'를 피해 갈 수 있는 것은 아니다. 그럴수록, 바쁘게만 살수록, 삶의 본질적 위기를 보지 못할 가능성이 높다. 그리고 그렇게 그것을 계속 되풀이한다면 우리는 스스로를 계속해서, 꾸준히, 소리 없이, 암살(killing)하고 있는지도 모른다. 그런 어리석음을 계속 반복하고 있는지도 모른다.

그리고, 변이하는 삶의 유산들

세부시티에서 통상적으로 그냥 '꼴론'이라고 하면 이 구역, 구시가지 전체를 지칭하는 말이기도 하지만, 사실 정확한 행정적 의미에서는 이 구역 중앙을 좌우로 관통하는 핵심도로의 명칭이 '꼴론'이다. 그

도로명이 이 구시가지 전체를 대표하는 명칭이 된 모양새다. 그 메인 도로 꼴론을 따라 쭉 가다가, 그 동쪽, 오른쪽 끝에 다다르면 꼴론, 즉 콜럼버스의 기념비(monument)가 세워져 있다. 그리고 거기서 위쪽으로 조금 더 올라가면 '세부의 역사적 유산(Heritage of Cebu monument)'이라는 이름의 아주 작은 공원과 조각 설치물이 세워져 있다. 이 설치물은 세부의, 또는 필리핀의 지난 주요 역사를 아주 간략하게 압축하여 표현해 놓은 것인데. 스페인의 침략, 전쟁, 가톨릭의 신앙적 의미 같은 것들이 함께 조형되어 있다. 그리고 그 기념공원 위쪽 너머에는 조금 넓은 공간이 나오는데 지역 소방서다. 그 앞 공터 콘크리트 바닥에는 농구코트가 있고 거기서 웃통을 벗어던진 까만 아이들이 뛰어놀고 있다. 맨발로, 또는 싸구려 슬리퍼(일명 '쪼리')를 신고 아이들이 농구를 하고 있다. 어려서부터 필리피노들은 그 쪼리를 신고 뛰고 구르고 지프니를 쫓아 질주하고, 운동도 하고, 실로 자기 맘대로 자유자재다. 그 민첩성이 운동화를 신은 나만큼 빠르고 자유롭다. 때론 그 모습이 참 신기하고 경이롭기까지 하다. 마치 몸의 일부처럼 달라붙어 있다. 웬만해서 발에서 떨어지지 않는다. 그 발은 또 왜 그렇게 새까맣게 그을려 퉁퉁 부은 듯 못생겼는지… 아니, 쪼리를 신고 거칠게 삶 속을 활주하며 생겨난 당연한 모습일 것이다(그걸 옆으로 퍼진 '개구리 발'이라고도 한다). 그것도 이곳(가난한 사람들의, 비싼 운동화를 신지 못하는, 물론 더워서 귀찮아하기도 하고, 그래서 몸에 습관도 되지 않는) 삶의 한 유산인 것이다. 이곳 꼴론 지역에서 더 깊숙한 삶의 공간으로 들어가 본다고 하면, 바닷가 쪽 더 가깝게 면해 있는 카본 마켓(Carbon market)이나 그 주변을 이루고 있는 거리와 골목, 빈민주택가로 들어가 볼 수도 있다. 필리핀의 빈민가는 주로 바다 근처 오염된 하구 (하수구) 쪽에 부실하고 비좁은 목조주택들로 따닥따닥 붙어 있다. 그 곳에 가면 생선 썩은 냄새 같은, 또는 짙게 오염된 물 냄새 같은 악취 가 진동한다. 때론 쓰레기 언덕들이 있고, 그 삶의 모습은 앞선 상업 지구의 꼴론보다도 더 안쓰러운 느낌이다. 하지만 그 안됐고 착잡한 내 심정, 무겁게 가라앉는 내 마음에 비교하자면 그곳 거리, 골목 아 이들의 표정은 무척 해맑고 밝다. 그런 어둠과 고행의 티가 별로 없 다. 그 아이들에게는 그것이 안쓰럽고 참혹하고 불행하다는, 뭐 그런 마음(감정)의 분별 자체가 애초에 없어 보인다. 많지 않다. 별로 없다. 그 서글픔 안엔 다른 차원의 평화가 공존하고 있다.

나는 오물투성이의 바닷가 빈민촌 그 필리핀 아이들을 보면서, 내 가 얼마나 물질적으로 풍요로운가를 새삼 실감하게 된다. 우리가 생 각하는 아주 보잘것없는 작은 것에도, 그 아이들은 무척 행복해하고 감사해한다. 그것은 나의, 우리들의 오랜 옛 기억과도 겹친다. 그 아 이들의 해맑은 웃음 속에서, 내 행복의 초점을 어디로 맞추어야 하는 지에 대한 가르침 같은 것을 얻는다. 그리고 나는 나를 좀 더 잘 추 스를 수 있게 된다. 나를 잘 추스를 수 있다는 그것이, 나는 좋다.

세부의 콜럼버스 기념비

Heritage of Cebu monument

지금의 나에게 있어, 필리핀 세부에서의 많은 경험과 생각, 감정들은 좀 복잡미묘한 것이다. 하지만 나는 당시, 새로운 세상으로 거침없이 나가 보는 마음으로 가 봤다(빛이면서 어둠이고 어둠이면서 빛일 수 있는 곳).

좀 더 구체적으로 말하자면, '가난하지만 행복하게 살 수 있는 비법' 같은 것이 있을까? 있다면 그것은 무엇일까? 어떤 것일까? 만약 그런 것이 있다면, 난 배우고 싶었다. 그리고 많이 갖고 있으면서도 불행한 한국과는 좀 떨어져 지내고 싶었다. 행복의 개념을 거의 물질적 소유의 크기로 '더, 더, 많이'에 경쟁적으로 몰두하고 있는 듯했다. 물론 한국은 지금도 대체로 그렇다. 그런다고 그곳에서 더 많은 사람들이, 더 많이 가질 수 있는 것도 아니다. 머니게임의 속성이 그렇다. 본질적으론 마치 '폰지사기'의 구조 같은 것, 결국 많은 사람들이 돈을 잃고 극소수가 그 큰 뭉칫돈을 챙기는 것, 혹은 돈이 증발해버리는 모습으로 나타나기도 한다. 하지만 어쨌거나, 스스로 좀 더 행복해질 수 있는 방법 또한 아주 다양하다. 나는 그런 가치체계와 분위기, 압력이 지배하는 범위에서 좀 벗어나, 일정한 거리를 두고 싶었다. 나는 한국 사회 깊숙한 곳에서 내 자신에 집중하기 어려웠고, 주변의 그 진동에 휩쓸려 계속 내 자신을 헝클어뜨리고 있었다. 기준점을 잡기 어려운 문제들이 내 머릿속 허공을 떠돌아다녔고, 기준점을 잡아야 하는데, 그 하나의 기준점조차 잘 잡히지 않았다. 그리고, 그래서 힘들었다.

'이건 정말, 아닌 것 같은데…' 하는 생각을 자주 했다.

그런 인생의 슬럼프, 혹은 변곡점은 반드시 찾아온다(당신이 그 어떤 무엇을 추구하고 좇든, 그것은 찾아온다). 옆에 있는, 익숙한 사람들에 대한 권태로움처럼 반드시 찾아온다.

"자 그럼, 언제, 어디로 떠날까?"

나는 그런 생각을 늘 하고 있었다. 내가 좋아하는 스페인과 깊은 인연이 있는 나라, 필리핀이 나에게는 무척 친밀하게 느껴졌다. 그건 나에게 크게 보이는 것이었다(스페인에 정착할 수도 있었겠지만, 지금 그 이야기를 하자면 너무 길어진다. 나중에 할 수 있지 않을까).

그리고 틀림없이 필리피노들 대다수는 몹시 가난하지만 그것에 삶이 크게 짓눌려 살지는 않는다. 그냥 주어진 그대로 받아들여 산다. 그렇게 흐르는 삶의 결대로 산다. 그 결의 역방향으로 힘주지 않는다 (내 개인적 체험으로 보아도 그건 삶의 중요한 지혜 같다). 그런 삶의 풍경들은 분명 나에게 삶에 대한 어떤 번뜩거리는 아이디어의 일부를 제공해 주었다.

불행을 피할 수 없는 조건이 '가난'은 아니다. 가난하다고 꼭 '불행'할 필요는 없다. 그리고 부족함(가난)의 정체는 지극히 상대비교적이다(지금의 한국, 그리고 한국인들은 결코 가난하지 않다. 기초적인 성실함만 있으면 얼마든지 풍족하고 행복하게 살아갈 수 있다). 실제로 가난, 그 자체 때문에 불행을 느끼는 것은 아니다. 그 마음이 불행하기 때문에 불행해지는 것이다. 또는 그 삶의 내용이 가난하고 불행해서다. 불행은 스스로 만들어낸 것일 가능성이 높다. 우린 자신의 행복한 선택을 스스로 할 수 있다. 하지만 불행의 바탕으로부터 빠져나오는 그 선택엔 용기가 필요하다. 물론 내 행복이 당신의 행복이 되진 않는다.

필리핀에서 지내는 동안 나의 불평불만이 어느 순간 서서히 줄어들기 시작했다. 그런 것들이 점점 사라지고 있었다. 그리고 잊고 있던 생활의 아주 작은, 많은 것들에 감사할 줄 알게 되었다. 한국의 삶에서 느껴지던 알 수 없는 허기와 심한 피로감 같은 것의 정체를 깨닫게 되기도 했다. 무조건 바삐 산다고 무슨 문제가 해결되는 것은 아니다. 그럴듯한 직업과 돈벌이에, 바쁨에, 정신없음에, 영혼 없는 삶을 마구 구겨 넣어 바삐 살면 살수록, 그 삶의 안쪽, 혹은 뒤쪽은 더욱 공허하고 허기가 지게 된다.

그렇다면, 삶에는 안으로 뜨겁고 깊은 무언가가 있어야 한다. 내적 풍요라고 할까, 그런 자기 자체 열원(熱源) 같은 것이 필요하다. 그것이 꼭 돈과 소유로 해결되는 것은 아니다.

그런 것을 찾을 수 있다면, 그런 것을 찾아가는 과정에 있다면 가난이 주는 조그만 불편함은 크게 문제될 것 없다. 부족함(가난)은 그저 이따금 아쉬운, 작은 불편함 같은 것일 뿐이다(물론 나는 부족함에서 오는 불편함보다, 홀가분함과 여유로움을 더 많이 느낀다). 오히려 검소함의 작은 불편함과 자기절제는 삶의 내면을 건강하고, 깊이 있게 해준다. 또 검소함은 '지나침'이 없기 때문에 마음 편하다. 아쉽고 섭섭한 마음이야 종종 들 수도 있겠지만, 뭐니뭐니해도 '사람은 마음 편한 것이 최고다.' 많이 가졌음에도 하나를 더 보태기 위해 기를 쓴다. 그 기(氣)를 쓰느라고 사람들은 마음 편할 날이 없다. 그렇게 기와 악을 쓰면서 피로와 고통의 물질을 체내에 끊임없이 분비시킨다. 그리고 그 피로와 고통을 남에게 전이(전가)시키기도 한다.

그런 의미에서 새로운 도전

인생에서 안으로 뜨겁게 솟구치는 열정을 느끼게 되고, 그 무언가에 치열하게 몰입해 도전해 보는 것에 있어, 그것이 그 무엇이든지, 또 어떤 상황과 나이에 있든지, 그 '도전' 자체가 무의미한 경우는 없다. 설령 그것이 세속적 판단으로 완벽한 실패, 패배로 끝나는 결과에 봉착했다고 하더라도 말이다.

그 실패와 열정의 모든 자산들, 경험들은 우리들의 몸과 정신에 하얀 별처럼 박혀 있다. 어디로 도망가지 않는다.

하지만 이런 것은 분명 있다. 그런 실패의 과정을 결국 '무의미'한 것으로 만드는 것은, 다름 아닌 바로 우리 자신, 나, 스스로에게 있다는 사실(진실 타입1). 그 말(진실)인즉슨, 우리 스스로가 그 실패(도전)의 시간을 의미 있는 것으로 만들기도 하고, 또는 의미 없는 것으로 만들어버리기도 한다는 것이다. 내 자신이 바로 그 의미와 무의미의 주체다.

그 실패와 과정, 도전 자체는 무의미하지 않다. 그 도전과 실패 속에는 어디서도 배울 수 없는 자기교훈이 있다. 또 다른 새로운 도전을 위한 큰 자양분이 당신의 몸속에 저장된다. 또는 그 실패 과정을 통해 인생의 방향(지향점)이 변화하는 큰 깨달음을 얻기도 한다. 자신이 뭘 좋아하는지, 무엇을 해야 할지에 대한 큰 영감을 얻기도 한다. 아직 당신이 진정으로 뭘 원하는지 모를 때, 그걸 알아가기 위한 과정으로서 어떤 도전과 실패가 필요해진다.

삶은 일생 동안 변이(變異)한다. 남을 대충 따라가는 것이 아니라,

그런 자신만의 도전이 필요하다. 남을 대충 따라가는 것으로 자신의 삶을 충분한 영양분으로 채우기 어렵다. 당신의 깊은 곳에 있는 삶의 허기를 해결하기 어렵다. 누구나 자신만의 것이 있다. 각자가 갖고 있는 삶의 의미도 그곳에서 나온다.

다만, 그 시간 속에서 내가 뭘 기억해내야 하는지 알아야 한다. 스스로 의미 있는 고민을 해야 한다. 지난 실패와 도전, 그 과정을 통해 나는 무엇을 배울 것인가, 무엇을 내 안에 항해의 기록으로 남길 것인가.

다시, 실패 그 자체는 무의미하지 않다. 그것이 어떠한 모습의 것이든, 내 안의 것들이 결국 최종적인(결론적인) 실패를 만들어낸다.

자신만의 '인생창작(人生創作)'이 필요하고, 그래서 중요하다. 삶과 인생의 기반, 플랫폼의 구조는 비슷하다. 따라서 당신만의 삶의 주제(화두)를 찾는 것이 무엇보다 중요하다. 당신만의 것으로 그 삶의 플랫폼을 구축하면 된다. 남이 아닌 당신만의 것으로, 당신에게 잘 맞는 것들로 그 삶의 골격을 짜맞추면 된다. 자기 스스로 자기 환경을 만드는 것과 비슷하다.

오래전, 전설적인 F1 레이싱 드라이버였던 이탈리아계 미국인 마리오 안드레티(Mario Andretti)는 이렇게 말했다.

"Se hai tutto sotto controllo significa che non stai andando abbastanza veloce(세 아이 투또 소또 콘트롤로 시니피카 께 논 스타이 안단도 압바스탄사 벨로체)=If there is all under control, it means that you don't stay running at your full speed=만약 모든 것이 완벽하

게 통제되고 있다면, 그건 당신이 지금 전속력으로 달리고 있지 않다는 것을 의미한다."

결국, 나중에는 타(他), 환경적인 모든 것들이 완벽하게 통제될 수 없다. 그것 자체가 불가능하다. 남들을, 환경을 자기 입맛대로 통제할 수 없다. 자기 자신을 위해, 자신을 올바로 통제하는 것이 가장 중요하다. 그것은 충분히 가능한 것이다. 당신만의 것을 위한 도전과 실패가, 그런 과정들이 오히려 완벽한 당신의 인생을 완성해 줄 것이다. 그것이 당신만의 '인생창작'을 완성해 줄 것이다. 그것이 당신만의 삶과 인생을 유연하고 지혜롭게, 현명하게 통제할 수 있도록 도와줄 것이다.

그 전에 전속력으로 달리다가 좀 부딪치고 깨지고, 그래서 아프고 아물고 하는 것은 '영혼의 거름' 같은 것이다. 그 '완성'도 그 '완벽'도 내 자신, 당신 안에 있다. 결코 나의 바깥에 있는 것이 아니다. 의미(meaning)도, 무의미(meaningless)도 그렇게 생겨난다.

3
지금 하고 싶은 것이 없는 게 잘못은 아니다

아주 우연히 가수 아이유(IU)의 일본 팬미팅 장면 동영상을 보다가 발견하게 된 것이다. 꽤 오래전인 것 같은데, 하지만 그건 나에게 있어 하나의 큰 발견이었다.

일본의 한 어린 팬이 아이유에게 질문을 했다.

"자기가 하고 싶은 게 뭔지 모를 때, 하고 싶은 것이 정말 뭔지 모르게 돼버렸을 때, 어떻게 해야 하나요?"

이제 갓 스무 살인 아이유의 답변은 대강 이런 투였다.

"그것은 아주 지극히 자연스러운 일입니다. 그리고 지금 하고 싶은 것이 없다는 게 무슨 잘못도 아닙니다. 오히려 그것은 굉장히 편안하고 자유로운 상태의 가능성입니다. 반대로 하고 싶은 것, 그런 욕심이 너무 크게 생겨날 때, 삶이 일그러지고 힘들고, 고통도 생겨나지 않을까요?"

나는 혼자 잔머리를 달그락 소리 내어 열심히 굴리며 아이유가 어떤 답변을 할까, 그 짧은 찰나를 초조하게 기다리고 있었다. 그리고 그 답변에 나는 큰 감명을 받았다. 그 순간 그녀에게 큰 존경심을 갖게 됐다.

특히, 늘 욕심내어 하고 싶은 것이 많았던 나에게는 그 말이 더욱 크게 증폭되어 다가왔다. 그 큰 전체의 그림을 그릴 수 있게 해주었다. 전체적으로 돌아가고 있는 모습을 유념할 수 있게 해주었다.

난 그런 남들의 고민에 좋은 대답을 갖고 있지 못했다. 내 주변에도 그런 고민을 토로하던, 그게 미치도록 답답해서 어젯밤 엉엉 울었다는, 고등학교 졸업을 앞둔 한 여자아이가 있었다.

"내가 뭘 좋아하고, 하고 싶은지 모르겠어요."

잘 알지 못했다. 남의 일처럼 방관했다. 그 아이의 고민 앞에, 난 꼼짝할 수 없었다. 그땐 그랬다. 우린 얼마나 너를 위해 아파해줄 수 있을까?

하고 싶은 것이 없다는 것은 나에겐 이상하다. 하지만 난 하고 싶은 것이 많은 만큼, 하고 싶지 않은 것은 안 한다. 그런 고집이 센 편이다. 나름 그런 까칠함이 있다. 대충 유하게 넘어갈 수도 있는데, 대충 타협하듯 넘어갈 수도 있을 텐데….

가끔 그걸 잘 하지 못한다. 그래서 문제를 만들곤 했다. 어느 순간, 인내심이 있지만, 지나친 단계로 넘어서면 내 얼굴 안에서 그 거부감과 불쾌함을 숨길 수가 없다(난 그게 내 팔자려니 생각하고 산다).

난 그렇게 하고 싶은 것을 하는 대신, 하고 싶지 않은 것은 하지 않는다. 특히 내 자신이 몹시 불쾌해지는 것들….

조직 안에서 오랜 시간을 함께하며 그런 가치 혹은 가치관과 의식과 강요에 의한 충돌을 내 자신이 수용할 수 없었다(그리고 몹시 지치고 피곤했다).

그래서 쓸데없는 불이익을 만들어내기도 했는데, 그러나 돌이켜 보면 어린 내 잘못도 많았던 것 같다. 때로 대드는 듯한 내 태도가 옳다고만 볼 수는 없다(그건 단지 방법론적인 좌절이라고 말해야 할까).

누구나 다 고민은 있다. 하고 싶은 것이 있든, 없든, 이 세상 누구나 다 자신만의 고민이 있다. 반짝거림 뒤에는 반드시 어두운 그늘이 있다. 환하게 빛을 받는 앞쪽 뒤에는, 반드시 그로 인해 그늘진 어두운 뒷면이 존재한다. 그 빛이 어둠을 만들어낸다.

당신이 지금 하고 싶은 것이 없는 것이, 무슨 잘못은 아니다. 없다면, 그냥 그대로 지극히 자연스러운 일이다. 그냥 그렇게 흘러가도록 내버려둬야 할 것 같다. 그러다 어느 때, 뭔가 하고 싶은 일이 생기기도 하지 않을까?

편안하고 자유로운 상태로 나를 들여다 볼 수 있을 것 같다. 그것 자체가 순백색의 가능성이다. 오히려 없는 무엇을, 남들을 따라 쥐어짜다 보면 일상이 일그러지고 힘들다. 또 거기서 불필요한 고통도 생겨날 것 같다. 하고 싶을 때 하면, 아마 그것이 무척 즐거울 것이다.

그때, 하면 된다. 인생은 생각보다 아주, 아주 길다.

그때, 나 자신 속으로 치열(熾熱)해지면 된다. 인생에 한두 번쯤은 무척 뜨겁도록 치열한 나도 좋지 않은가.

그저 다가오는 여러 가지 가능성에 마음을 열어 놓고 있으면 된다. 마음만 제법 넓게 열려 있으면 된다.

다만 염려스러운 것은, 닫혀 있으면 이 세상의 많은 것들을 보지 못할 수도 있다는 것이다. 닫혀 있으면 많고 다양한 자신만의 가능성을 열어나가지 못할 수 있다. 닫혀 있지만 않으면 된다. 그럼 언젠가 넓은 곳으로 열려 새처럼 날아갈 것이다. 개방형. 좀더 하이브리드하게 (하지만, 때로 생각, 어떤 사고는 하나의 폐쇄공간이 된다).

그러나, 뭔가를 찾아보려 해도, 무던히 나름 노력해 봐도, 무언가를 찾고 싶어도 찾아내지 못하는 시간이 있다.

좀 더 시간(時間)이 필요하다. 누구에게나 그런 시기가 있다. 아무리 찾아도 당장 찾아지지 않는….

어떻게 하는 것이 잘 하는 것인지 모를 때, 혼돈스럽고, 그게 힘들 때.

멍한 듯 시간을 두어야 한다. 그럴 때 차분한 여행을 해 보자. 무조건 바빠 산다고 무슨 문제가 해결되는 것은 아니다.

하지만 소리 없이 뭔가가 내 밑에서 발효되고 숙성되는 시간이다. 그건 신비한 효력으로 나타나곤 하는데, 잘 보이지 않을 땐 그곳으로부터 거리를 좀 두는 것도 좋다.

4
밤비 소리

눈을 감고 창가의 빗소리를 듣는다. 무더운 여름을 지나 가을로 향하는 밤공기는 제법 서늘하고 차가워졌다.

얇은 이불로 살을 덮는다. 빗소리가 잠시 잦아드는 그 빈 공간 사이로 들려오는 청아한 풀벌레 소리.

눈을 감고 있지만 잠들고 싶지 않다. 잠들면, 이 행복감을 느낄 수 없을 테니깐. 눈을 감고 그 빗소리를 쫓아 듣는다.

하지만 그 자장가 같은 밤비 내리는 소리에 결국 나는 스르르 잠이 들고 만다.

'나는 어디로 가고 있는 것일까? 꿈속에도 이 빗소리가 들릴까?'

아득해지는 의식의 저편에 오직 풀벌레 소리만 희미하게 들려온다.

때로 우린 그렇게 회복된다.

삶은 복잡하지 않다.

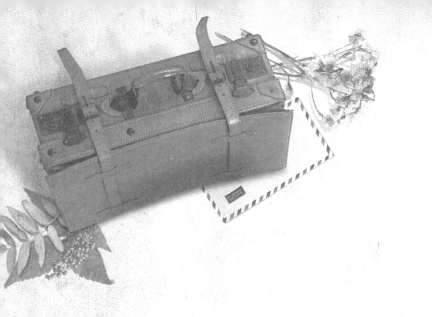

3부

흔들거리며 열린다

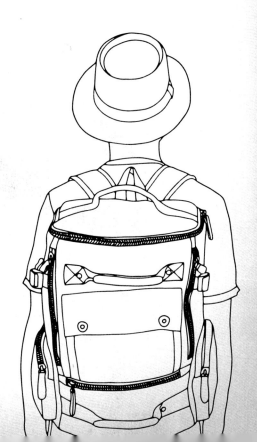

1
하노이 호안끼엠의 밤공기

지리적 하노이 1

하노이 도심 중앙에 마치 도시의 심장처럼 자리 잡고 있는 길이 700m, 폭 250m의 아담한 호안끼엠 호수(Ho Hoam Kiem, Ho=Lake)는 하노이 시민들에게 정신적으로, 육체적으로, 더불어 영적으로 큰 휴식과 안식의 장소가 돼 주고 있는 것 같다. 그리고 하노이를 관광하는 외국인이라면 이 호안끼엠을 이정표로 삼아 움직이는 관광동선을 그리면 비교적 '지리(地理)적 하노이'를 좀 더 쉽게 이해할 수도 있을 것 같다. 나는 그런 식으로 하노이를 즐긴다.

그 호안끼엠 호수 바로 위쪽으로 올라가면 낡고 오래된 정글의 미로같은 구시가지가 나온다. 11세기 때로 거슬러 올라가야 하는 그 역사의 잔향을 투박하게 풍기는, 모세혈관과도 같은 옛 모습의 좁은 골목과 골목, 그 미로의 길들을 따라 헤집고 헤집어 나아가다 보면 그 끝에 '동쑤언'이라는 하노이의 가장 큰 시장이 나온다. 그러고도 거기서 더 걸어 올라가면 롱비엔 기차역과 북동쪽으로 하노이의 큰 젖줄인 홍강(江)이 멀리 눈에 들어오는데, 우선 그 앞에 홍강을 길게 가로지르고 있는 롱비엔 철교가 마치 철골괴물처럼 시야를 딱 막아선다.

이 철교의 전체 길이는 약 2.5㎞에 이른다. 프랑스 파리의 심볼인 에펠탑의 설계자이자 철골 건축물 설계의 귀재, 구스타브 에펠이 직접 설계한 것이고 1899년 착공하여 1902년에 완공한 다리다. 파리의 에펠탑이 1887년 공식적인 건립 계획안이 발표되고 1889년 완공된 것이니, 에펠탑이 완성되고 약 10년 후에 이 롱비엔 철교가 프랑스의 아시아 식민지, 베트남 하노이에 세워진 것이다(구스타브는 사이공에도 그의 디자인을 남겼다). 그러니 롱비엔 철교도 나름대로 110년이 훌쩍 넘은 역사적이고 기념비적인 건축물이 되는 것이다. 구스타브 에펠이라는 엔지니어를 매개로 그 다른 시간과 공간, 파리와 하노이는 서로 좀 어색하기는 하지만 그렇게 보이지 않는 선(線), 인연으로 연결되어 있다.

정수복의 『파리의 장소들』이라는 책에 보면 아래와 같은 설명이 있다.

'…파리 교외 르발루아에 있는 주물공장에서 만들어 온 에펠탑의 부품들을 150명의 노동자가 21개월 동안 일하여 조립을 완성했다. 주말도 없이 여름에는 하루에 15시간씩, 낮이 짧은 겨울에는 하루에 9시간씩 일했다. 임금 인상을 요구하는 파업이 있었지만, 사고로 인한 사망자는 없었다. 그렇게 해서 에펠탑은 1889년 세계 만국박람회 개막일 일주일 전에 완공되었다.'

에펠탑의 총 높이는 318m이고 옆으로의 더미는 130m가 된다.

구스타브 에펠은 당대의 많은 비난과 모욕 속에서, 19세기 산업화 시대의 고철 유물과도 같은 에펠탑을 '현대'로도 계속 이어지고 있는 아름다움과 우아함에 대한 새로운 욕구(욕망)로, 새로운 해석을 창조하듯 파리 위에 만들어낸 엔지니어다. 또한 롱비엔 철교를 디자인한 엔지니어이기도 하다. 에펠탑이 없는 파리는 상상할 수조차 없을 만큼 허전할 것이다.

프랑스인들의 독특한 식민정책 중에 하나는 프랑스 현지에서 직접 공수한 건축자재와 자신들만의 설계로 식민지의 상징적 건축물들을 공들여 짓고 있었다는 것이다. 보통의 경우라면 어떻게든 식민지에서 나오는 것들을 모두 파헤치고 약탈하고, 심지어는 그것들을 프랑스로 실어 날라도 시원치 않을 판에(물론, 프랑스가 그런 행동을 하지 않았다는 것은 아니다. 캄보디아에서, 또 다른 곳들에서 엄청난 역사적 유물들을 훔쳐 갔다), 그 먼 바닷길을 거슬러 프랑스에서 운반해 온 건축자재로 그 건축물들을 짓고 있었다는 것이다. 이 롱비엔 철교도 당시 프랑스에서 공수해 온 철로 만들어진 것인데 19세기 당대 프랑스는 세계 최고의 철강기술을 갖고 있었다. 하지만 그것은 어쩌면 프랑스 식민지, 프랑스의 일부가 되려는 국가는 "완벽한 프랑스의 것으로 만들어지지 않으면 안 돼!"라는 프랑스적 고집과 자존심, 또는 그런 오만함이 한데 뒤섞여 있었을 것이라는 생각을 하게 된다. 그리고 영원히 자신들의 식민지로 남아 주기를 바랐을 것이다(프랑스는 아시아의 식민지에 유난히 집착하며 매달렸다). 동양, 인도차이나의 또 다른 프랑스로, 파리로 남아주기를 간절히 원했던 그들의 의지와 생각과 바람이 그곳에 함께 투영되어 만들어진 것인지 모른다. 그런 역사적, 문화적, 욕망적 발자취의 건축물들일지 모른다.

물론 그러한 식민의 흔적들이 어쩌면 베트남을 비롯한 피식민지배 국가들에게는 부끄러운 기억의 잔상이 될 수도 있겠지만, 어쨌든 현재 베트남 호치민(사이공)을 중심으로 많이 남아 있는 프랑스 식민시대의 아름다운 건축물들은 베트남의 훌륭한 관광제재(題材)가 되고 있는 것 또한 엄연한 사실이다. 그러나, 굳이 독자 여러분께 아열대 먼지가 풀풀 날리는 그 롱비엔 철교까지 가 보실 것을 권하고 싶지는 않다. 그런 역사적 시간과 사실을 멀리 한 채, 그곳은 이제 일상적인 공간의 범위를 절대 넘어서지 않는다. 현재 롱비엔 철교에는 롱비엔 기차역을 지나는 철길이 한가운데로 길게 나 있고, 그 중앙을 느리고 낡은 열차가 이따금 지난다. 그리고 그 기찻길 양쪽 난간처럼 연결되어 있는 공간은 작은 오토바이들이 열심히 지나다니고 있어서, 아침 출근시간에는 마치 폭포수처럼 이곳 하노이 중심부로 쉴 새 없이 쏟아져 들어온다.

롱비엔 기차역

하노이 오페라하우스

    그리고 다시 호안끼엠 호수의 아래, 남동쪽의 블록으로 내려가 보면 하노이 오페라 하우스나 역사박물관 같은 프랑스 식민 시절의 아름다운 근대 건축물들이 있고, 그 거리를 따라 나름의 럭셔리한 브랜드들의 매장이 함께 줄지어 있다. 그리고 다시 그 반대편인 왼쪽, 호수의 남서쪽으로 내려가 보면, 많이 낡고 허름한 모습이기는 하지만 나름의 파리 노트르담 성당의 실루엣을 연상케 하는, 보다 작은 모양의 성 요셉(Saint Joseph, 생 조세프) 성당이 있고, 그곳에서 더 남서쪽으로 걸어가면 1896년 프랑스 식민정부가 건설했던 '호아로 수용소'라 불리던 베트남 최대의 정치범 수용소 건물이 나온다. 그리고 가까운 곳 바로 아래, 15세기에 건축된 아름다운 불교사원 꽌쓰가 사람들이 소원을 비는 향냄새와 연기를 진동시키며 그 영적 기운을 주변 거리로 흘려 내보낸다. 거기서 더 남서쪽으로 진격해 가면 하얀색 본관 건물에 빨간색 큰 글씨로 써 있는 하노이 기차역, 가 하노이(Ga Ha Noi, Ga=Station)를 만나게 된다.

베트남에서는 기차를 타 보는 여행도 그 정취가 좋다. 기차역의 허름한 철로 위에, 사람들이 서성이는 낡은 대합실 안에, 열차 안의 소박한 사람들의 표정 위에, 느릿느릿 달리는 기차의 창문 밖 풍경 속에 사람 냄새가 진하게 풍겨온다. '그래 사람 냄새, 삶의 향기가 바로 이런 것이었지…' 하고 나는 내 어린 시절 보드라운 살갗에 닿는 기분을 느끼곤 했는데, 삶의, 노동의 땀 냄새 같은 것, 그건 마치 서서히 미끄러져 다른 시공간으로 향하는 타임머신과도 같았다. 그런 기분 속을 덜컹거리는 것과 비슷하다. 그럴 때 그곳의 시간은 나를 부드럽게 쓰다듬으며 솜털처럼 흘러갔고, 나는 나른한 행복감에 젖었다.

그래서 나는 그 툴툴거리는 열차 속에서 '행복'이라는 감정을 생각해 보게 된다. 그리고 '행복하다'라는 감정은 그렇게 아주 작고 사소한 것에 있다는 것을 깨닫게 된다. 지금 내가 내 안에 얻고 있는 것처럼…. 행복은 몸과 마음에 힘이 잔뜩 들어가 있는 '소유'의 개념이 아니다. 그냥 어느 순간 벌컥 느끼는 것이다. 자신의 감정을 가장 편안한 상태로 내버려둘 때, 나른한 기운처럼 몸 안에 스며들어온다. 그렇게 순간 느끼고 얻는다. 자신을 편안하게 내버려두는 것('나'라는 존재의 응집에서 최대한 힘을 뺄 때), 그 찰나에 존재하는 것. 그런 소중한 순간들을 놓치지 않는 것, 그런 순간들을 내 몸으로 기억하는 것.

행복은 소유할 수 없다. 당신의 상태에 따라 들어왔다, 머물렀다, 빠져나간다.

Organized Chaos, 삶의 혼돈 속 여유

그런데, 프랑스의 예술적 취향의 영향일까? 하노이에는 그림과 각종 예술품, 작품사진 같은 것들을 파는 예술품점, 화방, 아니면 그런 골동품 가게 같은 것들이 도시 곳곳에, 동네 구석구석에 한가로이 놓여 있다. 그리고 그런 일상의 예술적 쉼터, 쉼표 같은 공간이 그 도시 정취를 다르게 느끼게 하는데, 마치 바쁜 도시 속 아주 작고 느린 미술관처럼 여유로운 꽃향기를 풍겨낸다. 먹고살기 힘들어 아등바등하는 듯한 사람들의 도시라고 보기 어려울 만큼 예술적 풍류가 곳곳에 숨 쉬고 있다. 삶의 도시 안에는 그런 여유로움이 좀 있어야 한다. 부족하게 살더라도 그런 삶의 물기 같은 여유와 풍류는 좀 갖고 살아야 한다. 그리고 그런 것을 생활 속에 품고 살면 정신건강에도 좋다. 그 행위의 여유와 사유의 물기가 마음을 부드럽게 해주기 때문이다. 꼭 돈이 있어야만 그런 것을 즐길 수 있는 것은 아니다. 오히려 '바람직한 풍류(風流)'라고 하는 것은 '물질'보다는 '정신'에서 비롯된다. 군이 있어 보이는 비싸고 유명한 오페라 공연 같은 것을 보러 갈 필요도 없다. 그런 잘 알지도 못하는 전문용어를 읊어댈 필요도 없다. 그림이나 미술, 시(詩), 사진, 문학 또는 좀 더 깊게 감상해 볼 수 있는 음악, 뭐 그런 것들을 소박하게 즐길 수 있다. 그런 예술과 감상, 마음의 휴식처는 이 세상에 얼마든지 많고도 많다.

가족들이 식사하는 테이블 위 유리병 안에 향긋한 한 송이의 생화(生花)를 꽂아 놓을 수 있고, 계절의 생기를 탐스럽게 보여주는 식물을 작은 물병 안에 담아 놓을 수도 있다. 그런 작은 여유만으로도 예술과 감상과 쉼(休)은 성립한다. 자연의 봄을, 가을을, 미동(美動)하는 계절의 홍분을, 방 안에, 내 마음 안에 놓아두는 것이다. 그렇듯 예술과 풍류는 정신과 마음에 있다. 그렇게 마음을 느슨히 배치시켜 놓는 것. 뭔가 공격대형을 갖추는 것이 아니다. 빠르게 내닫던 일상의 속도를 아주 느리게 기어를 변속해 놓는 것. 툴, 툴, 툴 하면서 시간보다 느리게 가는 것.

어쨌거나 하노이에는, 도시의 바쁨 속에도, 부족해 보이는 가난 속에도 그런 여유가 느껴지곤 한다. 지독해 보이는 생활력(베트남인들 특유의 영리함과 독함) 속에서도 그런 여유를 느끼게 한다. 그런 것들을 놓치지 않으려는 모습이 내 눈에는 보인다.

그리고 하노이의 도시 내부는 비교적 풍성한 가로수와 아열대 녹지들이 이 도시를 잘 감싸고 있다. 검은 구름처럼 쉴 새 없이 내달리는 오토바이들의 나쁜 공기를 모두 분해하고 정화시키기에는 역부족이지만, 초록빛으로 늘어진 아열대 우림의 가로수, 그리고 거대한 나무들의 풍성한 잎과 가지들이 오토바이에 지친 내 시선을 잠시 달래 준다(하지만 요즘 급속한 산업화로 공기와 물 오염이 더욱 심각해지고 있다). 그리고 베트남에서 빼놓을 수 없는 심볼인 오토바이 얘기가 나온 김에, 하노이나 호치민 같은 대도시 또는 베트남의 어디를 가나 쏜살같이 몰려다니는 오토바이 떼가, 길을 건너고 둘러 구경하며 보행해야 하는 여행객들에게 약간의 근심거리가 될 때도 있다. 길 건너는 타이밍을 잡기 쉽지 않다. 신호등이 없는 곳도 많다.

하지만 방법은 아주 간단하다. 아무 걱정 없이 그 오토바이의 급류 속으로 자신을 천천히 내맡기면 된다. 그럼 오토바이들은 알아서 당신을 물처럼 쓱 비켜 지날 것이다. 오히려 급하게 뛰거나 갑작스레 당신의 의도와 판단을 넣어 행동하지 말라. 시야에 보이지 않는 사각지대 어디에선가 오토바이가 달려오고 있을지도 모르기 때문이다. 그럼 자칫 큰 상해의 사고가 날 수도 있다.

내가 처음 베트남을 방문했을 때 호치민 팜응우라오 거리의 한 카페에서 만났던 베트남 점원은 그것을, '정리정돈된, 제법 잘 조직된 혼돈(Organized Chaos)'이라고 표현했다. "걱정할 것 없이 그 혼돈에 그냥 당신을 맡기세요. 상황이 알아서 잘 정리될 겁니다. 오히려 급히 뛰지 마세요…" 그리고 참으로 그랬다. 나는 베트남에 가면 산책하듯 그저 천천히 그 오토바이의 물결 속을 걷는다. 예측할 수 있을 만큼 천천히…. 그리고 그 격류 속에서 나는 문득 그런 생각이 들었다.

어떤 섬광 같은 깨달음, 그런 것. 삶과 인생의 문제들도 생각보다 그렇게 어렵지 않다는 것이다. 오히려 인생과 삶과 현실을 정말로 어렵고 힘들게 만드는 것은 내 머릿속에 복잡하게 얽혀있는 생각과 계산, 불안, 두려움, 그렇게 잔뜩 끌어모은 걱정거리들 때문이라는 것을. 실제로의 현실은 그만큼 어렵고 복잡하지 않다.

단순화하면 해법이 아주 쉽게 보인다. 내 생각과 계산이, 불필요한 걱정이, 그곳에 끼인 복잡한 감정이 현실을 어렵고 힘들게 만든다. 그리고 그게 실재(實在) 현실이 된다.

좀 더 단순하게 머리를 씻어낼 필요가 있다. 그리고 아무 것도 모를 뿐인 마음으로 나를 그곳에 내맡길 수 있다. 그럼 오히려 본질(핵심)에 더 쉽게 다가설 수 있다. 단순화할수록 선명해지고, 현상의 본질에 쉽게 닿는다.

지리적 하노이 2

그리고 또다시 호안끼엠 호수를 걸어 본다. 호안끼엠에서 아직 가 보지 않은 서쪽을 살펴보자. 호안끼엠 호수의 바로 옆 서쪽을 이루는 큰 구역은 저렴한 숙소들은 물론 다양한 호텔, 그리고 그 거리, 골목 사이로 각양각색의 레스토랑이나 베이커리, 쌀국수집, 카페 등이 빼곡히 들어차 있어, 항상 세계의 많은 여행자들로 들썩이는 동네다. 그 동네의 풍경이 구시가지와는 또 다른 느낌을 준다. 그리고 호수의 그 반대 건너편 동쪽에는 인민위원회 청사, 중앙우체국 그리고 오늘날 천 년 고도(古都)의 하노이를 있게 한 인물인 리타이또 황제의 동상과 함께 제법 큰 광장이 나오는데, 그곳에서 스페인어의 라틴음악을 크게 틀어놓고 약간은 요염한 살사 춤을 추고 있는 아줌마와 아저씨들을 목격하게 되기도 한다. 그런데 그 춤사위가 조금은 부끄러운 것인지 동상 앞쪽의 넓은 광장 전면에 나와 춤추지 않고, 동상 뒤쪽에 약간은 수줍게 들어앉은 자리에서 춤을 춘다. 하지만 그래도 그런 여름의 야외 무도회장이 건전하고 밝아 보여 좋다. 마치 야외 스포츠처럼 건강해 보인다. 그런 뜨거운 춤이라고 한다면 아르헨티나의 탄고(Tango)를 또한 빼놓을 수 없을 터다. 나는 팔짱을 끼고 빙그레 웃으며 그 광경을 잠시 살핀다. 그리고 거기서 동쪽으로 계속 더 나가면 하노이의 남북 방향으로 흐르는 홍강을 다시 만나게 되는데 그쪽은 더 이상 특별한 볼거리가 없는 평범한 주택가다.

그리고 아까 구시가지 얘기를 하면서 하나 건너뛴 것이 있는데, 처음 호안끼엠 호수의 바로 위쪽인 구시가지, 그리고 거기서 더 올라가면 거대한 동쑤언 시장, 롱비엔 철교가 나오는 그 서두의 구시가지, 미로와 같이 골목과 골목이 얽히고설켜 있는 동네. 이곳을 다닐 때는 나름 방향감각을 잘 잡아 놓아야 한다. 길 잃어버리기 쉽다. 나도 종종 헤매곤 했다. 그리고 이곳이 내가 하노이에서 가장 술 마시기 좋아하는 장소이기도 하다(프랑스 파리에서 가장 좋아하는 곳은 노트르담 성당 뒤 강둑).

　하노이에 가면 나는 '틀림없이' 그곳 구시가지 거리의 목욕탕의자에 앉아 맥주 한잔을 하곤 한다(그 중심부를 '맥주거리'라고 부르기도 한다). 그곳에서 하노이의 아이코닉한 밤을 즐길 수 있다. 저렴한 맥주(비아허이, Bia Hơi=생맥주를 뜻함)와 현지인과 온 세계의 관광객들이 모인 소박하면서도 무척 정겨운 파티가 그곳에 있다. 그곳에 앉아 맥주를 홀짝거리고 있노라면, 삶의, 사람의 진한 향기를 느낄 수 있는데, 하노이의 밤은 그 노란 불빛 아래 한가롭게 풀어져 있고, 행복이라는 것은 지극히 사소해진다.

　그리고 드디어, 나름 하노이에서 가장 중요한 호수의 북서쪽으로 관광을 떠날 차례다. 하노이 기차역 너머 북서쪽에는 바로 중국 산둥성(山東省), 공자의 고향 취푸(曲阜, 곡부)의 공자 묘를 그대로 본떠 만든 문묘(文廟)가 크고 길쭉한 정원처럼 펼쳐져 있다. 그리고 그 위로 베트남의 전쟁과 독립의 역사를 한 눈에 살필 수 있는 군사박물관과 그 주변에 하노이 미술박물관이 있고, 그리고 그 근처에는 철저한 반공교육(의식)에 익숙한 우리들에게는 머리카락이 쭈뼛쭈뼛해질 수 있는 장소, 레닌 공원이 레닌의 동상과 함께 딱 버티고 서 있는데(1988년 서울올림픽 개최 이후인 1989년에야 해외여행 자유화가 됐고, 1992년까지도 반공교육 같은 것을 이수해야 해외에 나갈 수 있었다), 그리고 중국대사관이 있고, 그렇게 나도 모르게 주변을 빙글빙글 돌아다니다, 나를 화들짝 놀라게 하는 '김정일 사진'을 발견하게 됐다. '이런, 뭐야? 뭐지!' 정신을 수습하고 찬찬히 이곳저곳을 둘러보니, 바로 북한대사관이다. 처음엔 동네 개처럼 마구 쏘다니다가 느닷없는 장소에서 정말 깜놀. '이상한 나라의 앨리스(지금까지는 그렇지 않은가. 하지만 이제 대한민국은 좀 더 큰 경제적 영토 확장이 필요하다. 그러나 늘 윗동네가 문제다)' 같은 곳에 가 보려는 것이 아니라면 북한대사관은 좀 에둘러 피해 가도 좋을 것 같다.

그리고 그렇게 어슬렁 조금 더 위로 올라가면, 길고 드넓게 펼쳐진 공간이 나오는데 그곳이 바로 1010년 리타이또 황제가 탕롱(하노이의 옛 이름)을 수도로 정하고 축성한 하노이 시타델(Citadel, Imperial City)이다. 거대한 황궁도시라고 보면 되는데, 현재 지금은 지난 오랜 전쟁으로 인해 대부분의 건물들이 파괴, 소실되어 있고 또한 계속 군사지역으로 묶여 있는 곳이라 그 고성(古城)의 복원상태는 매우 미비하다. 따라서 직접 방문해보면 그 이름에 비해 생각보다 휑한 느낌을 준다. 거대한 고목들이 시원한 그늘을 만들며 바람에 흩날리고 있을 뿐이다. 그러나 그런 나름의 쓸쓸한 상실감을 어떻게든 보상받고 싶다면, 그리고 베트남 왕궁도시의 정취를 제대로 느껴 보고 싶다면 베트남 중부에 있는 고풍스런 도시, 후에(Hue, 훼)의 시타델을 보는 것으로 대신할 수도 있다. 그곳도 물론 전쟁으로 많이 소실되었지만, 그래도 그대로 남아 보존되어 있는 건축물들이 상당하고 또한 빠르게 복원 작업을 진행하고 있어 그 큰 모습을 둘러보고 느끼기에 손색이 없다. 나는 그곳에 가면 바삭한 기름기의 반코아이와 훼 맥주 후다(Huda)를 놓치지 않는다. 사람들과 도시의 분위기, 흐엉 강, 그 정취도 다른 베트남 대도시에 비교해 느긋하고 여유롭다. 주변에 응우옌 왕조의 아름다운 왕릉을 둘러보는 것도 참 좋다.

어찌 됐든 하노이 시타델의 그 큰 터는 그대로 비워져 있으니, 언젠가 만약 하노이의 시타델이 본래의 모습 그대로 복원될 수만 있다면 정말 멋진 모습이 될 것이다. 그 시타델의 완벽한 복원이야말로 어쩌면 하노이의 마지막 아름다움을 완성하는, 그 정점의 작업이 아닐까 하고 나는 생각한다. 하노이는 내가 알고 있고 체험한 세계의 많은 아름다운 도시들 중에 하나다. 하노이만의 수줍고 소박한 아름다움을 갖고 있다. 과장되어 있지 않은 그대로의 삶의 모습들이 있다. 촌스러우면 촌스러운 대로, 현대와 전통의 매력 사이에서 균형을 잡으려 한다. 그래서 나는 하노이를 좋아한다. 서로 대칭될 수 있는 호치민시와는 또 다른 시각적 질감과 분위기를 갖는데, 그 느낌은 사뭇 다르다.

그리고 하노이 주변, 비교적 가까운 곳에 둘러볼 수 있는 다른 아름다움도 풍성하고 풍요롭다. 동쪽 바다로 내려가면 천혜의 자연, 천혜의 풍광인 하롱베이가 나오고, 위쪽 산으로 올라가면 라오까이, 싸파에서 시원하게 폐 속 깊숙이 맑은 공기를 마시며 단맛의 산악트레킹을 즐길 수 있고, 그 산 속의 까만 밤 안에는 반딧불이가 날아다닌다. 그리고 밑으로 육지를 따라 내려가면 땀꼭과 닌빈, 호아르, 항무아 같은 산수절경의 목가적 풍경들이 이어져 나오는데, 그곳의 높은 곳에 서서 바람을 맞으며 파노라마처럼 주변을 둘러보고 있노라면 말 그대로 숨이 막힌다. '산수절경'이라는 말이 도대체 뭔지 온몸으로 체득하게 된다. 그 정도만으로도 여행의 충만감은 꽉 찬다. 더 이상

더 다른 것을 내 안에 넣을 공간이 없다. 그런 곳들이 있다. 그 하나하나의 존재가 모두 다 각양각색의 미(美)을 선사하는, 그 하나하나의 존재가 다 자신만의 의미를 완성해 가는 곳, 그건 벅찬 풍경이다. 하지만 때로 집요하고 계산적인 불쾌한 베트남인들을 만나기도 한다. 사람으로 인한 불쾌감은 그 풍경의 호감을 반감시킨다.

어쨌든, 그리고 다시 그 하노이 시타델 자리에서 왼쪽 옆으로 더 걸어 나아가면 호치민의 묘가 있는 바딘 광장이 나오고, 또 다른 프랑스 건축물의 미를 엿볼 수 있는 주석궁, 호치민 생가와 그의 박물관이 있다. 그리고 그 옆에 한국인들도 좋아하는 아주 작고 아름다운 못꽃 불교사원을 둘러볼 수 있다. 하지만 거기서 멈추지 말고 더 북쪽으로 올라가야 한다. 그렇게 더 올라가면 하노이의 거대하고 시원한 호수, 호떠이(西湖, Hồ Tây, Ho=Lake, Tay=West)가 구름처럼 떠오르고 그 호수를 가르는 길 위에, 마치 호수 위에 떠 있는 듯 아름다운 사원 쩐꿕을 만나게 되는데 호수 위로 사람들의 소박한 기도가 그들의 이탈된 넋과 바람의 형상으로 향(香)으로 구름처럼 날린다. 그 영적 기운을 흡입, 사원에 둘러 있는 호수의 풍경과 함께 나를 내맡겨 둔다. 그렇게 잠시 머리를 식힌다. 내 마음도 차분하게 밑으로 가라앉는다. 향 냄새가 그날 참 좋았다. 사원의 뒤로, 주변의 나무들 사이로 푸른 호수가 빼꼼히 보인다. 잠시 쉬어가기 좋은 곳이다.

그리고 잠시 후, 슬그머니 그곳에서 빠져나와 찻길 건너편 쪽의 한 레스토랑으로 들어가 '서쪽 호수(西湖)'의 명물인 '반똠(Bánh Tôm)'에 차가운 하노이 맥주를 곁들여 마신다. 그리고 한가하게 호수를 멍청히 바라보는 것, 그것으로 하노이의 북서쪽을 어느 정도 마무리하게 된다. 반뜸은 고구마(가루)를 함께 섞어 넣은 튀김가루로 튀겨낸 새우튀김이다. 하노이, 특히 호떠이에서 처음 유래하여 유명해진 음식인데, 튀김옷의 양이 많아 약간은 퍽퍽한 느낌이 들지만 시원한 맥주에 안주 삼아 먹는다면 호숫가의 좋은 한 끼가 될 것 같다. 그리고 베트남 음식을 먹을 때는 항상 넉넉하게 내주는 생야채를 곁들이는 것이 좋다. 신선한 채소가 입 안에서 반뜸과 함께 아삭아삭거린다. 그 아삭하게 씹히는 느낌에 청량감이 있다. 그린 파파야가 들어간 새콤한 소스에 듬뿍 적셔 먹기도 한다. 그 또한 시원하다. 생야채를 수북이 얹어 넣는 베트남식 식단을 나는 좋아한다. 호숫가 야외테이블에 앉아 그것을 계속 아삭거린다. 그런데 그렇게 초점 풀려 멍하니 있자니, 그 야외의 테이블 앞에서 중년부부로 보이는 베트남 남녀가 한때의 시간을 보내고 있다. '아니 이런! 이 한가한 평일 낮 시간에, 불륜의 사이는 아닐까?' 그런 의심을 일으켜 본다. 더운 날씨에도 호수바람이 무척 시원했다. 그런 한가한 풍경 속에 그 커플이 있다. 지금 이 시간, 호수의 바람과 나, 그 커플만이 있다. 한쪽에 서서 시큰둥 딴청을 피우는 여점원이 있고. 하지만 특별한 애정표현 없이 무덤덤 무뚝뚝하게 대화하는 것을 보니, 오랜만에 외출하여 데이트를 나온 부부 같아 보인다. 유심히 보니 그렇게 오래 살아온 부부의 향기 같은 것이 난다. 보기에 좋다. 또한 오늘의 한없이 늘어지는 호숫가 풍경 안에 그 나이든 연인(戀人)의 모습이 무척 잘 어울린다. 길고 가느다란 버드나무 가지들이 바람에 살랑댄다. 그들 전체가 소박한 산수풍경화와도 같다. 그 호숫가의 오후가 그렇게 천천히 흘러가고 있었다.

홀로 있는 시간

관광객들에게는 하노이 여행의 이정표(a milestone), 지리적 하노이를 좀 더 쉽게 이해할 수 있는 호안끼엠 호수지만, 동시에 그곳 시민들에게는 하노이 삶의 중심에 위치한, 그런 심장이나 허파 같은 역할을 하는 것 같다. 그래서 그 호숫가 주변을 한가로이 산책하며 구경하는 것만으로도 하노이 사람들의 여과 없는 휴식의 삶을 잘 관찰할수 있다. 특히 바쁜 하루의 일과가 마무리되고, 한 톤 서늘해진 호숫가의 공기, 그 속에 하루가 서서히 저물어가는 저녁, 그런 밤 풍경이더욱 그러하다. 그곳 삶의 소박한 평안이 있다.

세로로 700m, 길쭉한 호숫가의 맨 위쪽에 빨간색의 다리, 서욱교가 저녁 물빛에 반사되어 반짝거린다. 서욱교는 호숫가 안쪽에 있는작은 섬으로 연결되어 있는데, 그 작은 섬 안에는 13세기 때 만들어져 이어져 내려오는 도교, 유교 사당인 응옥썬(玉山祠)이 있다. 그곳으로 들어가기 위해서는 이 목재의 빨간색 어여쁜 다리, 서욱교를 건너야 한다. 특히 이른 아침의 엷은 햇살이 떨어지는 시간, 그 고운 빛깔의 서욱교가 무척 아름답다. 그 주변에 둘러 있는 노랗고 붉은 꽃밭, 호수 수면 위에 길게 늘어진 초록빛 나뭇가지들과 함께 어우러져 더욱 그윽한 풍경을 연출해낸다.

그래서일까, 그 서욱교(棲旭橋, 햇살 치밀 욱), 이름의 뜻은 한자 그대로 '아침 햇살이 깃들다', '아침 햇살이 스며들어 살고 있는 다리'라는뜻을 갖는다. 아침에 그 깊은 붉은색 안으로 부드러운 주황빛 햇살이 스며든다. 그리고 그 서욱교를 사이에 두고 양쪽에 작은 섬의 응옥썬과 건너편에 또 다른 한 사당이 있는데, 어린 여학생들, 동네 아줌마, 아저씨, 할머니들이 이른 아침과 어두워진 밤을 가리지 않고 그곳에서 향을 태우며 기도를 올린다. 치열한, 조금은 숨차고 지칠 수도 있는 도심생활 속에서 잠시 들러 그 고단하고 흐트러진 몸과 마음을 추슬러 위안하는 것이다. 다시, 일상의 평온과 잠시의 휴식이다. 그런 공간이다. 따라서 호안끼엠은 하노이 사람들에게 육체적 청량감을 주는 것은 물론, 영적인 휴식의 공간이 돼 주기도 한다. '건강'이라고 하는 것은 몸과 정신의 알맞은 균형에서 만들어진다. 마음과 정신이 손상돼 병들어가고 있는데, 육체가, 그 몸이 건강할 수는 없다.

호숫가 근처에 있는 한 사당

서욱교

호숫가의 해가 뉘엿뉘엿 넘어가고 호수를 따라 줄 선 가로등도 수줍은 듯 하나둘 불을 밝히기 시작하는 그곳. 저녁 그림자가 넓게 드리워진 서욱교와 그 호수 수면 위에 어른거리는 물빛을 바라보며 멍하니 앉아 있는 한 여인이 있다. 남자처럼 짧은 헤어스타일을 한 서양 여성.

'무슨 생각을 저렇게 깊게 하고 있는 것일까? 아니면, 그냥 정신을 무(無)의 상태로 비워 놓고 쉬고 있는 중일까? 머나먼 동양의 세계로 홀로 여행하며, 그녀의 눈과 마음에 담기고 있는 것들은 무엇일까? 그녀에게 지금은 어떤 시간이고, 또 나중에 어떤 시간으로 기억에 남을까?'

나는 그런 것들이 궁금해진다. 혹은 상상해 보게 된다. 하지만 왠지, 동방여행의 그것들이 그녀 마음의 뜰 안에서 아름답고 좋은 향기로 꽃피고 있는 듯한 느낌을 얻는다. 그런 기운이 느껴졌다. 저녁 호숫가에 떨어져 있는 그녀의 시선이 마치 해탈의 경지에 이른 사람처럼 평화롭고 깨끗했다. 그지없이 맑다.

해탈은 순간의 존재이고, 순간의 자유다. 사람의 눈빛은 그 영혼의 현재 상태를 말없이 보여 주기도 한다. 그리고 그 눈동자에 서려 있는 사람의 뒷모습과 그 동태 또한 많은 것들을 보여 준다. 자신을 의지적으로, 또는 작위적(作爲的)으로 표현하려는 앞모습보다, 오히려 뒷모습이 더 그 사람의 진실된 모습을 보여주곤 한다. 마치 거울처럼 내면의 상태가 그 뒷모습에 비춰져 나타난다. 그녀의 뒷모습에는 그 평화로운 눈빛처럼 사람의 좋은 기운과 평안이 느껴졌다.

동양의 깊은 곳을 순례하듯 여행하고 있는 서양인들의 얼굴과 표정을 나는 유심히 살피곤 한다. 그리고 많은 경우 그 눈빛과 표정은 마치 그들이 잊고 살았던 어떤 행복의 한 퍼즐 조각을 발견한 것처럼 밝고 생기 넘친다. 나는 그들로부터 그런 느낌을 자주 접하게 된다.

서양의 정신세계와 동양의 정신세계, 서양철학과 동양철학 사이에 놓여 있는, 눈에 보이지 않는 아주 작은 문. 그 불투명한 피막 같은 창(窓)을 통과해 건너가면 알지 못했던 큰 세계를 만나게 된다. 그리고 일상 속에 둔감해져 있던 신경과 감각들이 예민하게 자극되면서 무엇인가를 희미하게, 또는 선명하게 깨닫게 된다. 그런 체득이 일어난다. 딱딱하게 굳은 일상 속에 게으르게 늘어져 있던 감각과 세포들이 활발하게 활동하며 많은 것들을 입체적으로 흡입한다. 그런 생각의 교차와 혼합은, 그것은 동서양 두 세계 서로에게 상당히 상호보완적인 것을 얻을 수 있게 도와주는 것이어서 서로의 약점을 보완하고 장점을 깊게 되새겨 명상해 볼 수 있는 좋은 시간이 된다.

그렇게 일방적이지 않고 '상호보완적인 의식의 창'을 열어 보는 것은 중요하다. 그렇게 열리는 것은 중요하다. 그래서 우리는 이따금씩 가깝고도 먼 동네를 의식적으로 둘러봐야 한다. 물리적으로라도 자신의 비좁은 껍데기에서 빠져나오려는 이동, 그런 순간이 필요하다. 그래서 그처럼 여행은 물리적 여행과 정신적(내적) 여행이 함께 병행되어야 한다. 그래야 여행의 깊이가 생겨난다. 그래야 내 눈이 좀 더 밝아진다. 그런 여행의 과정과 휴식, 성찰을 통해 내 일상과 삶이 조금은 더 의미 있게 앞으로 나갈 수 있다. 내 안에 산소가 풍부해진다. 여행이 삶의 내면으로, 삶의 통로로도 연결된다. 이 호숫가의 여인은 오늘 그런 자기만의 순례의식(세레모니)을 하고 있는 듯 보였다. 그렇게 가끔 그녀는 어디론가 홀로 떠날 것이다. 그리고 잠시 멈춘다. 바깥을 걷다가, 이렇게 잠시 멈춰 있는 것만으로도 사람의 내부에는 산소가 풍부해진다. 그 산소는 휴식이면서 영(혼)적이다. 깊고 맑은 호흡은 삶의 생명이다.

그래서 때때로 우린, '떠나기 위해 떠나야 한다.' 그런 경계의 확장이 필요하다. 그렇게 우리는, 내 안에 상실된 무엇과, 또는 이 시대가 상실한 무엇과 그 회복을 반복하게 된다. 그것이 어쨌든 살아갈 수 있는 내 삶의 '산소(fresh air, O_2)'를 제공해 준다.

호안끼엠 호숫가를 걷다 보면 한쪽에 홀로 가부좌를 틀고 앉아, 마치 부처처럼 명상하고 있는 하노이 사람들이 있다. 또 하나의 깊은 휴식이다. 그 사람을 뒤에서 잠시 바라보고 있는 나. 나 또한 그러하다. 그 순간 나 또한 그러해진다.

호안끼엠의 밤공기

　어둠이 좀 더 짙게 호숫가에 내려앉았다. 그 호수의 밤공기와 정경이 더욱 깊어 간다. 이른 아침은 물론 밤 시간에도 다양한 운동과 산책을 즐기는 하노이 사람들. 한가함의 풍류적 기운과 정취가 그 밤 속에 있다. 사람들의 움직임도 한결 편안하고 느긋해진다. 나 또한 그 속에 한 덩어리처럼 섞여들어 걷는다. 그곳의 시간을 따라 또 한 번 어둠의 밀도가 한 톤 짙어지고, 나는 그 목표 없는 발걸음 속에 한 소녀를 발견하고 걸음을 뚝 멈췄다. 초등학교 고학년이거나 중학생 정도로 보이는 작은 소녀가 호숫가에 앉아 자기만의 시간을 보내고 있다. 호숫가의 가로등 불빛에 의지해 노트의 무언가를 읽고 공부한다. 한여름밤의 시원한 음료수도 옆에 한 통 두고, 책자를 보고 한참을 읽다가, 다시 그 책을 옆에 덮어 놓고 먼 밤하늘과 호수 위의 불빛을 바라보며 혼자 중얼거린다. 난 소녀 뒤에서 조금은 감탄하지 않을 수 없었다.

　'저 나이에 참으로 풍류와 멋을 알고 있구나!'

　발이 좀처럼 떨어지지 않아 한동안 그 소녀와 풍경을 지켜본다. 참 기특하구나, 하는 생각과 함께 왠지 덩달아 내 마음도 훈훈해진다.

　'그래, 공부라는 것은 저런 멋과 맛이 있어야지!'

　밤의 호숫가에 홀로 앉아, 풍류적 여유와 정취를 담아 시(詩) 한 수를 읊는 마음으로 공부하는 것이다. 그러면 그 안에는 그저 공부하고 외우는 단편적 지식들만 흡입되는 것이 아니라, 뭔가를 배우고 있다는 행위, 그 자취, 참된 의미 같은 것이 함께 머릿속으로, 몸속으로 스며들어올 것이다.

우리는 왜 배움을 얻으려고 하는가? 삶 속에서 좀 더 지혜로워지고, 행복해지기 위해 배우는 것이다.

호안끼엠의 이 베트남 소녀는 그런 뭔가를 알고 있는 것 같았다. 배움의 참된 의미와 가치라고 할까, 그런 배움의 즐거움, 마음의 여유,

공간의 여유, 그런 작은 내공 같은 것을 스스로 알고 있고, 터득한 것만 같았다. 그런 것들을 향해 있는 아주 자그마한 출발점, 작은 씨앗을 짐작하고 있는 듯했다.

여기 저기 머릿속에 난삽하게 산재된(또는 비슷하게 주입된), 때론 사는 데 전혀 쓸모없는 단편적인 지식들과 학교공부의 부스러기들을 창의적인 수준으로, 행복한 수준으로, 진정 의미 있는 것으로 부풀려내는 데에는 '베이킹 파우더' 같은 것이 필요하다. 그리고 그 파우더는 사색과 사유, 풍류와 멋스러움 같은 것에 있어서, 그런 부드럽고 너그러운 정신적 이완작용이 아무 의미 없는 모래알 같은 단편지식들을 다시 조합하고, 덜어내고, 깎아내고, 붙여내면서 아름다운 자신만의 조각품을 만들어낸다. 자기창작(自己創作), 현대적 용어로 하자면 '지식과 사유의 융복합화'와도 같은 것이다.

사람 안에 그런 베이킹 파우더와 끈기(창의적인 접착제), 풍류적인 사색과 사유가 없다면, 그 지식들은 늘 이리저리 표류하고 휩쓸리는 모래알과 같다. 그리고 그런 가치 정도의 지식들은 시간이 지나면 스르르 다 사라져버린다. 또는 남아있는 부스러기들이 자기 이기심에만 잔뜩 달라붙기 십상이다. 그 이기심 주변만을 떠돌아 부유하는 지식들….

풍류(風流)의 가장 기본적인 의미는 '속되지 않고' 멋스럽고 운치 있는 것에 있다. 또는 그렇게 창의적으로 노는 것을 말한다. 학생들의 공부도, 우리가 얻은 배움의 알갱이들도 그 생각이 어떻게 굴러가느냐에 따라, 어떻게 그것들을 조합하고 재사용하느냐에 따라 속되지 않고, 멋스럽고 아름다운 운치가 돋아날 수 있다. 그것을 어루만지는 생각과 사유가 아름답기 때문이다. 그 배움의 마음이 아름답기 때문이다. 그런 사람들의 공부와 학문(文)에는 은은한 꽃향기가 난다. 참 좋은 냄새다. 학문과 배움이 아름답다는 생각을 하게 만든다. 그리고 그렇게 조각되고 조합된 지식들의 집합은 자신을 행복하게 만든다. 그리고 주변 사람들을 행복하게 하는 데 도움이 되기도 한다. 결코 그 공부의 흔적이 속되고 천박하지 않다.

나는 조금은 불운하게도, 나름 많은 공부를 했지만 그것이 속되고 천박한 사람들을 주변에서 많이 접하곤 했다. 옆에 가면 배움(학문)의 좋은 냄새가 아니라 오히려 불쾌한 냄새가 났다. 마치 그 배움이 썩어 있는 것처럼….

그 많은 공부가 오직 자기 이기심에만 달라붙어 있었다. 그것은 어떻게 보면 '배움'이 없는 것이라고 말할 수도 있다. 어떻게 그것을 '배움이 많다'라고 할 수 있겠는가?

그래서 옛말에 '무학(無學)'이라는 것이 생겨났다. 배웠어도 그 배움의 실제적 흔적이 없다는 말이다. 뭘 배웠어도 그 배움의 행동적 자취가 없다. 그건 실재적 존재(實存)가치로서 '배움'이 없는 것이다(無學, Not Educated, 법정스님께서 이처럼 언급하시기도 했다).

이상과 실천(실현)은 언제나 멀게 느껴지는 것이지만, 그래도 비슷한 형체를 갖추어야 한다. 때론 이 세상, 이 사회 속에서 그 기초적인 배움의 길과 기능, 원칙을 잃어버리게 된다. 함께 살아가는 사회 속에서 그런 길과 기능과 원칙을 잃어버리는 것은 무척 슬픈 일이다. 우리에게는 그 배움(지식들)을 아름답게 부풀리고 다듬고 조각할 수 있는 '베이킹 파우더' 같은 것이 필요하다. 또는 그런 부드러운 마음의 분말가루 같은 것, 그런 것들이 단편적이고 이기적인 수많은 지식들을 새롭게 조합하고 재구성해 줄 것이다.

나는 그런 공부의 냄새와 풍취를 이 작은 소녀에게서 느꼈다. 이 베트남 소녀가 펼쳐든 책장 안의 그 씨앗이 발아하여 그런 푸릇한 새싹으로 돋아날 것만 같았다. 그리고 그 새싹들은 아름다운 꽃이 될 것이다.

그리고 또다시 호수를 걷는다. 달밤의 노란 민들레꽃 한 송이. 그 소녀의 뒤를 지나쳐 걷는다. 걸으며 멀리 호수를 바라본다. 환하게 빛을 내는 아름다운 거북이탑이 눈에 들어오고. 그런 은은한 밤의 호숫가…. 그곳 호안끼엠에서 연인들의 데이트 또한 절대 빼놓을 수 없는 것이다. 그걸 빼면 말 그대로 달콤한 팥의 앙꼬가 빠진 밍밍한 찐빵과도 같이 결례가 될 것이다. 밀가루의 하얗고 두툼한 찐빵 안에 넉넉한 팥의 달콤함이 없다면 세상은 얼마나 맛없는 풍경이 되겠는가! 그렇게 달달한 연인들이 호숫가에 바싹 붙어 앉아 밀담을 나누는 풍경을 이곳에서 쉽게 발견할 수 있다. 그 속에 여행을 온 서양 관광객 커플도 보인다. 어쩌면 따로 하노이(베트남)나 아시아에 여행을 왔다가 서로 돌발적으로 마주쳐 만나게 되고, 눈과 마음이 뜨겁게 반응하여 동행하게 된 연인일지 모른다. 물론 부부이거나, 원래 함께 온 커플일 수도 있다. 하지만 왠지, 이상하게 그런 느낌이 들지 않는다. 새롭게 만난 연인 같아 보였다.

공간이 바뀌면 사랑에 대한 기분과 느낌도 달라진다. 그리고 베트남, 하노이라는 공간이 그 사람들, 남녀 각자의 공통점을 끈적하게 연결시켜 준다. 아시아에 와서 한국, 중국, 일본을 여행할 수도 있고, 베트남이나 라오스, 미얀마를 여행할 수도 있다. 또는 태국, 네팔이나 스리랑카를 여행하기도 한다. '어디를, 어떻게 여행하고 있느냐' 하는 것은 그들이 찾고 있고, 관심을 두고 있는 것이 '비슷하거나 또는 다르다'는 것을 보여 주기도 한다. 남녀가 따로 먼 곳을 떠나와, 같은 장소, 한 지점에서 뜨겁게 마주친다는 것은 결코 쉬운 일이 아니다. 그런 남녀의 공통된 인연을 그 '장소'가 만들어 주기도 한다. 그래서 더욱 친밀한 감정을 느끼게 되고, 똑같은 장소의 추억을 공유하게 된다. 설령 나중에 그 남자, 그 여자와 헤어졌다고 하더라도 그 여자, 그 남자를 불현듯 회상하는 기억 속에는 호안끼엠의 그 밤 풍경과 향기가 남아 있을 것이다. 또는 함께 보냈던 태국 치앙마이의 꽃향기 같은 것이, 아니면 라오스의 어느 불교사원의 향 냄새 같은 추억의 체취가(물론 그 '사람'에 대한 기억에 따라 그 장소의 향기는 변화될 수 있다). 같은 장소를 좋아하는 남녀는 서로 잘 어울릴 가능성이 높다.

장소, 공간을 따라 사랑은 다르게 느껴질 수 있다. 또는 사람이 다르게 느껴질 수 있다. 또는 사람이 달라지기도 한다.

내 시선 앞 삼십 대 초반 정도로 보이는 서양인 커플이 그 깊은 밤의 정취에 취해 호숫가의 별처럼 속삭이고 있다. 그리고 또 다른 지점, 거북이탑 불빛 아래 대조적인 몸짓의 두 커플을 발견한다. 나는 그 뒤에서 데이트 장면을 잠시 훔쳐본다(그렇다고 내가 무슨 관음증 같은 것이 있는 사람은 아니다). 뒤에서도 내 눈에는 그 두 커플의 심리상태가 너무나 잘 보인다. 왼쪽 긴 머리에 하얀 블라우스를 입은 여인의 커플은 그저 아이스크림처럼 달콤하다. 서로의 마음에 기대어 한시도 떨어지지 않는다. 하지만 오른쪽의 머리를 올려 묶고 노란 티셔츠를 입은 여인의 커플은 분명히 다투고 있다. 앞에 그 작은 소녀와 느낌이 전혀 다른 노란색이다. 희미하게 들려오는 돌출된 말투, 불협화음 같다. 이따금 휘젓는 손짓으로 다투고 있다는 것을 알 수 있다. 여자는 뭔가를 불평하며 투덜대는 것 같고, 남자는 진지하게 그녀의 마음을 들어주지 않는다. 연인끼리 좋은 밤공기 마시러 나와, 다툼으로 그 시간을 허비하기에는 주변의 풍경이 너무 아깝다. 그 배경에 잘 어울리지 않는 모습이다. 사람들이 다투는 모습은 뒤에서 보기에도 흉하고 마음이 불편해진다. 나도 모르게 그 부정적 감정에 이입되는 것만 같다. 거리를 두어야 한다. 다투는 그 커플을 피해 불빛으로 산란거리는 호수의 수면(水面)을 멀리 바라본다. 물의 정취가 참 곱고 뭉클하다. 내 마음도 그처럼 뭉클해진다. 그 물빛은 뭔가 우리가 잃어버린 것들을 막연하게 생각나게 하는데… 그것은 때로 내 안에서 '상실의 모습'으로 흔들린다. 내 빈 공간 안에서 서걱서걱거리며 마찰하는 불쾌감과 불편함, 상실. 그렇게 물빛의 산란은 우리가 상실한 무엇을, 내 안에 손상되고 결핍된 그 무엇인가를 깊숙이 비춘다. 그것이 물이 갖는 성질이다. 있는 그대로를 비출 뿐이다. 거울처럼… 물의 파문처럼… 그렇게 흔들거리며 열리고, 비로소 얻는다.

나는 걷는다. 베트남 오랜 전통의 탕롱 수상인형극장을 지나 인민위원회 청사와 리타이또 황제의 동상이 있는 딘띠엔호앙 거리, 그 옆 산책로를 따라 남쪽으로 걷는다. 그리고 또다시 오른쪽으로 돌아 북쪽 구시가지가 있는 호수의 위쪽으로 걷는다. 오늘 밤 호수를 두 바퀴 돌고 있다. 낮에도 두 바퀴를 돌았다.

밤의 호숫가에 나와 그것을 즐기는 사람들이 많다. 나처럼 가벼운 밤 산책을 즐기는 사람, 벤치나 호숫가에 앉아 노닥거리는 사람, 아주 많다. 그리고 그 밤의 은은한 풍경과 불빛을 휴대폰에 담고 있는 사람들. 휴대폰 화면의 앵글을 잡고 상대 또는 자신을 그 불빛 속에 넣는다. 앳되고 풋풋한 얼굴의 어린 연인들로 보이기도 하고, 아니면 그냥 학교에서 친한 이성친구 사이일 수도 있을 것이다. 어린 남매로 보이는 아이들도 누나의, 남동생의 사진을 사이좋게 서로 찍어 준다. 사춘기 소녀들이 모여 까르르 웃으며 서로 친구의 사진을 찍어 주기도 하고, 또는 혼자서 그 풍경들을 휴대폰에 담기도 한다. 그냥 그 밤 속이 마냥 즐거워 보인다. 그렇게 행복해 보이니 나도 덩달아 기분이 좋아진다. 나른하고 마음이 흐물흐물해지는 밤이다.

이제 나도 슬슬 숙소로 들어가 볼까 하고 호수의 북쪽을 향하는데 그 근처에 하얗게 불을 밝히고 있는 아이스크림 가게가 보인다. 작은 꼬마 아이들이 개구쟁이 나방들처럼 아이스크림의 하얀 불빛에 새까맣게 모여 있고, 엄마들도 아이들과 함께 입 안의 더위를 잠시 달래고픈 마음, 그런 달콤한 바닐라향으로 북적북적하다. 그리고 그 뒤로 빨갛고 하얀 오토바이의 불빛과 자전거들이, 가족들의 하얀 웃음이, 바닐라의 하얀 단내가 까만 밤의 넓은 공간을 부산스럽게 색칠해 놓는다. 마치 아름답게 춤추는 네온사인같이.

　호안끼엠 호숫가의 그런 모든 정경들이 소박하고 인간적이다. 낮의 열기와 따가운 삶이 한숨 푹 쉬어가는 듯하다. 흐물거리며 한층 부드러워진 밤은 그렇게 삶의 딱딱하고 고단한 어떤 것들, 아팠던 어떤 것들을 포근히 감싸 주고 매만져 준다. 잠시 그런 것들을 잊게 해준다. 밤을 통해 인간은 쉴 수 있는 것이다. 인간은 그렇게 필요한 만큼 쉬어야 한다. 또 다른 내일의 생기와 충전을 위해, 깊고 느슨한 밤의 회복.

즐겁지 않으면 인생이 아니다

나는 그동안의 1인칭 관찰자에서 주인공 시점으로 내 시선을 바꾼다. 나를 생각해 본다. 나를 생각해 보자. 나는 모든 것으로부터 자유로워지는 것을 꿈꾼다. 내가 공부한다는 것은 그런 '자유'를 얻기 위함, 향함이기도 하다.

아마도 오래전 어린 시절부터 그런 끼가 있었다는 것을 막연하게 느낀다. 오래전의 어린 나와 지금의 내가 그런 긴 세월 속에서 연결되어 있는 연속성 같은 것을 분명하게 서로 느낀다.

지나치게 불필요한 욕망과 욕심으로부터 자유롭고 싶고(있다면, 최대한 줄여야 했다), 직장조직에서 이리저리 부대끼며 정치나 하게 되는, 그렇게 큰 동기부여와 최소한의 존경심도 드러내기 어려운 직장생활, 직장상사들로부터 자유롭고 싶고(내게 조직생활이 맞지 않는다는 결론에 도달했다), 삶을 무겁게만 하는 지나친 소유와 집착으로부터도 자유롭고 싶다(그 부분에서 분명 가벼워져야 했다). 내 주변에 있을 번잡한 일들도 아주 간소화했다(Down Shifting). 생각도 가능한 한 자유롭고 싶다.

한국 사회가 보편적으로 욕심내는, 대다수의 모습이 아닌, 소수 또는 극소수의 모습으로 살아가고 싶다. 어쨌든 나에게 잘 맞는, 내가 즐겁게 느낄 수 있는 삶의 결대로 살고 싶다. 여행 중에도 최대한 짐을 줄여, 민첩하게 걷고, 이동하고, 움직인다.

그런 것들을 오래전부터 나도 모르게 추구해 왔던 것 같다. 그리고 그것을 효과적으로 실천한 지 몇 년이 흘렀다. 그런 삶이 본래 나였던 것처럼 편안하다. 편안하다는, 그 자체면 됐다.

하노이(Hà Nội, 河內), 호안끼엠 호수의 그런 밤이 아직도 내 코끝에 남아 있다. 이 글을 춘천 집에서 추운 겨울의 깊은 밤에 들어앉아 쓰면서 따뜻한 보이차(茶) 한잔을 마신다. 대량으로 인공발효하여 생산한 싸구려 보이(푸얼)차 한잔이지만, 그 찻물에 오늘 저녁부터 위 속에서 까칠하고 거북했던 어떤 것이 말끔히 사라졌다. 뱃속에도 기름기와 음식물이 적어야 건강하고 편안하다는, 법정스님의 말씀이 문득 떠올랐다. 인간에게 무슨 거창한 음식이 필요하겠는가. 그저 공복에 가볍고도 맑은 죽, 그리고 김치 몇 조각이면 몸에 정신적인 힘이 올라온다. 그것만으로도 몸에 건강한 힘이 붙는다. 몸이 맑아진다. 음식과 양, 몸과 정신의 정갈함을 느끼고 그런 태도를 갖추게 한다.

이 세상에 나 홀로 깨어 있는 것만 같은 겨울밤, 그 정밀한 침묵과 정적 속에서 차 한잔을 마신다. 따뜻한 찻물이 침묵과 공복의 갈라진 틈으로 흘러든다. 몸속에 향긋한 온기가 밴다. 그리고 그 차의 향기 속에 깊게 잠겨들어, 아주 잠시 나는 '구름의 남쪽'이라는 아름다운 이름의 윈난성(雲南省, 운남성), 푸얼의 향기를 상상해 본다.

'구름의 남쪽은 어떤 풍경일까? Over the south in Map of the clouds.'

그 차의 따뜻함이 겨울의 내 위와 혈액을 따스하게 달궈 준다. 순간의 '다(茶)'는 때때로 '도(道)'로 이어져 연결되곤 한다. 그래서 '다도(茶道)'가 생겨난 것이다. 찻잔에 배어든 온기를 손바닥으로 더듬더듬거린다. 따뜻하고 행복하다.

법정스님은 글 속에서 이렇게 말씀하신 적이 있다.

'차를 마시기 위해 그릇이 있는 것이지만, 다른 한편 그릇의 아름다움이 차를 마시도록 이끌기도 한다. 그릇에서 아름다움을 찾는 것은 마음에 맑음과 고요를 구하는 것과 같다. 차를 건성으로 마시지 말라. 차밭에서 한 잎 한 잎 따서 정성을 다해 만든 그 공을 생각하며 마셔야 한다. 그래야 한잔의 차를 통해 우리 산천이 지닌 그 맛과 향기와 빛깔도 함께 음미할 수 있을 것이다.'

'녹차는 두 번 우리고 나면 세 번째 차는 그 맛과 향이 떨어진다. 홀로 마실 때 내 개인적인 습관은 두 잔만 마시고 자리에서 일어난다. 밖에 나가 어정거리면서 가벼운 일을 하다가 돌아와 식은 물로 세 번째 차를 마시면 앉은 자리에서 잇따라 마실 때보다 그 맛이 새롭다. 애써 만든 그 공과 정성을 생각하면 두 번 마시고 버리기는 너무 아깝다. 그렇다고 해서 앉은 자리에서 세 잔을 연거푸 마시면 한두 잔 마실 때의 그 맛과 향기마저 반납해야 한다.'

그렇다. '풍류의 정취'라는 것은 단번에 욕심을 채워 넣는 것에 있지 않다. 차고 넘치는 것은 더더욱 역행적이다.

남기고 좀 넉넉히 비워놓는 데 풍류의 마음이 있다. 그럼 그 '남김', '비워둠'으로 인해 그 행위의 맛과 향기가 전체에 은은하게 충만해진다. 그런 한가하고 여유로움의 정취가 투명한 아침이슬처럼, 무더운 여름을 지낸 가을밤의 서늘하고 맑아진 공기처럼, 또는 그 밤 속의 아늑한 끝에서 들려오는 풀벌레 소리처럼 충만해진다.

그런 빈 공터가 있어야 한다. 법정스님의 표현 '텅 빈 충만' 같은, 우리들의 정신과 내면에는 그런 넉넉한 공터가 있어야 한다. 그런 남김과 비워둠, 여백이 내 안에 있어야 한다.

그러면 그 여백은, 그 빈 공터는 무언가로 스르르 채워졌다가 비워지기를 반복하는데, 다만 그것이 우리 눈에 보이지 않을 뿐이다. 마음의 눈으로 볼 수 있다.

뭔가 원초적인 욕구와 욕망의 원액에 집착해 있는 것을 풍류라 말하기 어렵다. 살면서 그렇게 몸을 직접적으로 자극하고 채우는 욕구, 욕망만이 아니라 아름답게 그것과 거리를 둘 수 있는 그릇과도 같은, 그런 소박한 다기그릇의 빈 울림과도 같은, 그런 은은한 공백과 운치를 두는 그런 멋이 풍류다. 그런 것이 삶의 멋스러움이다.

그 빈 공간의 여백과 간격을 즐길 줄 알아야 한다. 그렇게 에둘러 가는 걸음 속에 깊은 즐거움이 있다. 삶의 고즈넉한 깊이가 있다. 그런 '인간의 그릇'과도 같은 품위와 향기가 있다.

향기롭게 비워진 초록 찻잔이, 그 비워진 그릇이, 차를 마시고 싶은 직접적 욕구의 바깥을 은은하게 빙글거린다. 그렇게 맴도는 향기가 바로 나로 하여금, 또는 누군가로 하여금 소박한 차 한잔을 마시도록 마음을 이끈다.

찻잔이 조금씩 비워지면서, 내 안의 영혼은 따스하게 채워진다. 비워진 초록 찻잔, 맑고 청아한 빈(虛) 가을밤, 또는 오늘같이 깊은 겨울밤에 홀로 행복의 절정 같은 것을 느끼게 된다. 그런 순간들을 알아가게 된다.

삶의 그런 맛을 알아 가게 된다. 그럴 때 초록 찻잔 같은 내 영혼이, 순간 아름답게 울려댄다. 그 비워진 아름다운 그릇이 되는 것이다. 욕망의 내용물, 원액을 비워낸 빈 그릇이 되는 것이다. 그러고도 삶의 순간은 행복하고 충만하다.

그 짙은 욕망과 집착이 내 안으로 들어가 곱고 잘게 해체되는 것이다. 그런 빈 초록 잔을 손으로 따스하게 쓰다듬는 것이다. 그럼, 그 빈 잔에서 영혼 같은 소리가 나는데, 그것은 내 소리인지, 아니면 공간(空間)의 소리인지….

흰색은 본질적으로 색이라기보다 색의 부재(不在)인 동시에 모든 색이 응집된 상태는 아닐까? 자기성찰적, 자기고찰적 부재와 무(無)는 가장 극적이고, 가장 적극적인 추구인지 모른다. 무아지경(無我之境)의 행복감이나, 상황과 조건을 초월한 편안함, 비워짐. 색의 없음은 그런 비워짐이면서 동시에 모든 것이 응축된 자아의 경지일지 모른다. 그건 분명 행복에 가까운 색채를 띤다. 마음이 가장 잘 정돈된 상태일지 모른다. 남을 미워하고 질투하고 온갖 기와 악을 쓰면서 행복해질 순 없다. 그런 것들은 몸 안으로 스미고 쌓아 올려져 인간을 좀먹어 들어간다. 몸과 정신과 뼈가 아프다. 욕망의 부재이면서 모든 욕망을 지혜롭게 함축시키는 것. 광활한 설경(雪景)은 무심하게 텅 비었으면서도 그 안에 많은 의미와 추구로 가득하다. 그래서 봄을 맞는다.

하지만 그건 지난 과거 기억의 부재가 아니라 가장 또렷한 과거에 대한 상기, 돌아봄으로 가능해지는 것이리라. 그런 자기조정, 조율 같은 것이리라.

저렴하고 소박한 맛으로도 인생은 얼마든지 즐거울 수 있다. 나는 너무 거지같이 다니지는 않지만, 비교적 가난하고 검소한 여행을 즐긴다. 2014년 무더운 여름에 책 한 권을 읽었던 기억이 있다. 칠십이 넘은 미국 노부부가 거의 모든 재산을 정리하고 세계여행을 다니며 썼던 책, 『즐겁지 않으면 인생이 아니다』였다. 당신만의 즐거움도 어딘가 있을 것이다. 우리는 즐겁고 행복하기 위해 사는 것이다.

그렇지 않은가? 거기에 다른 이상한 이유가 필요할 것 같지는 않다.

하지만, 우린 그런 아이디어와 상상력이 많이 부족한 것 같다.

2
두 종류의 여행

나는 크게 두 종류의 여행을 한다. 치열한 관찰과 내면의 여행, 그리고 엉성한 휴식의 여행.

그곳에 가는 이유와 목적이 뚜렷하다. 어정쩡하게, 별안간, 그냥 심심해서, 어디를 가지는 않는다.

하지만 그 둘 모두, 정신없이 바쁘진 않다. 뭔가 내 안에 기록과 버림을 남긴다.

낡은 내 서랍 한쪽에 잘 보관해 둔 오래된 항해일지 같은, 나의 체험과 시간의 궤적을 따라 적는다.

기록될 수밖에 없는 것들, 그리고 버려지는 것들. 버림으로써 내 안의 공간이 넓어진다.

버림으로써, 또 다른 적극적인 추구가 가능해진다.

그것은 여행이라는 '직접성, 접촉성'을 통해 이루어지는 것인데, 모두가 그러한 여행이지 않은가?

내 몸통을 많은 것들이 공기처럼 드나들며 생겨나는, 휴식이고 배움이고 비움이다.

그리고, 기록이(어야 했)다.

현실의 중심점에 깊이 파묻혀 있으면(또는 그렇게 고정되고 고립되어 있으면) 잘 버리지 못한다. 또는 아무것도 버리지 못한다. 또는 오히려 더 많은 뭔가를 안으로 집어넣으려 한다.

여행의 먼 길을 흐르며 뒤돌아보면, 별 소용 없는 그런 것들을….

4부

제자리로 돌아오는 것

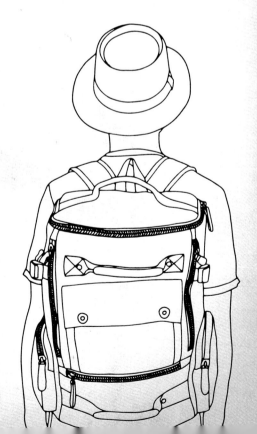

1
그녀의 첫인상

그날 오후를 불현듯 머리 위에 푸른 하늘처럼 떠올려 본다. 4월의 하늘 냄새, 새하얀 구름, 꽤 오래되어 두툼해 보이는 뭉치의 시간. 이십 대의 마지막 끝자락에 매달려, 햇살 사이로 푸른 깃발처럼 펄럭이던 사랑의 예감. 몸 안쪽으로 시끄럽게 쿵쾅거리는 가슴의 진동이 이미 그 사랑의 예감을 증거 한다. 거부할 수 없는 예감, 아니면 간절한 기대. 마음은 왠지 안절부절 불편하지만, 곁에 가까이 더 오래 머물러 있고 싶은 묘한 감정…. 그냥 함께 있으면 그걸로 좋다. 특별한 뭔가를 하지 않아도 그저 좋다. 파스텔톤의 고운 블라우스 물결 위에 마치 연못 위에 떨어져 둥둥 떠다니는 연분홍 꽃잎들 같았던, 먼저 그 고운 그녀의 봄(春)의 셔츠가 생각난다. 엷은 입술로 수줍게 웃으며 희미하게 기울던 그 사랑스러운 미소. 그 천진한 입술 사이로 서툴게 튀어나오던 때묻지 않은 풋풋한 언어들. 그녀의 언어는 생생한 초록빛을 띠고 있었다. 그 나이의 직장인들 중에 그런 사람은 드물다는 생각을 했다.

쌍꺼풀이 있는 듯 없는 듯 가물거리던 그 눈꺼풀 속의 맑고 깨끗한 눈동자. 살구빛 목덜미와 색깔 고운 블라우스 어깨 위에 걸쳐 있던 매끈한 생머리 위로 그날의 눈부신 오후 햇살이 이따금 비쳐들었다.

그녀의 작은 어깨에 떨어지는 그 따뜻한 봄 햇살에 난 눈이 부셨다. 파스텔, 그 위에 번지는 황금빛 햇살, 따스한 체온을 머금은 그녀의 향기. 소박하고 단정하게 하얀 무릎 위로 푸른 선을 그으며 걸쳐 있던 짙은 감색 치마, 그 위에서 꼼지락거리는 그녀의 두 손이 수줍고도 곱다. 아이처럼 작은 손톱은 짧고 깨끗하게 손질되어 있었고 매니큐어는 칠해져 있지 않았다. 그 손이 그녀의 마음씨처럼 그냥 깨끗하다. 왠지 나는 그걸 단숨에 직감했다. 나도 모르게 불쑥 잡아 보고 싶은 충동의 그 하얗고 작은 손.

가끔 하늘 어딘가로 던져져 있던 그녀의 시선은 그 자체가 사랑이고 그리움이었다. 그리고 그 봄날 아주 작은 햇살 입자들이 그녀의 얼굴에 달라붙어 있었는데, 곱고 순한 그녀의 자태가 내 앞에서 봄처럼, 구름처럼 피어났다. 사랑의 예감으로 터질 듯 차오르던 그 오랜 기억은 지금도 설레이게 크다. 처음 우리가 만난 날, 공원 벤치에 앉아 옆에 봄바람결에 살랑이던 그녀의 꽃향기. 희미하지만 오래도록 내 안에 남겨져 있던 기억의 그 향기. 그 기억이, 추억이, 흐릿한 그녀의 모습이 향기의 한 형태로 남아 맴돌곤 했다.

나의 이십 대라는 나이가 모두 말라버리기 전에 우리는 그렇게 만났다. 두 살이 어렸지만 나보다 생각도 깊고 무척 어른스러웠던 여인. 난 큰 말썽꾸러기 정도라고 해 두어야 할 것 같다. 고집도 세고, 아닌 듯 나름 까칠하고, 때론 그녀를 울리기도 했다. 울먹이며 눈가에 맺혀 굴러떨어지던 이슬 같은 눈물방울들의 아릿하고 아픈 기억. 봄에 만났지만 우린 추운 겨울의 기억이 더 많다. 그 하얗고 굵은 눈꽃송이들이 왜 그렇게 따스한 기억으로 남아 있는지, 하늘이 온통 하얀 눈으로 뒤덮여 있었다. 그 하얀 겨울들….

붉은 입술 사이로 새어 나오는 하얀 입김과 그녀의 얼굴 위로 떨어져 녹고 있던 눈(雪). 눈은 체온에 닿는 순간 녹았고 사라졌다. 그리고 내 상의 주머니 속에, 손에 잡혀 있던 따뜻한 그녀의 손…. 추웠던 겨울들은 그 작은 손의 온기와 감촉으로 기억되곤 하는데 그리고 그녀의 손에 배인 향기가 내 손에 옮겨와 있었다. 그 아련한 로션 향(香)의 시간들….

하지만 왜, 그땐 그렇게 옹졸하고 내 고집만 피워 사랑했을까? 우리는 어느 순간 현실 속에서 아파하고 있었다. 서로 다른 이유로….

서울 어딘가에서 우연히 그녀를 마주칠지도 모른다. 어쩌면 어여쁜 아이의 손을 잡고 성큼 내 앞으로 나타나 걸어올지도 모른다. 아니면, 아이의 손을 잡지 않아도 될 만큼 큰 아이일 수도 있다. 문득 혼잡한 지하철 안과 밖을 스치며, 그녀를 본 듯한 환영(幻影)을 느꼈던 적이 있다. 정확히 그녀였는지는 알 수 없다. 내가 마지막 봤던 그녀와 비슷한 느낌의 다른 여자였을 가능성이 높다. 그런 건 대개 착각인 경우가 많다. 내가 갖고 있는 그녀의 이미지는 그때의 먼 시간 안에 멈춰 있다. 하지만 나는 솔직히, 그 어떤 경우라도 다시 그녀를 보고 싶지 않다. 남들이 뭐라고 어떻게 참견하든지, 난 그때의 그 모습 그대로 그녀를 놔두고 싶다. 그 모습이 그토록 아름다운데, 그것을 현재로 불러내 오려는 것은 집착이다. 희미한 욕심의 선을, 그 어디쯤을 넘어서면 집착이 된다. 과거의 좋았던 추억마저도 다 뭉그러뜨리게 된다. 그 좋았던 추억과 향기를 도로 다 내놓아야 한다. 감각적이고도 어리석다.

그리고, 그날의 그녀는 더 이상 이제 존재하지 않는다. 존재할 수 없다. 나 또한 모든 것이 너무나 많이 변했다. 그 시절, 그 시간의 그녀이고, 나였기에 아름다웠다고 느껴진다. 좀 더 투명했던 그 시절이 그냥 아름다운 것이다. 그 시절의 뒤로 남겨진 미완성(未完成)은 그 미완성 그대로 완벽한 아름다움을 만들어낸다. 그 미완성은 완벽한 아름다움을 지니고 있다.

그리고 그 기억, 그 모습 그대로 남겨 두는 것이 아름다웠던 그녀에 대한 최소한의 배려일 것이다. 그 시간의 결정(체)처럼⋯.

오늘도 그날처럼 봄 햇살이 눈부시다. 하지만, 난 이제 서울에 없다. 따라서 우연히라도 그녀와 마주칠 가능성이 극히 적고, 어쩌면 서로 마주쳐 지나면서도 몰라볼 가능성이 있다. 지나간 두터운 세월과 바쁜 생활은 생각보다 훨씬 크게 서로를 벌려 놓는다. 그 시간의 거리는 우리가 짐작하는 것보다 훨씬 크다. 스치듯 지나가며 서로의 얼굴을 알아보지 못할 만큼, 짐작하지 못할 만큼⋯.

하지만 이렇게, 내가 그 봄날을 기억해 보는 짧막한 글 같은 것을 써 볼 수는 있을 것이다. 그 정도의 흔적은 남기는 것이, 또한 그녀에 대한 최소한의 예의 같다.

아무튼 '너'를 처음 본 그 봄날, 너의 첫인상은 그랬다. 더 많은 시간이 지나 이 정도의 기억조차도 살려낼 수 없기 전에, 다른 많은 생각과 일들의 파도에 휩쓸려 그 느낌이 깎여 더 침식되기 진에, 바람처럼 지나가는 시간이 너의 표정을 전부 날려 지워버리기 전에, 여기 이렇게 짤막하게 적어 둔다. 그런데 이제와 새삼 생각해 보니, 내 첫인상은 어땠는지 그녀에게 물어보거나 듣지 못했다. 그저 그 순간순간의 좋음에 벅차 지냈던 것 같다. 물론 내가 처음 본 그녀의 첫인상을, 그녀에게 설명해 준 적도 없다. 왜, 말해주지 못했을까? 그 많은 시간 동안….

하지만 이제 이 짧은 글, 지면을 통해서라도 그런 내 의무는 끝마치고 싶다. 이 짧은 생을 살며 아름다운 인연이었고, 그 인연은 비록 툭 떨어져 나갔지만, 그 인연의 상념들이 지금의 나로 살아갈 수 있도록 성장시켜 줬다. 아마도 '나'라는 사람이 지금의 나로 나아갈 수 있도록 도와준, 지금까지의 내 인생에 여러 은인들 중 한 사람이라고 말해 볼 수 있다.

사람은 무엇인가로 인해 만들어진다(좋은 것이든 나쁜 것이든). 그 감사함의 일부를 기억해낼 수 있어야 하고, 또한 그것을 자기 자양분으로 삼을 줄 아는 내부성찰이 필요하다. 그럼으로써 의미가 생겨난다. 무의미조차도 의미의 빛을 발한다. 그것이 남이 아닌 전적으로 '내 안'에 있는 것이기 때문에.

모든 연인들이 '그 처음처럼' 사랑할 수 있기를 바라며 이 글을 적어 본다. '처음(the first time, ever I saw your face)', 어떤 그 시작점을 기억해 보는 것은 우리의 탁한 현재를 맑게 씻어내기에 좋다.

어느 해 4월의 春川

2
르 파스텔 드 오베흐(le Pastel de Auvers)

빈센트 반 고흐

그건 알 수 없는 묘한 일이었다. 닫혀 있던, 까맣게 잊고 있던 기억의 틈이 빼꼼히 열렸다.

파리 노흐(Nord, 북)역에서 기차를 타고 북서쪽으로 향한다. 한적한 동네, 퐁투와즈(Pontoise)역에서 열차를 다시 갈아타고, 아직도 아침의 서늘한 기운이 남아 있는 오베흐 쉬르 우아즈(Auvers Sur Oise)에 도착한다. 역에서 마을의 중심부로 두리번거리며 천천히 걸어 들어간다.

파리 근교 시골의 조용하고 평화로운 휴일의 모습. 마을 안에 작은 반 고흐 공원 옆에 있는 공판장 같은 곳에 주말시장이 열려 있다. 가지런히 정돈된 매대에 각종 채소와 과일을 듬뿍 올려놓고 판매하시는 분들도 계시고, 그곳을 오가며 오색의 장바구니에 장 본 것들을 담아 넣는 여인들. 그리고 마을 사람들이 휴일의 여유로운 얼굴 표정으로 뒤섞여 있다. 그저 여유롭다.

노란 밀짚 색, 파랗고 붉은 색의 장바구니 밖으로 삐죽 나와 있는 싱싱한 야채와 과일들의 선명한 색감은 곱고 아름다웠다. 공판장의 입구에는 조리된 음식들을 팔기도 한다. 주말의 조금 늦은 아침, 또는 이른 점심은 그냥 그렇게 간단하게 밖에서 사서 해결하는 분들도 많은 탓이리라. 먹는(먹을) 즐거움으로 그 앞이 소란하다. 그곳은 주말 작은 시골동네 오전의 생기와 여유로움으로 가득하다.

'사람들의 표정도 어쩜 저렇게 여유롭고 고울까!' 그 시골의 소박한 향기와 아침 내음으로 맑고도 선명하게 드러나 있다.

파리 사람들과는 그 질감, 옷차림, 표정부터 다르다. 아마도 그 공간의 다른 배경이 나로 하여금 다르게 느끼게 하는 중요한 요소일 것 같다. 그런데, 내가 오베흐에 간 그 날이 토요일이었는지 일요일이었는지 확실하지 않다. 내 여행노트를 뒤져보면 그런 디테일들이 빼곡히 적혀 있겠지만, 그 노트가 들어 있는 작은 배낭을 이탈리아 밀라노에서 베네치아로 가는 열차 안에서 도둑맞았다. 멀고 긴 여행 중에는 그런 예기치 못한 일들도 벌어진다.

작은 아이들을 동반한 아주 전형적인, 여행하는 가족 관광객을 위장한 소매치기단이었다(그때는 왜 그걸 의심하지 못했을까? 확실히 그런 표가 나는 가짜 가족이었는데. 아이들을 그런 일에 동원하다니…). 하지만 그날 왠지 어떤 께름칙한 느낌, 그런 직감 같은 것이 있었을까? 그 서브 배낭 안에 중요한 물건이나 많은 돈은 들어있지 않았다. 그저 그때의 안타까움이라고 한다면 마트에서 사 놓은 이런저런 간식거리들과 음료수, 뭐 그런 것들이 전부였다. 그리고 내가 늘 가지고 다니는 여행노트, 볼펜 두 자루 정도, 몇 개의 현지 관광안내 지도, 책자…. 이탈리아에서는 확실히 더 조심해야 하는 것 같다. 그리고 아주 유명한 관광지, 내가 당했던 것처럼 베네치아 같은 곳으로 향하는 열차 안에서는 더더욱 신경 써야 한다. 기차 안에서는 이탈리아 현지인들조차도 상당히 자기 물건에 신경 쓰는 눈치다. 특히 열차 안에서 위쪽 선반 위에 중요한 것을 함부로 올려놓으면 안 된다. 비싼 카메라 가방 같은 것 말이다. 어쨌거나 이 대가족을 위장한 전문 소매치기단하고, 플러스 알파의 흥미롭고 재미난 이야기는 나중에 꼭 하게 될 것 같다. 조금은, 아니면 매우 충격적인 사실도 그 안에 함께 있다. 나만의 밀라노나 베네치아, 혹은 베로나 이야기를 하면서 풀어놓으면 좋을 것 같다. 내가 탔던 그 열차는 밀라노 첸트랄레(Centrale, 이탈리아어 'ce' 'ci'는 'ㅊ'발음이 난다)역에서 출발, 사랑의 도시 베로나를 거쳐 베네치아 산타 루치아(Santa Lucia)역에 도착하는 것이었다. 그 산타 루치아의 동쪽으로는 더 이상 열차로 더 갈 수 있는 곳은 없다(둥글게 해안선을 따라 트리에스테에 갈 수 있지만). 그 다음에는 바다, 아드리아 해가 나온다. 그 작은 바다를 건너면 크로아티아나 슬로베니아에 닿을 수 있다.

5세기경 로마제국이 붕괴할 그 즈음, 일부의 로마 난민들이 이주하여 이곳 베네치아의 늪지대, 척박한 석호 위에 도시를 건설하기 시작했다(요즘은 지구온난화에 따른 해수면 상승으로 인해 침수가 잦아지고 있다). 이후 중개무역과 상업이 크게 번성하면서 9세기경 강력한 베네치아 공화국의 틀이 완성되어 갔는데 그것이 바로 '가장 조용한 공화정 (共和政)' 즉 '라 세레니시마(La Serenissima, 최상급 표현이다. Serénus=조용한)'다. 몰락한 망국의 로마 '그 시끄러운 공화정'에 빗댄 말이다. 기원전 753년 4월 21일부터 서기 476년까지 1,229년 동안 이어온 로마의 역사는 그렇게 고대의 전설로 사라졌다.

아무튼 그건 그렇고, 프랑스의 오베흐(Auvers)는 화가 빈센트 반 고흐가 70일 정도를 머물며 스케치와 데생을 포함하여 약 80여 점의 그림을 남긴 곳이다. 그리고 반 고흐 외에도 이미 폴 세잔, 까밀 피사로, 르누아르 등과 같은 유명한 화가들이 그림을 그린 곳이기도 하다. 그런 자기창작의 동네였다. 하지만 그런 회화적 유명세에 비교하자면 그리 많은 관광객들이 북적이는 곳은 아니다. 그저 한적한 프랑스 시골의 구수한 들녘 냄새가 났다. 그림엽서 몇 장을 사러 들어간 오베흐 관광안내소, 그곳 반 고흐 기념품 가게 아가씨의 미소가 프랑스 시골의 풍경화처럼 따뜻하고 친절하다. 연한 분홍빛 블라우스 안에 꽃처럼 받쳐있는 흰 목과 해맑은 얼굴, 또 그 연분홍빛 상의와 강렬한 색조대비를 이루는 빨간색 치마가 예쁘다. 웃음 짓는 눈꼬리와 입의 선이 그렇게 부드럽고 곱다. 만화 속에 나오는 여인 같다. 그 순간 '프랑스 여자는 아름답다'라는 생각이 나를 세뇌시키듯 머릿속에 들어찬다. 그건 물론 외모만을 두고 하는 얘기는 아니다. 프랑스적 부드러움과 개방성, 똘레랑스(tolérance), 고집스러움, 그리고 곧은 저항의식 같은 것이 함께 배어들어, 그런 것들이 한데 뒤섞여 독특하면서도 묘한 매력을 발산한다. 심사숙고하지만 말을 할 때는 직설적이고 그대로의 원색을 띤다. 애매모호하게 말하지 않는다(호주에서 아주 친하게 지냈던 프랑스 여인이 있었다. 또 스페인에서도 가까웠던 프랑스 여인이 있었다. 난 그들과 잘 맞는 편이라고 생각한다).

내가 여행 중 베트남에서 뭔가 좀 잘못하고 있다가, 프랑스 아가씨한테 된통 한방 먹었던 기억이 있다. 그녀는, 그들은 필요하다면 자기 생각을 가감없이 표현한다(하지만 감정적 뒤끝은 별로 없다). 지금 생각하면 그 장면은 확실히 나의 부끄럽고 모자란 행동이었다. 하지만 그 프랑스 아가씨에게 정확한 전후사정을 설명할 수 있는 상황은 아니었다. 나름 억울하게 그 아가씨한테 한방 먹은 부분도 없지 않아 있다. 하지만 그때, 그것에 대한 억울함보다 내 부끄러움이 먼저 그녀를 통해 떠올랐다. '아차! 이런…' 마음이 뜨끔했다.

그 옅은 분홍색 빨간 치마의 오베흐 아가씨에게 계산을 마치고, 나는 그 작은 관광안내소를 나온다. 그저 엽서 몇 장, 별로 산 것도 없는데 아가씨는 환한 미소로 반갑게 마무리 인사를 한다. 오베흐의 햇살 같다. 나는 나오는 길목에 필요하다고 생각되는 마을 지도와 오베흐에 대한 소개 책자를 몇 개 집어 가방 안에 넣는다. 아직 그 가방을 도둑맞기 전이다.

오베흐 쉬르 우아즈는 빈센트 반 고흐, 그가 37년의 그 짧은 생(生)을 마감한 곳이기도 하다. 1890년 7월 27일 어둠이 스르르 접혀 들어오던 저녁 무렵, 까마귀가 나는 밀밭에서 권총 자살을 시도했고, 그렇게 사경을 헤매던 이틀 후인 29일 그는 드라마보다도 더 드라마틱한(너무 식상한 표현인데, 그것 말고는 또 다른 표현이 없다) 자신의 생을 마무리했다. 그리고 그 깊은 충격과 후유증은 반 고흐의 영원하면서도 거의 유일한 후원자이고 지지자이며, 그를 열렬히 사랑했던 동생 테오의 죽음으로 이어진다. 그 상실감이 얼마나 깊고 큰 것이었을까? 얼마나 삶에 큰 정신적 충격이 된 것일까?

반 고흐가 죽고 나서 불과 6개월 만의 일이다. 형이 죽고 6개월 만에 동생 테오도 삶 저편의 경계를 넘었다. 동생 테오의 유해는 처음 네덜란드 땅에 묻힌다. 그러나 또 다른 한 사람, 누구보다도 그들 형제를 잘 이해하고 사랑했던 동생 테오의 아내 요한나의 뜻과 결정에 따라 제법 오랜 시간이 지난 1914년, 드디어 테오의 유해는 사랑하는 형 빈센트의 옆자리, 오베흐로 옮겨진다.

오베흐 마을 동쪽에 위치해 있는, 낮고 넓은 언덕 위 공동묘지 하늘에 잠자리들이 한가롭게 날고 있다. 옆에는 알갱이가 굵은 누런 밀밭이 펼쳐져 있고 그 밀밭 사이로 여러 갈래의 좁고 투박한 오솔길들이 나 있다. 몇몇의 관광객들이 그 반 고흐의 공동묘지로 모여들고 있다. 높은 톤의 미국식 영어가 그 들판 위에서 작게 울려 퍼져 들려온다. 한 무리의 미국 여성 관광객인 듯, 그 소리만이 유일하게 이 시골의 깊은 정적을 어색하게 가르고 있다. 지극히 프랑스적인 전원 풍경 위에 울려 퍼지는, 톤 높고 그 구간구간이 연음으로 흐릿한 미국식 영어가 내게는 왠지 부조화스럽게 느껴졌다. 그러면 영국식 영어의 짧뚱짧뚱한 느낌이었다면 좀 더 자연스럽게 느껴졌을까? 어쨌든 한없이 평화로운 풍경이다. 그 들판으로 거침없이 내닫는 내 시선, 바라보고 있는 내 마음도 한없이 평화로워진다.

그 여름 잠자리가 한가롭게 비행하고 있는 빈센트와 테오의 묘비 위에 불어로 이렇게 써 있다.

'ICI REPOSE(이씨 허뽀즈)'

'여기(ICI)에 잠들다'

테오의 아내 요한나와 빈센트 삼촌의 이름을 그대로 이어받은 그녀와 테오 사이의 아들 빈센트 빌렘 반 고흐는 이후 세상에 '화가 빈센트 반 고흐'를 알리는 데 아주 많은 역할을 하게 된다.

빈센트와 테오의 묘지

오베흐의 밀밭

오베흐의 하늘과 들녘이 평화롭다

전설처럼 아득한 그 오래전의 시간 속에, 그 까마귀가 날았을 밀밭을 지나고 있다. 하지만 빈센트가 거닐던 그때나 지금이나, 풍경은 변함없이 그대로 멈춰 있는 듯하다. 그 모든 풍경과 들판의 냄새들을 빈센트의 눈으로 코로 나는 느끼게 된다. 이런 것들을 빈센트도 오래전에 보고 느꼈을 것이다. 구수한 흙냄새, 바람결의 풀 냄새, 작은 새들이 지저귀고 나뭇잎들이 한가하고 하얗게 뒤집혀 흔들린다. 그리고 멀리 들판 끝에 반 고흐의 그림에도 등장하는 오베흐 교회의 시계탑이 보인다. 그 누런 들판을 말없이 떠돌다 나는 다시 마을로 들어온다. 그렇게 조용한 오베흐의 마을 안 구석구석을 다니다 보면, 유명한 그림 속 장소들이 곳곳에 숨겨져 있다. 유명한 옛 그림들이 큰 안내판으로 그 장소 앞에 세워져 두리번거리던 발길을 멈추게 한다. 하지만 그 그림 속 풍경과는 현재 많이 달라진 곳도 있고, 그래도 그런대로 그 옛 시절의 분위기를 풍기는 장소도 있다. 마을의 골목과 골목이 마주치는 조그마한 공원 휴식처에서 어린 아들과 젊은 일본인 부부가 한가로이 떠들고 있다. 여자는 프랑스와 아주 잘 어울리는 검정색 리본으로 둘러쳐진 예쁜 여름용 밀짚모자를 쓰고 있다. 나는 왠지 이 먼 곳의 조용하고 외진 작은 장소에서 만나게 되는 동양인이라 친밀한 감정이 생겨난다. 인사를 하지는 않았지만 웃음을 머금은 입가의 미소와 반가운 듯한 시선을 서로 교환한다. 일본어의 울림도 이 장소와는 낯설다. 이제 마을의 좁은 골목길을 빠져나와 큰길을 따라 걷는다.

그렇게 반 고흐가 살았고, 숨을 거두었던 집인 라부 여인숙 (Auberge Ravoux, 오베흐주 라부) 앞을 지나면 바로 왼쪽 건너편에 또다시 반 고흐의 그림 속에 등장하는 19세기 모습 그대로의 아담하고 작은 오베흐 시청이 나온다. 무슨 마을행사가 있는지 그 작은 시청 앞 광장이 사람들로 가득하다. 꼬마 아이들도 한껏 신나 있다. 살가운 가족적 분위기란 이런 것을 두고 하는 말일 것이다. 그 많은 사람들 모두가 한 가족 같아 보였다. 그리고 계속 프랑스 시골의 작은 정취를 즐기며 나는 앞으로 나아간다. 두리번거리는 느릿한 마을 산책이 무척이나 즐겁다. 반 고흐는 물론 폴 세잔, 피사로 등, 그들이 앉아 그림을 그렸고, 그렇게 그림 안에 담았던 실제의 장소들을 따라 하얀 살결 같은 시골길이 산책로처럼 쭈욱 이어져 있다. 마을의 중심부를 벗어나는 듯한 지점, 오른쪽에는 아름다운 정원과 소박한 크기의 오베흐 성이 있다. 나는 계속 걷는다. 편도 3~4㎞ 정도 되는 가늘고 긴 오베흐의 시골길을 마치 프랑스 시골 농부가 된 것처럼 걷는다. 유명한 그림 속의 실제 장소들이 계속 나오고, 그 실제 장소 앞에는 커다란 그림 안내 표지가 세워져 있다. 그리고 그와 동시에 심신안정제와 같은 서정적 풍경들이 내 눈앞에서 계속 바람에 날리고 흐느적거린다. 생기 넘치는 자연의 색과 움직임과 율동. 심신(心身)의 모세혈관 아주 작은 구석구석까지 안정이 찾아든다. 공기의 압이 한없이 너그럽다. 자비롭다. 마치 구름 위를 걷는 것처럼 편안해진다. 그 공간 안에 서정(抒情)이 가득하다. 그 공간 속에서 내 몸에 닿는 기압이 다르다는 것을 느낄 수 있다. 파리와 오베흐의 공기압은 많이 다르다.

'서울과 오베흐의 공기압은 얼마나 다를까? 공기의 질감, 색감 자체가 다르다.'

자전거를 타는 사람들, 그 자전거를 멈춰세워 놓고 시골의 한적한 카페에 앉아, 오후 햇살처럼 담소를 나누며 차를 마시고 있는 사람들. 희미한 프랑스어 소리와 플로럴한 웃음이 내가 걷는 길 위로 흘러 내려온다.

인간은 그곳의 공기와 풍경들이 다듬어내고, 빚어내 만들어질 것이라는 생각을, 나는 하기 시작한다.

군이 별도의 의지적 결심을 하지 않아도, 저절로 순리에 순응해 살아가는 겸손함과 부드러움, 또는 소박함. 쉼 없이 멈추지 않고 계속 욕심과 욕망을 펌프질하며 사는 것도… 그곳의 풍경들이 사람의 눈과 마음속으로 들어와 빚어내 만들어지는 것일 거라고, 나는 생각하게 된다. 그처럼 몸담아 살고 있는 그 환경과 풍경이 그렇게 인간을 어려서부터 성장시키고 자라나게 할 것이다. 자연의 순한 풍경 속에 그렇게 순한 사람들이 야외 카페에 앉아 초록 포도나무 잎처럼 웃고 있다. 나와 슬쩍 눈길이 마주친다. 나를 보며 웃는다. 나도 따라 웃는다. 풍경과 사람이 닮아 있다. 그곳 공기와 사람의 표정이 닮아 있다. 그 자연의 선과 색감을 닮은 작은 집들과 풍요롭게 둘러선 풍경이 내 눈에 그처럼 부드럽게 닿는다. 내 몸도 마음도 그처럼 부드럽게 풀어진다. 한없이 풀린다.

분명 풍경과 사람은 그렇게 서로 교감하고, 그렇게 서로 영향을 미칠 것이다. 풍경이 그 사람을 가꾸고, 그 사람이 또다시 그 풍경을 가꾸는….

지금 이 순간, 마음 같아서는 한 두어 달 한량같이 이곳에 늘어져 지내고 싶다. 그러면 왠지 나도 반 고흐를 따라 이곳저곳을 다니며 그림 그리고 싶은 충동을 느끼게 될 것만 같다. 사진보다 그림에 담고 싶은 풍경들이다. 그림이었을 때 그 내면이 더 잘 표현되어 나올 것 같다. 하지만 만약 그림을 그리게 된다면, 나는 거친 표면과 터치의 유화보다는 오래전 학생 시절, 하얀 플라스틱 팔레트 위에 물을 살짝살짝 적셔 채색하던 수채화로 그려 보고 싶다. 그 물기 어린 색들이 하얀 종이 아래로 스며든다. 그리고 그 수채화 안에 '처음' 그렸던 연필선의 스케치가 희미하게 보인다. 그 그림의 마음처럼, 그 그림의 옛 기억처럼 연필선이 곱다. 하얀 종이 들판 위에 흙처럼 흩뿌려져 있는 소중한 연필선들, 때론 서툴고 실수도 하면서… 여러 번 고쳐 그은 그 연필 자국들, 그리고 그 위에 번져 있는 자연의 색채….

'그래, 대체 그림이라는 것을 그려 본 적이 언제였던가!'

그리고 나는 그 옆에 적당한 시(詩), 또는 그런 글을 적어 보고 싶다. 시골 자연의 풍요와 아름다움을 노래하는 나만의 시 같은 것, 그런 작고 깊은 감격의 글을….

풍경과 글이 어우러지는 모습은 내가 가장 선호하는 배치다. 그 사진, 그림의 풍경이 때로 글의 상상력을 제한할 수도 있지만, 더욱더 그 글의 정취를 깊게 해주기도 한다. 서로를 사랑한다. 서로 교감한다.

한 장의 사진이나 그림 또한 자신만의 스토리를 갖는다. 글, 언어라는 것도 표현의 질감에 있어 그런 그림과 비슷하다. 모두 다 무언가를 그려내고 있다. 무엇인가를 치환하고 있기도 하고, 암시하기도 하고, 때론 어떤 불명확한 이미지처럼 흐르기도 한다.

당신과 내가 하는 모든 것들은, 그것이 그 무엇이든지 부지불식간에 '내 자신'이, '내 모습'이 치환되어 나오는 어떤 것이다. 반대로, 보여지는 외적인 많은 것들은 숨기려 해도 그 내면 안으로 깊이 흡입되어 있다. 하지만 세상에 전부(all)로서의 하나가 명확하게 존재하기 어렵

다. 혼합되어 불명확하다. 그 사이를 오간다. 나는 결말에 도달해야
하는데, 또다시 내 안에서 흩어진다.

　나에겐 글들이 때로 그렇게 그림처럼, 어떤 불명확한 이미지처럼 느
껴져 들어오곤 한다. 또한 그런 그림과 이미지의 형태로 남아 있다.
그래서 그림을 그리듯 글을 쓰곤 한다. 회화적인 글이 될 때가 많다.
그게 글로서 괜찮은지는 모르겠다. 다만 분명히 서로 다른 표현수단
을 갖고 있기는 하다. 글과 그림이.

　풍경과 글, 그 두 표현 형태를 함께 배치할 때, 인간의 직감과 상상
력은 가장 현실적이면서도 이상적인 물상(物像)과 심상(心像)을 얻게
된다. 그리고 그렇게 몸과 마음에 스며든 상(像)들은 삶의 그윽한 즐
거움에 다가갈 수 있도록 도움을 준다. 설령 그것이 불명확할지언
정…. 그걸 억지로 명확하게 하지 말자.

　무언가를 천천히 즐길 수 있다. 이해할 수 있다. 시간을 둔다. 우린
무엇인가에 그렇게 천천히 다가갈 수 있다. 그럼으로써 현실의 표면
위에 자신만의 이상이 꽃처럼 여름풀처럼 서서히 자라나게 된다.

　그렇게 긴 시골길을 바람처럼 나뭇잎처럼, 오베흐의 작은 길들을
걸었다. 파리의 근교로 잠깐 나와도 이렇게 완벽한 자연들이 펼쳐진
다. 저 멀리 푸른 숲속으로 긴 열차가 지나고, 그리고 하루가 뉘엿뉘
엿 저물어갈 저녁 시간쯤(하지만 프랑스의 여름은 아직 밝은 빛으로 쨍쨍
하다), 나는 다시 오베흐 쉬르 우아즈 기차역으로 되돌아왔다.

　그리고, 기차역에서 퐁투와즈로 되돌아가기 위해 무심코 건너편 철
길로 넘어가는 계단과 지하통로를 지나려 할 때, 그때 그 알 수 없는

묘한 일이 벌어졌다. 지하통로 안에 그득한 벽화들.

아주 오래전 그 어떤 여자 친구의 파스텔톤 바탕 위에 연분홍 꽃으로 장식되어 있던, 그 봄날의 셔츠가, 그날의 기억과 함께 내 기억의 판 위에 선명하게 드러났다. 내 기억의 단면을 예리한 칼날로 베어낸 듯이 하얀 천 위에 붉은 꽃물처럼 선명하게 번져 일어났다. 무의식 속에 오래도록 잠들어 있었던 그날이, 그 색감이, 그녀의 첫 모습이 어두컴컴한 먼 기억의 틈을 째고 빛처럼 올라왔다.

내가 너무 무심하게 살아온 것일까? 이 정도로 내가 그녀를 잊고 살았던가? 얼굴도 잘 기억나지 않았다. 불현듯 내 꿈속에 모습을 드러낸 적도 없었다. 어딘가 저 편으로 형체 없이 잊혀져 가던 모습이고 얼굴이었다.

그리고 잠시 후, 잠시 후, 지하통로 벽에 반 고흐가 좋아했던 그 노란 해바라기가 눈에 들어왔다.

3
파리로 향하는 열차

대칭성(혹은 양면성)

　한적하고 작은 시골의 오베흐 기차역, 퐁투와즈로 되돌아가는 열차를 잡아타고 자리에 앉는다. 올 때나 갈 때나 기차 안에 사람은 별로 없고 한가하다. 기차가 기우뚱 천천히 미끄러져 나간다. 그리고 덜컹대기 시작하는 기차 안에서, 창밖으로 지나는 파리 근교의 평화로운 시골풍경을 바라보고 있는데, 그녀의 첫 모습, 그 오래된 옛 기억들이 겹쳐지기 시작했다. 그리고 조금은 그곳의 더 안쪽, 깊숙한 내부로 들어가 노트에 그녀를 적었다. 그녀의 오래된 모습과 색채와 향기가 펜에 눌려 하얀 종이 위에 나타났다. 살구빛 목덜미, 곱게 비쳐들던 봄 햇살, 파스텔톤 쉬폰 소재의 얇고 고운 블라우스, 바람, 향기, 그 위에 떨어져 있던 작고 예쁜 연분홍 꽃잎들… 그 꽃이 구체적으로 어떤 꽃이었는지는 알 수 없다. 하지만… 반 고흐의 그림 속에 등장하는 흰 아몬드나무 꽃이었을까? 아니면 또 다른 분홍빛의 복숭아나무 꽃. 아니면 벚꽃….

　아무튼 그녀의 파스텔 연분홍 꽃의 옷과 얼굴과 표정은 그날 봄빛으로 가득했다. 그녀의 기분도 그 봄빛처럼 설레는 듯 부풀어 있었던 듯싶다. 우린 서로 좋은 인상을 받았다. 그걸 그날 느낄 수 있었다.

또한 그 이후의 일들이 그걸 분명하게 증명한다. 그렇게 알 수 없는 것들이 나를 관통해 이어져 있었다. 우리 속에 잔 나뭇가지처럼 이어져 있는 많은 것들… 그렇게 이어져 있는 알 수 없는 것들은 내게 글을 쓰는 데 도움이 되어 준다. 아니, 그것이 나로 하여금 글을 쓰도록 이끈 것이리라. 마치 신경계의 뉴런처럼 내 상상력을 크게 자극시킨다. 처음엔 흐릿해 보이지만 그것이 길이 된다. 그리고 차츰 선명해진다. 그리고 그렇게 자극된 상상력은, 느낌은 또 다른 공간으로 파고들고… 세상과 삶을 섬세하게 느끼는 것은 좋다. 감수성이 높다는 것은 작은 것에 감사하고 그 기쁨을 누릴 수 있다는 것이다(때론 무뎌져야 하는 험악한 세상이지만). 작은 기쁨들을 가꿀 수 있게 해준다. 그리고 그 차분한 시선 속에서 삶 안에 존재하는 상호 대칭성 같은 것을 이해하게 되기도 한다. 삶은 적당한 자연적 균형을 이루기도 하지만, 자연스럽게 섞여들어 하나와 같이 조화를 이루고 있는 듯도 하지만, 그 내부 안에는 서로 전혀 어울릴 것 같지 않은, 서로 대립되고 모순되는 '대칭(혹은 양면)'이 존재하기도 한다. 그 안에 몰래 숨어들어 있는 대칭… 그 대칭의 모양은 대립적이기도 하고, 때론 상호 공존적이기도 하다. 상호 갈등적이기도 하고, 때론 상호 이해적이기도 하다. 그 결정의 날카로운 끝은 상대를 고통스럽게 찌르기도 하고, 그 대칭의 끝과 끝은 서로 닮아 있기도 하다. 반대인 듯하면서 같은 모습을 이룬다.

'삶의 비극과 희극은 그렇게 살과 뼈처럼 하나로 붙어 있다.'

노트에 그녀에 대한 메모를 적던 눈을 잠시 들어 다시 창밖을 바라본다. 한가한 시골풍경 속에 이따금 싸이프러스나무가 높게 솟아 지나고, 그 뒤에 누런 밀밭이 무심하게 펼쳐진다. 화사한 햇살과 바람에 날려 싸이프러스의 그 수많은 초록 나뭇잎들이 물고기 비늘처럼 반짝거린다.

프랑스 시골의 목가적 풍경과 삶의 여유가 그림처럼 그려져 있다. 그 창밖을 지나가는 풍경의 차분한 색조(色調)가 내 마음까지도 열반의 경지에 이른 듯 해탈된 기분을 느끼게 한다. 실로 그 풍경은 끝없는 마음의 평온을 얻게 한다. 마음이 한없이 평온해진다. 마음 안에 어떤 독성도 스며들 수 없다. 시각, 그 시신경을 통해 들어오는 풍경이 구체적인 감정의 상태로, 의식의 상태로 변환되는 것이다. 시각이, 그 이미지가 내 몸 안에 실재(實在)한다.

삶 속의 좋은 일, 나쁜 일, 유쾌한 일, 불쾌한 일은 마치 뼈와 살처럼 하나로 붙어 있다. 그걸 억지로 뜯어내 분리하려고 한다면, 그건 좀 어리석다. 분리할 수 없기 때문이다. 함께 순환하며 삶의 전체가 된다. 그냥 그렇게, 있는 그대로 이해하고 수용하는 것이 좋다. 그리고 그것을 차분히 더 깊이 공부해, 이해할 수 있게 된다면, 그 비극과 희극적 상황에 그다지 집착하지 않게 된다. 순간에 일희일비하지 않는다(그건 분명 쉽지 않은 일이지만). 자신이 내적으로 완성되어 가는 느낌 같은 것이 있다.

단지 그것(희비)이 방치된 당신의 감정에 따라 요동칠 뿐이라는 것을 이해하게 된다. 당신의, 나의 감정은 때론 버려진 듯 방치되어 있다. 그리고 그렇게 제멋대로 요동친다.

따라서 '희비(喜悲)'라는 것은 그 자체의 절대적 문제라기보다는 당신, 내 마음(감정)이 불러일으키는 문제에 더 가깝다. 그 진폭의 문제이다. 우린 그 진폭을 크고 거칠게 만들어 놓는다.

비극과 희극, 희극과 비극, 그 구분, 경계 자체가 모호하다는 것을 깨달을 수 있다. 그 경계는 사실 모호하다. 좋고 싫음, 나쁨, 좋음은 우리들의 감정을 따라 심화될 뿐이다. 그리고 우리가 아는 많은 것들은 생각보다 부정확하다. 감정 또한 부정확하다. 그런 걸 정리할, 내 시간이 필요하다.

유럽에서 '프랑스'는 특히나 그녀가 와 보고 싶어 했던 여행지였다. 나도 잘 모르는 프랑스를 그녀와 이야기할 때가 있었다. 프랑스의 막연한 어떤 느낌, 또는 파리의 여성성이 그녀와 잘 어울리기도 했다. 분명 프랑스적 느낌이 있다. 지금쯤은 그 프랑스 여행의 소원을 이루었기를 빌어 본다(함께 올 수는 없었지만).

하지만 그녀의 진심이 오베흐 쉬르 우아즈 같은 시골풍경의 프랑스를 더 사랑했던 것인지, 아니면 파리의 화려한 일부의 모습을 동경했던 것인지, 나는 확신할 수 없다. 오랜 시간 뒤인 지금은 더욱 확신할 수 없다. 아니, 오히려 알 수 있을 것도 같다⋯.

그렇게 그 모든 사실들을 까맣게 잊고 있었는데, 그리고 프랑스를 여행하면서 단 한번도 생각나지 않았던 그녀가, 오베흐의 기차역에서 마치 허를 찔린 듯 기습처럼 떠올랐다.

그러나 내 현재의 감정은 생각보다 건조하다. 그냥 아주 친했던 어동생 같은 모습으로 가물가물하다. 내 기억 속에 남겨져 있는 것들이 분명 있지만, 이제 그 형체의 윤곽은 희미하고 허술하다. 기억일 뿐, 지금 실재하지 않는다. 기억일 뿐, 현재의 마음이지 않다. 그날의 감정은 분명 설레는 것이었지만, 그 설레었던 내 감정을 무심히 나는 바라보게 된다. 이제 조금씩 나는 내 감정을, 내 마음의 움직임을 차분히 바라볼 수 있는 나이로 나아가는 것 같다. 감정의 깊은 곳에 고립되어 있던 제법 어린 시절과 그 감정의 바깥에서 바라볼 수 있는 지금은 완전히 다르다. 좀 더 무엇인가가 선명해진다. 지금까지 내 인생 속에 수놓아져 있던 많은 기억의 책장 속에, 파스텔톤 겉장에 연분홍 꽃잎이 떨어져 있는 듯 디자인된, 예쁘고 고운 시집 정도라고 생각하고 싶다. 소박한 종이 재질, 양장본의 그 겉표지에 닿는 손바닥의 질감이 참 기분 좋은, 그런 작고 예쁜 시집. 지금 나는 그것을 낡은 책장에서 꺼내, 살짝 들춰 보고 있는 것일까?

하나의 아름다운 파스텔톤의 별이 내 삶의 궤도에서 떨어져 멀리 눈물을 흩뿌리며 날아가고 있었다. 아프고, 그조차도 아름답게 느꼈었다. 모든 것은 있는 그대로 진리이고, 아름다움이다. 나이를 먹을수록 난 그런 걸 문득 깨닫게 된다. 있는 그대로 우린 제 갈 길을 가는 것이다. 내 손끝에서 떨어져 무중력의 넓은 우주공간으로, 하얀 눈발이 날리듯, 서서히 멀어져 갔다. 그리고, 지금 내가 쫓는 것은… 어쩌면 '그녀'가 아니다. 그것은 우리를 둘러싼 '그때의 공기' 같은 것일지 모른다. 그런 순수한 시간의 뭉치들, 또는 그 시간을 비껴 흐르던 어떤 음악, 또는 그 음악 속에 함께 뭉쳐진 그때의 시대감 같것… 천천히… 때론 너무 빠르게 흘러갔던 시간, 그런 되돌릴 수 없는 것들….

우린 그렇게 되돌릴 수 없는 것들을 잠시 뒤쫓곤 한다. 하지만 그것이 우리 인생의 차가우면서도 따뜻한 현실 같다. 그래서 인생은 아름답고도 아련하고, 모자란다. 내가 생각하는 아름다움은 항상 그렇게 한쪽이 깨진 미완성으로 완성을 완성한다. 완성은 미완성이다. 그리고 미완성은 완성이다. 그건 그런 것이다.

하지만, 털어낼 것은 털어내야 그 자리에 새로운 살이, 새로운 의미가 돋고 자라날 수 있다. 그렇게 삶은 스스로 의미를 찾는다.

나는 우리가 절대 비극적인 결말을 얻었다고 생각하지 않는다. 그건 서로의 러브스토리의 희극적인 결말이었고, 현실이었다. 난 그것을 수용했던 그때처럼, 지금도 지극히 만족한다. 만약 오늘날까지 그녀로 인한 빈 공간이 내 안에 존재했다면, 그 공간은 계속 새로운 것으로 버거울 만큼 채워지고 있었다. 새로운 것으로 채우기 위해서는 그만큼의 공간을 비워내야만 한다. 새로워진다는 것은 항상 그런 의미를 내포하고 있다. 그런 것들이 모두 한계를 크게 뛰어넘어 양립할 수 없다. 사랑은 무한대로 늘릴 수 있을지도 모르겠지만, 시간의 제한성이 그것을 한정짓는다. 시간이 그것을 허용하지 않는다. 시간과 세월(의 흐름)이 무한대의 사랑을 용납하지 않는다. 자기 외부의 연인과의 '사랑'과 인생 속 '자기실현'은 서로 밀어내기하는 성질이 존재할 수 있다. 물론, 양쪽 모두를 적절한 시간과 제한된 영역 안에 잘 조화시킬 수는 있다. 하지만 그것들 양쪽 모두를 크게 욕심내려고 하다 보면, 현실은 정작 그 양쪽, 그 어느 것도 필요한 만큼 성취할 수 없게 만들어버리곤 한다. 어느 순간 그 사이에는 작은 틈, 균열이 발생하고 그것이 조금씩 넓게 벌어진다. 삶 속에는 그런 상호 대칭이 존재한다. 서로 피할 수 없이 맞부딪치는 것들. 욕심이라는 것이 나도 모르게 어느 한쪽으로 기울어버린다.

우선 무엇보다 나는, 그 사랑보다 '내 자신'에 치우쳐 사는 사람이다. 그런 면에서 난 이기적이다. 그걸 난 잘 안다. 그것이 내가 갖고 있는 한게 같기도 하고, 또한 동시에 무한의 의미를 갖는다. 내 자신 하나조차도 그 시간의 제한성 안에 나를 알맞게 설계해 넣어야 한다. 한 인간의 시간은 짧다. 우린 모든 것을 누릴 수 없다.

하지만 바람직한 모습은 있다. 사랑을 인생의 중심부에 놓고, '자기실현'의 일 같은 것은 그 주변부에 적당히 놓고 살아가는 것이다. 조화, 균형, 그 정도만으로 일을 다루는 것이다. 하지만 현대 일상의 모습과 속성은 어떤가?

일(돈벌이)과 다른 잡다하고 번잡한 관계들을 생활 중심에 한 가득 모아 놓고, 사랑은 저 변두리에 밀어 놓고 살지 않는가? 아니면 '사랑'이라는 것은 그것보다도 더 멀리멀리 고립되어 있지 않는가? 진정 사랑이 무엇인지, 생각할 틈도 없다. 우리 삶은 좀 이상해져 있다.

난 그녀에 대해, 그 옛 시절의 모습처럼 좋은 배우자로, 좋은 엄마로 살아가고 있겠지 하고 생각해 본다. 그녀를 생각할 때 언짢은 것들은 다 떨어져 나가고 남매 같은 막역함과 옛 마음속에 투명한 무엇이 아리듯 어른거리곤 한다. 하지만 현재, 어느 때, 그런 옛 시절의 것들이 본래 없었던 것처럼 느껴지곤 한다.

인생 속의 웃음(喜)과 눈물(悲)이란 하나의 줄을 붙잡고 서로 당기는, 줄다리기와도 비슷하다. 정말 남부러울 것 하나 없어 보이는 큰 부잣집 아들과 딸은 눈물과 고통이 없을까?

당연히 있다. 욕심과 자기 이기심은 어떠한 조건에서도 고통과 눈물을 쥐어짜내게 되어 있다. 스스로 만족하지 못하는 삶은 어떠한 금은보화의 왕국에서도 눈물과 고통을 쥐어짜내게 된다.

기쁨 뒤에는 슬픔이 달라붙어 있고, 슬픔 뒤에는 기쁨이 달라붙어 있다. 큰 호화로움 뒤에는 정신적 공허와 인간적 결핍이 달라붙어 있고, 부족함 뒤에는 인생의 깊은 정취와 영감이 달라붙어 있다(물론 잘못된 부족함과 가난의 의식도 삶을, 사람을 망친다).

기쁨이 지나간 자리에는 반드시 다운(down)되는 감정이 찾아오고, 슬픔이 지나간 자리에는 반드시 업(up)되는 국면이 찾아온다. 기쁨의 언덕 너머에 쓸쓸함이 있고, 슬픔의 언덕 너머에 회복의 움틈이 기다린다.

살아 있는 모든 것들은 그렇게 굴곡이 있다. 그것이 생명력이고 살아 있음의 율동 같은 것이어서, 따라서 어떠한 기쁨에도 지나치게 경거망동할 필요 없고, 어떠한 슬픔에도 깊게 의기소침해 있을 필요가 없다. 감정의 줄다리기에 집착해 지나치게 매달리지 말자. 순간에 과도하게 일희일비하지 말자. 그냥 있는 그대로 그 상황을, 당신의 그 감정을 차분히 바라볼 수 있다. 당신에게서 방치된 격한 감정의 호흡을 차분히 고를 수 있다. 자신의 감정을 바라보는 것과 거기에 매몰되어 허우적거리는 것은 완전히 다르다. 자신의 격해진 감정을 바라보는 연습을 해 보자. 그건 분명히 볼 수 있는 것이다. 그리고… 기다림, 약간의 인내심. '나'를 한 부분 억제하는 것.

본래의 제자리로 돌아가는 것

퐁투와즈역 앞 풍경

멍하니 초점 없이 풀려져 떠돌던 내 두 눈동자 안으로 프랑스 시골의 멍하게 한가한 풍경이 초점 잡혀 들어온다. 생각이 떠나고 그 자리에 풍경이 들어온다. 무릎 위의 노트를 배낭 속에 집어넣는다. 베이지색 단단하고 투박한 석재로 만들어진 작고 소박한 퐁투와즈 역사가 내 눈에 들어오고 열차가 멈춘다. 기차에서 내려 퐁투와즈역 밖으로 나가 잠시 바람을 쐬어 본다. 짙은 청회색의 곤충 더듬이같이 디자인된 가로등이 보인다. 역 앞에 일직선으로 길게 이어져 있는 완만한 오르막길의 끝에 마을 성당으로 보이는 건물이 있고, 엄마로 보이는 흑인 여성과 아들로 보이는 꼬마 아이가 가방을 메고 메뚜기처럼 내 앞으로 총총 지나간다. 역 앞 풍경이 시원하다. 불쑥 퐁투와즈를 둘러보고 싶은 유혹이 생겨난다. 하지만 그 마음을 진정시켜, 파리로 가기 위해 과거 서울 지하철 표와 비슷하게 생긴 티켓을 끊고 다시 역 안으로 들어선다. 오늘 저녁쯤 파리 속 일정도 제법 분주하다(내일은 좀 쉬어야겠다). 시테섬과 쎄느강의 좌안, 생 미셀, 까르티에 라탱(소르본느), 그 주변의 블록을 에밀 시오랑의 매의 눈으로 살필 것이다. 그곳이 나름 파리의 제1구역이다. 그러다 지치면 해가 기우는 노트르담 대성당 뒤편 쎄느강변 바닥에 앉아 마트에 들러 사 온 와인이나 맥주를 한잔 홀짝거릴 것이다. 꽤 늦은 밤참이면서 하루의 마무리다. 나는 까르티에 라탱 대학가 주변에 싸고 맛있는 케밥을 좋아한다(한국 학생들은 밖에서 싸게 먹으려면 맨날 케밥만 먹어야 한다고 투덜거리지만). 여름 파리의 하루는 무척 길고, 세계의 수많은 관광객들로 활기찬 그 강둑에 앉아 가물거리는 약간의 취기, 그리고 그곳에서 사람 구경하는 것만으로도 무척 흥겹다. 삶의 새로운 생동, 활력 같은 것을 느낄 수 있다.

플랫폼 한쪽에 서서 주변을 두리번거린다. 열차가 오기에는 아직 이른 시간인 듯하다. 짙은 갈색 뿔테 안경을 쓰고 밝은 분홍색 운동화와 동일한 밝은 분홍색의 학생용 숄더백을 멘 흑인 아가씨가 있다. 그 무척 환한 분홍색들이 사람의 눈을 확 잡아끈다. 나와 힐끗 시선이 마주친다. 상의도 옅은 분홍빛을 띠고 있다. 바지는 그 전체 분홍색감에 너무나 잘 어울리는 스키니 청바지. 환한 분홍과 그 선명한 청색이, 그 배색의 조화가 눈을 시원하게 한다. 그 옆에는 마른 몸매에 큰 키, 발목까지 내려오는 노란 빛깔의 긴 치마를 입은 백인 중년 여성이 서 있다. 그녀도 플랫폼을 서성거린다. 장소의 느낌이 기분 좋다. 살랑거리는 바람결에 희미하게 좋은 향수 냄새가 나는데, 난 그 흑인 아가씨의 것일 거라는 짐작이 생겨난다. 여자들의 물건에는 좋은 냄새가 난다. 오래전 그녀에게도 그녀만의 향기가 있었는데 그 냄새, 후각으로 정의할 수 있는 분명한 그녀가 있었다. 하지만 지금은 완벽하게 잊혀졌다. 그리고 그 비슷한 향을 어디 다른 여성에게서 맡아 본 기억도 없다. 어떤 특정한 향수나 화장품 냄새는 아니었을 것이다. 이제 그것에 대한 기억은 전혀 없지만 그 향기를 맡게 된다면 난 그것을 단번에 알아차릴 수 있을 것 같다. 내 의식의 어딘가에 분명히 저장되어 있는 향이다. 그러고 보니, 그게 참 신비하고도 신기한 일이다. 그녀만의 그 향기라니… 드디어 열차가 들어오고, 우리 셋은 같은 칸의 파리행 열차에 오른다. 나는 다시 오른쪽 창가에 앉아 턱을 괴고 창밖을 바라본다. 프랑스 시골의 풍경은 한가하지만 동시에 풍요롭다. 그 자연의 윤기와 생기가 반질반질하다. 색감적으로도 그렇다. 프랑스의 지리적 위치와 자연은 그 자체로서 큰 축복이다. 나는 프랑스의 많은 곳들을 다니며 그것을 온몸과 감각으로 느끼게 된다.

프랑스의 그런 지정학적 중요성과 풍요는 고대 로마시대까지 거슬러 올라갈 수 있다. 서부영역에 있어 갈리아(프랑스)의 안정은 로마제국에게 있어 매우 중요한 관심사였다.

로마 지배체제에 대한 많은 불평분자들이 도피해 있던 도버해협 너머의 브리타니아(영국)에 대한 견제와 복속(결국 로마연합에 편입된다). 그리고 게르마니아(게르만족, 프로이센 독일)와 대치하고 있는 라인강과 도나우강(헝가리, 부다페스트) 너머의 수많은 야만부족들을 막아서고 있는 방위선 안쪽의 핵심지역인 프랑스의 위치는 너무나 중요했다.

2000년 홍행대작으로 유명한 영화 '글래디에이터'는 그 시대의 로마를 배경으로 하고 있는데, 제정 로마(공화정 이후 황제가 정치의 큰 역할을 하는, 하지만 핵심바탕은 전통의 원로원과 시민에 두고 있다. 유럽의 왕과 동양의 왕은 전통적으로 큰 차이가 있다), 마르쿠스 아우렐리우스 시대의 끝, 서기 180년. 12년간의 게르마니아 전쟁이 막바지에 이르고 있었다. 라틴어로 '검투사'의 의미를 갖는 '글라디아토르(Gladiátor)'를 영어식 발음으로 한 제목이다. 영화의 오프닝은 실존 인물인 막시미아누스를 모델로 하는 가상의 인물, 로마의 속주 히스파니아(스페인) 출신 로마 북부군단 총사령관 막시무스가 진눈깨비가 흩날리는 추운 겨울, 아마도 도나우강(영어로 다뉴브강) 너머 북쪽의 현대 슬로바키아 지역의 어딘가로 짐작되는 곳에서 게르만 부족과 맞붙는 전투장면으로 그 이야기는 시작된다. 하지만 그 영화 속 스토리는 실제 역사적 사실과 디테일에 비교하자면 큰 괴리가 있다. 영화(픽션)화하기 위해 검투사를 스토리의 중앙으로 배치하고, 그리고 거기에 이런저런 세밀한 극적 요소들을 넣다 보니 그렇게 됐을 것이다.

어쨌거나 그 프랑스, 갈리아의 밑으로 내려가면 건조하고 메마른 자연이 드러나기 시작한다. 척박하고 푸석푸석하다. 그리고 프랑스 위로 올라가면 하늘이 우중충해지고 비가 부슬부슬 자주 내린다. 여름답지 않은 여름이 그곳에 있다. 네덜란드 암스테르담의 숙소에서 만난 한 이탈리아 친구가 그렇게 말했다. "여긴 여름이란 것이 없는 동네야! 짜증나지." 대학생인데 학회 세미나 같은 것으로 어쩔 수 없이 왔다고 했다. 신경질적이고 투덜거리기 좋아하는 밀라네제

(Milanése)였다.

하지만 그 중간지대를 이루고 있는 프랑스는 자연의 거의 모든 풍요를 지니고 있다고 말할 수 있다. 너무나 절묘한 위치이고 지중해와 대서양, 알프스를 모두 품고 있다. 그런 프랑스의 자연과 풍경들이 마치 꿈처럼 내게 다가오곤 한다. 그리고 나는 내 머릿속에 남아 있던 노란 해바라기 꽃 속에서 빈센트의 이 말을 찾아냈다.

> 나는 자연이 가장 아름다운 순간에 놀랄 만한 체험을 하게 된다. 그 순간, 더 이상 나 자신을 스스로 믿을 수 없게 돼버린다. 그리고 그 속으로 그림은 마치 꿈처럼 내게 다가온다.
>
> — 빈센트 반 고흐

빈센트는 자연의 색채들 속에 신비한 조화나 대조가 숨겨져 있다고 했다. 그래서 '그것들이 저절로 섞여들어 조화를 이루면, 인간이 다른 방식으로 표현해내는 것은 거의 불가능해 보인다'고 말했다.

사람은 그곳의 자연, 풍경들이 다듬어내고 빚어내 만들어지는 것이라는 생각을, 나는 다시 하기 시작한다. 그처럼 피부에 닿고, 눈에 넣어 살고 있는 그 풍경과 정경들이 인간을 그와 비슷하게 자라나게 할 것이라는 생각을 하게 된다. 창밖으로 강물처럼 흐르는 시골풍경들의 차분하고 한적한 색조(色調), 자연 색채들의 조화가 내 마음까지도 열반의 경지에 이른 듯 해탈된 기분을 느끼게 한다. 노랗게 창문에 비치는 햇볕, 그 햇살을 맞고 자라나는 아이들….

반 고흐의 색채의 소용돌이를 이루며, 그 귀퉁이가 빛의 산란으로 번져 불명확한 그런 그림으로 풍경을 이루고 있다. 수많은 색채의 점들이 제각각 흩어지는 듯하다가 빛으로, 꿈으로 모여들고 있었다.

해탈은 순간의 존재이고, 순간의 자유임을 느꼈다(그리고, 그 순간은 영원하지 않다). 시각, 그 시신경을 통해 들어온 풍경이 구체적인 감정의 상태로 의식의 상태로, 마치 깊은 명상과 기도처럼 변환되어 들어오는 것이다. 그래서 그것이 삶 위에 떠 있는 풍경이든 책이든 생각이든 마음이든, 뭘 보고, '어떻게' 느껴 살아가느냐 하는 것이 중요해진다.

모든 것은 있는 그대로 진리다. 그걸 감출 수 없다. 세상은 사실로 이루어져 있다. 하지만 그 사실은 유일한 뜻과 의미로 결속되기 어렵다. 단 하나로 정의하고 한정짓기는 어렵다. 하지만 그럼에도 불구하고, 보이는 있는 그대로의 상(像) 자체가 하나의 사실인 것은, 진리인 것은 분명하다.

고대 그리스인들이 이상향의 공간으로 묘사했던 '아르카디아'를 생각해 본다. 소박한 전원 풍경의 펠로폰네소스 반도에, 대자연의 풍요와 소박이 가득한 그곳에는 분명 지치지 않는 행복감의 영감들이 숨어 있다. 우리가 꿈꾸는 유토피아는 그런 대자연을 닮아 있다. 그곳이 우리들이 태어난 곳이니깐… 자연치유 능력, 혹은 자기치유 능력.

오베흐 쉬르 우아즈, 1890년 빈센트가 찾았던 눈부신 5월 오베흐의 그 어느 날이나, 나의 지금이나. 그 풍경은 변함없어 보인다.

삶의 희로애락(기쁨과 화남, 슬픔과 즐거움)은 하나의 덩어리로 뭉쳐져 있다. 그것을 말끔히 분리해 구분하고 분별하려고 한다면, 그건 좀 어리석다. 그런 어리석음, 그리고 쓸데없이 힘을 주는 것 등이 불필요한 고통을 쥐어짜내곤 한다. 자기 스스로 인지하지 못하는 결벽증처럼 스스로의 영혼을 끊임없이 피곤하게 만든다. 좀먹어 들어간다.

그냥 있는 그대로 받아들이고 이해하는 것이 좋다. 날이 잔뜩 선, 벌겋게 부어오른 감정이 아니라, 그저 상황과 원인을 이해하는 것이다. 이해하면 안으로 받아들여진다.

'대립과 대칭(다름)'은 생산적으로 공존할 수 있다. 삶의 굴곡과 주름들은 나타났다 사라지고, 사라졌다 나타난다. 그리고 때가 되면, 그저 스스로 해결되는 국면이 찾아온다. "어떻게든 해결된다."

빈센트가 말했던 것처럼 자연 속에 섞여들어 어떤 조화나 대조가 이뤄지게 되면 인간이 다른 방식으로 인위적으로 표현해내는 것은 거의 불가능해 보인다고 했다. 자연과 시간의 힘으로 저절로 해결되는 것이다.

시간은 그렇게 흐른다. 스스로 계속 집착하여 상황을 악화시키지만 않는다면, 해결된다. 어떻게든 해결된다.

받아들이고 그것에 '순응'하면 어느 순간, 반드시 해결되는 시간을 맞이하게 된다. 그러나 그걸 계속 '모난 감정'으로 붙들고, 당기고 조이고 뭉치면, 그것을 수긍하고 인정하지 못하면, 혹은 인정하지 않으면, 해결되기 어렵다. 해결되지 않는다.

그냥 흐를 수 있도록 놔 주어야 한다. 그걸 몸 안에 움켜쥐지 말고, 힘을 빼서 소변으로 흘러 몸 밖으로 빠져나가도록 놔 주자.

그건 물론, 나 자신에게도 자주 주문하는 말이다. "네 몸과 마음을 가장 편안한 상태로 둬, 힘주지 말고…"

시간은 그렇게 흐른다.

내가 탄 파리행 열차가 드디어 가흐 뒤 노흐(Gare du Nord), 파리 북역에 도착했다. 거대하고 웅장한 아이보리색 19세기 건축물의 역사를 빠져나와 남쪽을 향해 나는 다시 걷기 시작한다. 파리 북역에서 일직선으로, 계속 남으로 걸으면 노트르담 대성당이 있는 시테섬이

나온다. 파리 지도를 활짝 펴 보면 거의 정중앙쯤에 시테섬이 자리 잡고 있다. 파리의 중심점과도 같다. 그리고 프랑스가 태어난 곳이다.

프랑스의 동화 속 같은 시골을 걷는 것도 좋지만, 도시 파리를 걷는 시간 또한 행복하다. 그래서 파리를 걷고, 또 걷는다. 그리고 내가 입버릇처럼 따라 하게 되는 말, '걷는 사람에게 절망은 없다(자크 레다, 걷기를 무척 사랑했던 프랑스 시인).'

걷기는 많은 생각들(혹은 복합적인 감정들)을 정리해 주고, 일단 걷는 것만으로도 우울, 혹은 무력감 같은 부정적 상태가 개선되고, 기분이 좋아지고 상쾌해진다. 그리고, 그래서 육체적으로(또는 정신적으로) 자기 면역력이 좋아지기도 한다.

다시 도심 속에 나타나는 파리의 붉고 푸르고 노란 다채로운 카페들, 다양한 얼굴과 표정과 옷차림의 사람들이 지나고, 도시의 들판처럼 펼쳐진 견고하고 묵직한 석재의 고딕양식 건물들, 세련되게, 파리스럽게 자리 잡은 이탈리아 르네상스양식의 프랑스 건축물들, 또는 다른 다양한 시대의 것들, 구조물들, 골목과 골목으로 작고 큰 동네가 혈관처럼 삶처럼 인간처럼 이어져 있고 또다시 큰 광장이 나온다. 숨겨진 골목의 끝에 아주 작은 광장, 정원을 만나기도 한다. 한 사람이나 간신히 지날 수 있는 골목의 끝에 또 다른 색감, 상상의 세계가 입구를 지나자 커다랗게 펼쳐진다. 하늘 위로 열린 공중정원의 낡고 소박한 파리의 아파트들을 만나기도 한다. 고개를 젖혀 그 아파트 끝의 파란 하늘을 바라본다. 구름이 흐른다. 벽에 욕조처럼 장식된 분수대, 혹은 식수대를 만나기도 한다. 때론 어느 골목 구석에서 찌릿한 오줌 냄새가 나기도 하고….

그 오래된 골목들은 인간의 역사이자 문화이고 호흡일 것이다. 때론 정신이고 지향(志向)일 것이다. 난 그게 좀 더 인간적인 공간이라는 아늑함을 느낀다. 그 공간 안에서 인간과 인간 사이의, 간격의 친밀감을 느낀다. 그게 좀 더 인간에게 적합한 공간인 듯 느껴졌다. 인간성(人間性)의 터전을 이루고 있는 듯한 장소… 천천히 걸으며 돌벽을 손으로 쓰다듬는다.

스위스 태생의 프랑스 건축가, 르 코르뷔지에는 '건축은 땅 위에 시를 짓는 작업'이라고 말했다. 도시는 시적이고 인간적인 상상력도 필요한 것이다. 인간이 살기 '위한' 곳이니까. 인간은 본래 詩를 닮아 있다. 시적 동물이다. 그리고 건축에는 주변 풍경과의 시각적 조화 또한 필요하다. 제멋대로 자기오만으로 지어 놓은 건물은 바라보기에 불편하다. 자기만 잘났다고 하는 것 같다. 시각적 부조화, 그래서 주변과 늘 충돌한다. 그래서 끊임없이 인간의 시선을 불편하고 불안하게 만든다.

도시의 건축과 구성은 쉽게 간과할 수 있는 그저 그런 시각적 형태의 하나가 아니라, 그 사회가 도시역사의 시간축을 따라 만들어내는 사회적 산물이면서 의식의 산물이고, 지상 위에 그들의 삶의 기록이며 삶의 예술이고, 정신적 쉼이며 도시의 고부가가치(high added values)가 된다. 다시 푸른 공원들, 자줏빛 목재 디자인의 빵집, 붉고 노란 빛깔의 이민자들의 케밥집이 나오고, 형형색색의 1층 쇼윈도와 상점들을 지난다. 높이 25m를 넘지 않는, 파리의 고급스러운 5~6층 정도의 석조 아파트들, 그 쪽빛 지붕의 오스만식(조르주 외젠 오스만, 1853년부터 17년 동안 근대, 현대의 파리 도시계획의 기초를 완성한 인물) 파리 아파트들이 푸르스름한 구름으로 낮게 떠다닌다. 그리고 그 아파트의 두꺼운 철문을 열고 고운 은발의 한 할머니가 나오시는데, 돌아서는 그 할머니와 슬쩍 내 눈이 마주치는 순간, '봉수와!' 하고 인사를 건네고픈 마음이지만 왠지 목에서 그 말이 나오지는 않는다. 어쨌든 마음과 기분, 눈빛은 'Bonsoir!'

오베흐 기차역에서부터 격렬하게 떠올랐던 그녀의 생각은 정점을 지나 다시 서서히 기억의 저편으로 사라진다. 그 생각의 입구가 닫히고 있다. 마치 본래의 제자리로 돌아가는 것처럼… 그리고 파리를 걷고 걷는 어느새 그녀는 완전히 자취를 감춘다. 없다. 파리와 나, 그리고 아무것도 없다. 아무것도.

　내가 파리에서 가볍게, 술을 홀짝거리기 가장 좋아하는 장소. 이 강둑에서 바라보는 파리는 또 하나의 정점이다.

　2019년 4월, 노트르담 성당의 화재에 깊은 애도를 표한다.

4
작가 3.6

자화상(自畫像)

산모퉁이를 돌아 논가 외딴 우물을 홀로 찾아가선
가만히 들여다봅니다.

우물 속에는 달이 밝고 구름이 흐르고 하늘이
펼치고 파아란 바람이 불고 가을이 있읍니다.

그리고 한 사나이가 있읍니다.
어쩐지 그 사나이가 미워져 돌아갑니다.

돌아가다 생각하니 그 사나이가 가엾어집니다.
도로 가 들여다보니 사나이는 그대로 있읍니다.

(후략)

- 1939년 9월, 윤동주, 『하늘과 바람과 별과 詩』, 「自畫像」 중

사십이라는 나이 즈음에

40대라는 나이. 나는 제법 나이가 있는 축의 작가지망생이다. 비교적 늦게 글 비슷한 걸 쓰기 시작한 사람.

하지만 가만히 인생을 휙 돌이켜 보면, 40대, 불혹(不惑)의 나이, 그 어떤 유혹과 충동(선동)에도 크게 동요되거나 흔들리지 않을 수 있는 나이, 삶과 인간의 상하좌우를 균형감 있게 살필 줄 아는 나이. 뭔가를 깊고도 넓게 이해할 수 있는 나이.

사실, 그 나이만큼 글쓰기에 더 좋은 나이가 또 어디 있겠는가! 참으로 글쓰기에 좋은 나이다. 어쩌면 작가의 바람직한 적령기는 불혹의 나이일지 모른다. 그 나이까지 열심히 바라본 세상, 사람들, 인생의 모습만으로도 누구나(마음먹기에 따라) 소설 한두 편 정도는 쓸 수 있다. 그만큼 삶에 대해 나름 많이 겪고, 생각해 봤던 시간이다. 삶의 싱싱한, 치열한 경험과 나름 두터워진 삶의 고민, 그리고 해결방법.

그래서 나는 비로소 불혹의 나이에 완벽 비슷한 내 자신만의 지대 안으로 들어설 수 있었다. 그 과정과 굴곡들을 통해 내 자신에 안착하는 듯한 느낌이 있다(그렇다면 '내 자신'에 더없이 좋은 것이다). 그 전에는 모든 것이 다 불안스럽고, 불안정한 어떤 것이었다. 지금도 그런 면이 없지 않아 있지만 확실히 나름의 안정감은 크다.

작가(作家), 뭔가 백지 위를 하얗게 비워내고 시작하는 듯한 느낌이 좋다. 마치 머리를 깎고 출가(出家)하는 승려의 마음처럼 홀가분하고 가볍다. 그렇게 비워낸 하얀 백지 위에 새로운 생명의 싹 같은 글들이 푸릇푸릇 돋아난다. 즐거운 작업이고, 즐거운 순간이다. 『Out of Africa』로 유명한 덴마크의 여류작가 카렌 블릭센(이자크 디네센, 1885~1963)의 말, "나는 희망도 절망도 없이 매일매일 조금씩 글을 씁니다." 그렇게 매일 책상 앞에 선다. 그 작은 순간의 감격들이 책상 앞에 서게 한다.

그 속에는 또 내 나름의 고민과 근심이 있지만, 즐겁다. 글을 쓰면서도 엎어지고, 까지고, 때론 코가 깨지기도 한다. 하지만 모두가 다 버릴 수 없는, 필요한 과정이고 절차다. 그것이 있어야 이것이 있을 것이다. 과정에 과정, 또다시 과정, 그 과정의 끝에 아주 작은 열매들이 맺힌다. 그 과정은 결코 쉽지 않지만 무한한 가능성을 스스로 머금고 있다. 어쨌든 이 모든 것이 내 자신에게 있어 바람직한 방향으로 나아가고 있다는 감(感)은 분명하다.

또한 불혹, 그 나이 즈음에 다시 한번 나 자신을 되돌아볼 필요가 있다. 뭔가 잘못 살아온 것은 없는지, 앞으로 어떤 모습이 더 좋을지. 그동안의 삶을 진지하게 뒤돌아보기에 좋은 타이밍이다. 그리고 그것은 거기서 더 나아가 '올바른 마무리, 아름다운 마무리' 같은 것까지도 찬찬히 생각하고 그려 볼 수 있는 나이. 인생의 그런 여울목 같은 지점이기도 하다. 또 한번 긴 호흡으로 인생을 추슬러 보는… 그런 긴 호흡을 폐 속으로 깊이 들이마셔서 잠시 쉬어 보는 듯… 그럼 "좀 천천히 가도 좋잖아" 하는 생각이 든다. "너무 서두르지 마. 그게 바로 문제야!" 다시 한번 차분히 숨 고르기….

꼭 글을 쓰는 작가가 아니더라도, 한 권의 노트에 가볍게 자신만의 자서전(바이오그래피) 비슷한 것을 적어보는 것도 좋을 것 같다. 파노라마처럼 세월의 바람에 나부꼈던 40년 넘는 인생을 시(詩)처럼, 하이라이트처럼 적어 보는 것이다. 그런 잔잔한 회고의 시간이. 그렇게 차분하게 나 자신을 내적으로 가다듬어보는 순간이, 결코 자신에게 해(害)가 되지는 않을 것이다. 내가 쓰는 글 위에는, 그 자리에는, 처절한 내 과거의 반성이 있고, 또한 동시에 내 미래가 있다. 그 미래가 마치 만년필의 푸르스름한 빛을 띠며 낡고 투박한 종이 아래로 스며들곤 한다. 과거와 현재의 성찰 안에 미래가 있다. 누구에게나 사십 즈음에, 사십의 그 과정 속에 '자신'을 글로(어떠한 기록으로) 정리해 보는 것은 좋은 발자취가 될 것이다. 굳이 근사한 문장이 필요할 것 같진 않다. 그때, 그곳, 그 시간, 그 잊혀진 계절 아래 핵심단어들, 명사와 형용사들을 적어 볼 수 있다. 내 삶의 궤도에서 아주 가깝게 맴돌던 단어들, 언어들, 나의 형용사들….

좀 더 정확하게 말하자면 나는 40대 후반에 해당하는 사람이다. 오십이 바로 코앞이다. 바로 어제 20대를 살았던 것 같은데.

나는 글이라는 것을 시도하고, 그 순간들을 통해 내가 과거에 얼마나 인내심을 잃고 살았는지, 또 내 마음이 얼마나 평안치 못했는지 깨닫게 됐다. 나는 '내 마음(별들)의 고향' 같은 과거를 글로 적으며, 또 그곳으로부터 파생된 무엇들을 적으며, 잃고 있던 내 인내심을 되찾았고, 비로소 필요한 마음의 평온을 얻었다.

나는 그렇게 회복되고 있었다. 그건 분명 '회복(recovery)'이었다. 그것은, 자신을 가장 편안하고 자연스럽게(또는 비교적 정확하게) 표현해

내는 양식, 프레임 같은 것을 찾은 것인데, 난 글이 좋았다. 매우 가깝고 친밀한 일체감이 있다.

당신에게 그것은 뭔가?

삶은 무수(無數)히 다양하고, 자기 몫의 삶은 소중하다. 나로, 자신으로 살아갈 수 있다.

그리고 '40대'라는 나이의 여울목. 그 나이의 턱은 어쩌면 인생에 있어 '진정한 진검승부'의 시작점인지도 모른다. 그곳에서 어떤 삶의 결실이 일단락되기도 하지만, 또 동시에 새로운 출발점이 만들어지기도 한다. 결코 해이해지거나 방심할 수 없는 삶의 지점이다. 그래서 그 거친 인생의 여울을 거슬러 올라갈 때, 한번 물 위로 힘껏 튀어 오르는 물고기처럼, 그 큰 호흡과 강렬한 물 밖의 햇살처럼, 진부하지 않은 생각이 우리에겐 필요하다.

인생의 어느 순간, 우리는 변화해야만 할 때가 있다. '진정한 지혜'는 변화의 순간에, 그 축적된 강력한 힘을 드러낸다. 머물러 안주하고 있을 때가 아니라, 반드시 변화해야만 하는 그 순간에 그 지식과 지혜의 진가(眞價), 진짜 가치가 발휘된다. 그건 그저 먹고사는 문제의 더 먼 너머에 있는, 좀더 깊은 곳에 있는 어떤 것일지 모른다.

헨리 데이빗 소로우의 『월든(Walden)』 속에 보면 아래와 같은 구절이 있다.

'…우리가 털갈이하는 시기는 날짐승의 그것처럼 인생에 있어 위기의 국면일 때어야만 한다. 되강오리는 털갈이철이 되면 한적한 호수를 찾아간다. 이와 마찬가지로 뱀 또한 허물을 벗고, 쐐기벌레 역시

애벌레의 껍질을 벗는데 그 모두 내부적인 활동과 확장에 의한 것이다.'

남이 아닌, 조건과 환경에 매달리는 것이 아닌, '나'로 비롯되는 내부적인 확장과 활동이 그래서 필요해진다. 그래야 그 절박한 위기에서, 올바른, 지혜로운 극적 반전을 이루어낼 수 있다. 그럴 때 그 '위기'는 내 허물과 껍데기처럼 찢겨 떨어져나간다.

그리고 하나 더, 삶의 진정한 지혜는 '말하는 것'이 아니라 우선 '듣는 것'에 있다는 것이다. 들을 수 있을 때, 말하고 행동할 수 있는 힘도 생겨난다. 숨 가쁘게 팽이처럼 돌아가는 바쁜 생활 속에서도 어느 순간에는 들을 수 있어야 한다. 사람은, 우리는 들을 줄 알아야 한다. 내 내면의 소리를 듣고, 천천히 흘러가는 자연의 소리, 세월의 소리를 듣고, 여행을 다니며 다른 인생의 소리를 듣는다. 가만히 눈 감고 그 소리를 듣는 것이다. 잠시 멈추는 것이다. 그럼 그 순간, 우리들 마음의 수면이 좀 더 편안하고 잔잔해진다. 좀 더 정확하게 생각해 볼 수 있게 된다. 자꾸 떠들면, 출렁거린다.

그리고 그 잔잔한 바탕 위에, 수면 위에 뭔가가 스르르 그려지는데, 그걸 놓치지 않는 것이다. 그걸 잡아 마음 안에 간직해 두는 것이다. 나의 경우는 그렇게 내 삶의 변화와 방향을 얻었다. 그리고 지금도 그렇게 얻는다, 잔잔해진 마음의 표면 위에서… 내가 잃어버린 것, 또는 이 시대가 잃어버린 것.

법정스님의 글 속에서 읽은 것 같은데, 학문(學問), 무언가를 배운다는 학문의 이 문(問)자는 '물음'을 의미하고 있다. 차고 넘치는 내 것을 말하기보다, 그 내 안을 비워내듯 질문하는 것에 있다.

혼잣말처럼, "…이렇게 살아도 좋은 것일까?" 그리고 어디선가 바람결에 들려오는 그 대답, 답장을 조용히 귀 기울여 듣는 것이다. 올바르게 질문(나에게 혹은 누군가에게)하는 법, 묻는 법, 그것을 배우는 것이 학문이다. 또한 그 속에는 자기 겸손함의 이치도 있을 것이다. 낮추면, 정말 많은 것들이 보이기 시작한다.

내 행복도 그 속에서 떠돌아다닌다. 가장 우선하여 '나(我), 자신'에게 먼저 질문을 하는 것, 그 속에 인생을 배우는 과정, 학문, 선순환(악순환이 아닌)이 들어 있다. 남이 아니라 나에게 '올바로' 질문함으로써 해답의 첫머리가 잡힌다. 그리고 그 첫머리를 통해 새로운 길이 열린다.

책이라는 느린 속도, 'Slowly'

페이지 사이로 후르르 날리는 꿉꿉한 종이 냄새. 그 책을 보고, 만져 손때를 묻히고, 걸어 산책하고, 사색하고, 뭔가를 유심히 관찰하고, 느낌을 얻고, 가끔 동네를 벗어나 더 멀고 큰 세상을 둘러 여행할 때도 있고, 내 자신 안에 무한한 의식의 세계를 들여다보기도 하는, 그걸 시도해 보는, 그런 작가적 생활의 틀 일부가 나는 무척 마음에 든다. 즐겁고 행복하다.

글을 읽고 쓸 때의 또 다른 큰 세계, 세상 물 밖의 피란 호흡 같다. 오랜 시간 손때를 묻힌 책들과도 깊은 '관계'가 형성된다. 또한 그 속에 수많은 밑줄과 이따금 내가 옆에 적었던 내 과거 사유의 파편들, 때론 번민들. 어쩌면 그것들이 나로 하여금 글을 쓰도록 유도했던 것일지 모른다.

　나는 강의와 같이 사람들 앞에서 떠들어대는 말보다는 차분히 명상처럼 앉아 적는 글이 좋다. 말(言)로 하는 것들은, 그 즉흥성은 순간순간 자신을 과장하고 잘못 꾸며낼 가능성이 높다. 경솔해지고 어떤 불순물이 섞인다. 그리고 그렇게 쉽고 가볍게 입을 놀리다 보면, 쓸데없고 불필요한 말들을 너무 많이 늘어놓게 된다. 그 말이 다른 말을 계속 떠밀고 떠밀어 괴상한 모양새가 되기도 하고, 그 말이 또 다른 말을 만들어낸다. 때론 스스로도 무슨 말을 하는지 알 수 없다. 나름 조심한다고 하는데도, 나의 실수가 많이 생겨난다. 미숙한 생각들이 여물 시간도 없이 말로서, 어떤 오물로서 가득 쏟아져 나온다. 내 말에 나의 큰 부끄러움을 느낀다. 하지만 이제 그런 말을 좀 적게, 최대한 줄이며 살고 싶다. 그 많은 말로써의 삶이, 바로 내 자신을 피곤하게 만들고, 내 말이 나를 정신없게 만들기 때문이다. 나는 '말을 최대한 줄이고 싶은 나를 어느 순간 깊게 느꼈다.

　그리고, 글 쓰는 것이 좋은 것은 무엇보다 그 느린 속도에 있다. 글이라는 것을 쓰는 그 생활의 자세와 템포가 나는 좋다. 책을 읽는 것은 한 달에 세 권, 네 권, 혹은 그 이상도 후다닥 읽어 내려갈 수 있겠지만, 책 한 권을 쓰는 것은 그렇지 않다. 훨씬, 훨씬 느리게 생각하고 걸어야 한다.

　습작이라고 해야 할까. 쓰고 싶은 에세이들은 물론, 이야기가 막 떠올라 적어보게 된 장편소설이 두서너 편 정도 있는데, 세부 마무리는 아직 못 했다(사실 그게 더 힘들고 어려운 작업 같다). 아니면, 필요한 숙성의 시간 속에 제법 오래 놔둔다. 다시 치열하게 마주해야 할 때까지(아직은 부족하고 미숙한 것이 너무 많다).

언제 소설 같은 것도 내 볼 수 있을까?

그저 요즘은 머리에 떠오르면 일단 마구 적어 보고 있다. 스토리라는 무한함의 영역 속에 보다 다양하고 풍부한 것들을 표현해 넣을 수 있다. 에세이는 '나'라는 주관성과 제약성을 벗어나기 어렵다. 하지만 그래도 픽션보다는 논픽션에 더 마음이 끌리는 것은, 소설은 어쨌든 꾸며낸 가상의 것이기 때문에(어쩌면 그런 재주는 내게 많이 부족할지도 모르겠다). 굳이 앞으로 내 본업의 정체를 미리 희망해 보자면, 나는 에세이를 쓰는 사람이고 싶다. 실제 존재하는 사실들을 나만의 방식으로 풀어내 보고 싶다. 논픽션(사실), 실제, 사색, 여행의 공간, 지난 역사 속에도 무수한, 무한한 스토리가 있다. 하지만 가상의 소설이 '살아 있는 큰 힘'을 갖기도 한다(소설의 무한한 확장성은 탐난다). 물론 그저 상상되는 삶을 적는 것만으로도 소설이 될 수 있다. 그런 중단편들이 생겨난다. 그 삶이, 그 사람들이 막 써 나가는 소설. 그리고 그런 가상과 실제는 서로를 대변하고 보완한다. 현실 속에 진실이 부족한 만큼, 그것에 대해, 소설은 그러고 싶어 한다. 때론 실제가 가상의 겉옷을 입기도 하고… '진실'은 사람들 속에서 자주 상처를 입고… 그래서 정작 '사실, 진실'이 초라하고 무척 남루해진다. 때론 사실이 거짓 취급을 받기도 한다. 하지만 그래도 어쩔 수 없다…. 그게 현실의 많은 부분을 차지하기 때문이다.

그렇다면 과연 '픽션, 소설'이란 무엇일까?

어쨌거나 그 표현의 양식 또한 다양할 수 있다. 소설은 내게 또 하나의 기분 좋은, 혹은 무척 힘든, 뭔가 상황 하나를 더 뛰어넘고자 하는 시도, 도전이 될 수 있을 것이다. 그 실제와 몽상이 내 안에서 교묘하게 섞여들어 또 다른 몽상과 실제를 만들어낸다. 실제와 몽상은 그렇듯 알 수 없고 교묘하다.

아무튼, 그런 나도 알 수 없는 연습과 연습의 과정을 통해 터득한 나의 글쓰기 속도는, 대략 8~9개월 정도 되면 뼈에 살이 제법 단단하게 붙은 글이 나오는 것 같다. 글로서, 이야기로서의 어떤 또렷한 한 형체가 만들어진다(때론 폭풍처럼 쓰게 될 때도 있다). 하지만 그것으로 끝은 아니다. 또다시 3~4개월 정도를 느슨하게 뜸을 들이며, 세밀하게 땅을 고르듯 다듬고 첨가하고 삭제하는 과정을 겪는다. 하지만 이 역시 부족하다. 비유컨대 이제 초벌구이 정도의 글을 써 놓고는 '이야! 오호, 다 됐어' 하는 지망생 수준의 실수와 미숙함의 반복이 계속된다(내가 성질이 좀 급한 편이다. 하지만 과거에 비하면 상당한 인내심과 기다림을 실천할 수 있게 됐다). 다시 천천히 집중해, 전체와 부분을 꼼꼼히 살피며 일부 구간 곳곳의 하자보수를 하고 경칠(輕漆)을 한다.

그렇게, 좀 더 단단하고 책임감 있는 글이 느리게 여물어 간다. 글도 내 마음 내키는 대로 막 쓸 수만은 없다. 나름의 조화가 필요하다. 누군가와 나, 서로의 대화 같은 것이다. 결국 '이것을 어떻게 표현해야 좋을까?'의 문제다. 그에 앞서 '나는 뭘 쓸 것인가?'의 문제도 있지만. 소설은 좀 더 편안하게 그곳에 접근할 수 있다. 어쨌든 따라서, 내가 책 한 권을 쓰는 데 필요한 시간은 짐작으로 대략 1년이라는 시간이 걸리는 것 같다. 또는 좀 더 오래 걸린다(어쨌든 양으로는 그렇다. 질은 좀 떨어지더라도). 어쩌면 그것이 내가 추구하는 욕심의 속도가 아닐까 하는 생각을 한다. 내 욕심을 그 정도의 속도 안에 넣어두고 싶다. 말로 빠르게 해결하는 것보다(사실 해결되는 것이 아니다), 그런 정도의 글의 속도로 살아가는 것이 좋다. 그 시간이 뭔가를 천천히 해결시켜 준다.

글은 많은 실수를 해도 다시 고쳐 쓸 수 있다. 나를 고칠 수 있고, 생각을 고칠 수 있고, 글을 다시 고칠 수 있다. 내 생각을 고치고, 글을 고치고, 나를 고쳐 본다. 그 필터링을 빠져나오는 성장과 성취가 인간적으로 기분 좋다(때로 내가 나를 어찌하지 못하기도 하지만).

글이란 것이 참 묘하다. 자기도취되어 막 쓰고 있을 때는 무척 근사해 보이는데, 시간이 지나 나중에 다시 쓰윽 읽어 보면 참 허접하고 엉성하기 짝이 없다. 몹시 불편하다. 그런 끝도 없는 반복된 작업인 것 같다.

'완벽하게 만족할 수 있는 글이 있을까?'

시간이 지나면 또다시 아쉽다. 인간의 생각은 늘 불안정하고 가변적이다. 내가(우리가) 확신하는 많은 것들은 부정확하다.

결국 '나'라는 깊은 주관성으로 바라보는 것들이지 않을까. 또한 그것이 우리가 살아가는 삶의 생각들이고 해석이지 않을까. 하지만, 그것이 유일한 현실이지는 않을 것이다. 내가 그동안 갖고 있는 인생의 시야라는 것은 지극히 평범하고 좁다. 아직도 심사숙고하고 다시 살펴야 할 것들이 너무나 많다. 그리고 실제로 언어는, 인간의 말은 언

제나 다소간 모호하다. '언어와 말은 태초에 하나의 비유에 지나지 않는다.'

언어는 모호하고 삶은 점점 명확해진다. 삶이 명확한 만큼 기쁘기도 하고 슬프기도 하다. 그게 삶의 노래이고, 인간의 노래이다.

그래서 내 글은 끊임없이 나를 살아 움직이게 한다. 동시에 늘 큰 부족함을 통감하게 된다. 혹은, 그래서, 욕심을 잔뜩 들여 쓰던 글을 잠시 멈춘다. 바짝 조였던 내 생각을 조금 헐겁게 풀어놓는다. 그렇게 함으로써 좀 더 자유로워진다, 내 자신이라는 사람으로부터조차도 ('나를 신뢰하는 것 또한 쉽지 않다).

하지만 아이러니하게도, 그 반복이 계속 나를 떠밀어 앞으로 나가게 하는 힘이 된다. 그리고 그 덩어리에서 파생된 또 다른 작은 알갱이가 튀어나가 새로운 커다란 덩어리가 되고, 뭔가 나로 하여금 꿈꾸게 만든다.

물론 그건 나만의 '아주 작은' 꿈이다. 때로, 누구도 읽어 주지 않을 것 같은 막막함이 생겨나기도 한다. 하지만 어쩌겠는가? 나아가는 수밖에. 내가 써 보고 싶은 것이 있는 한, 시간 날 때마다 조금씩 쓴다. 희망도 절망도 없이.

쉬는 날, 정갈하게 몸과 정신을 씻어내고 아무도 깨어 있지 않을 듯한 새벽 4~5시에 글을 쓰는 때가 많다. 그 시간은 좀 더 맑고 투명하게 흐른다.

그렇게 아주 느린 속도로 걷는 삶을 나는 연습하곤 한다. 마음이 조급하고 초조해질수록, 그 속도를 더 늦춰 본다. 그런 느림의 감각을 손에, 몸에 익히려고 노력한다.

항상 습관이 몸과 마음을 지배한다. 빠른 속도에 몸이 익숙해져 있다 보면, 느린 속도가 곧 마음의 불안을 불러일으키고, 짜증을 불러일으키고, 느린 그 자체가 오히려 더 견디기 힘들어진다. 좀이 쑤시고 마음과 감정이 뒤틀어진다.

빨리 뛰려고 하는 그 몸의 관성을 억제하기 어렵다. 그리고 눈과 마음이 자기 자신이 아닌, 늘 남에게 집착해 있다. 끊임없이 그렇게 그들을 쫓는다. 사회 안에도 그런 관성과 부추김이 너무 지나치다.

물론 그렇게, 빠르게 사는 것이 좋은 사람들은 그렇게 살면 된다. 하지만 그렇게 살기 싫다면, 자기 구조조정을 해야 한다.

'구조' 자체를 변경해야 가능한 경우가 많다. 마음의 내부도 구조변경해야 한다. 집 안의 가구 몇 개를 달리 배치하고 집 외관, 지붕을 다른 색깔로 칠하는 변화가 아니다. 그 낡은 생각의 집을 부수고 새롭게, 자신이 진짜로 간절히 원하는 '구조(Structure)'로 집을 짓는 것이다. 크기도 작게 줄이는 것이 좋다, 내가 편안하고, 감당할 수 있는, 작게 가지만 훨씬 자기 내실이 있는 삶으로 변화시키는 것이다.

매출과 외형만 크면 뭐하나, 맨날 적자 나는 삶이라면 그건 아무 소용없는 것이다. 그건 아무 '내실(內實)'이 없는 것이다.

자기 행복과 즐거움의 생산효율이 높아져야 한다. 자기 행복과 즐거움의 흑자를 내는 것에 초점을 맞춰야 한다. 그 만성적인 행복의 적자만 계속 반복하고 있는 외형과 매출, 그 고비용 구조를 탈피해야 한다. 그런 불행의 구조 자체를 벗어나는 것이다. 그 무의미한 외형과 매출 때문에 사람이 힘들고 아프고, 불행해지는 것이다. 또 쉴 새 없

이, 죽어라 일만 해야 한다. 만성적인 피로와 스트레스가 그곳에서 나온다. '그게 무슨 소용 있겠는가?'

그렇게 자신을 떠밀어 사는 삶은 밑도 끝도 한도 없다. 사치스럽고 낭비스러운, 불필요한 것들로 내 삶을 자꾸 채우려고만 하면 그건 밑도 끝도 한도 없다. 계속 그런 것들에 질질 끌려다녀야 한다.

그것의 끝에 닿게 되는 것은 무엇일까? 환희일까? 꽉 찬 행복감일까? 입안 가득 씻기지 않는 씁쓸함일까? 아니면 모든 것에 대한 덧없음의 냄새 같은 것일까? 그 싸하고 허무한 덧없음의 냄새….

때론 나를 마이너스시키는 삶, 고비용 저효율의 구조를 탈피해야 한다. 저비용 고효율의 구조로 나아가야 한다. 저비용 고행복(高즐거움)구조로 자신을 구조조정하는 것이다.

인생을 자세히 살펴보면, 그 사람 욕심의 크기만큼 힘들게 사는 것 같다. 스스로가 스스로를 괴롭힌다.

그래서 "어쨌거나 좋아, 난 좀 멈춰야겠어! 느리게 갈 거야!" 그렇게 좀 쉬거나 느린 속도로 걷다 보면, 또 그런대로 그것이 나쁘지 않다. 이것저것 내 몸의, 마음의 무게를 줄이면 느리게 걸을 수 있다. 뭔가를 산더미처럼 머리에 이고 지고 있으면 멀리, 또 편안하게 걸을 수 없다.

습관과, 습관화된 생각이 항상 우리의 몸과 마음을 지배한다. '위기' 는, 혹은 '불행'은 자신이 아닌 남의 말에서 시작하고 증식한다. 독자적으로 사고하는 힘이 필요하다. 나는, 당신은 독자적인 존재이기 때문이다.

느리게 걸어도 사실상 거의 나빠지는 것이 별로 없다, 미리 큰 걱정을 하고 있는 것처럼…. 그렇게 느림(slowly) 속에 놓아도 세상은 세상대로, 나는 나대로 잘 굴러간다. 나를 가볍게 하자. 그리고 적절히 변화된 느림과 가벼움에 맞춰 내가 살면 그만이다. 뒷사람이 재빠르게 뛰어 나를 추월해도 그는 그다. 그녀는 그녀다. 나는 나다. 각자 자기 속도, 자기 페이스대로 살면 된다. 자기 페이스를 놓칠 때 아프고 병이 나고 힘들다.

그리고 질투심도 나름 관리할 수 있어야 할 것 같다. 질투심은 늘 남에게 집착해 있기 때문에 생겨나는 부정적 감정이다. 나는 나고, 너는 너다. 너는 너대로, 나는 나대로. 질투심을 최대한, 어떻게든 지우고 비워내야 한다. 그래야 내가 내 자신으로 행복할 수 있고, 내 중심(中心)을 잡아 걸을 수 있다. 그리고 때때로 우린 적당히 서로를 모른 체해 주는 것도 좋다. 그런 건 필요하다. 남에게 너무 참견하지 말자. 같이, 함께 살아가면서 사회 속에서 '바람직한 관계'를 이룰 수 있다. 바람직하지 못한 관계는 결국 서로를 괴롭히고 불행하게 만든다.

그리고, 또다시 나

하지만 어쨌든, 글 비슷한 것을 쓰는 작가로서 가장 좋은 것은 뭐니뭐니해도 장소, 공간에 대한 제약을 전혀 받지 않는다는 것이다. 펜과 간단한 노트만 있으면 어디든 구름처럼 떠돌며 적을 수 있다. 공지천이나 의암호, 소양강 주변 우리 동네를 산책하면서 음악을 들으며 휴대폰에 글을 적기도 하지만, 일단 여행, 길을 떠나면 휴대폰은 대부분의 시간 동안 꺼진다(물론 평소에도 내 스마트폰은 제구실을 잘 하지 못한다. 전혀 스마트하지 않다. 엄청 멍청하다. 휴대하지 않을 때도 많다). 그리고 반드시 여행 중 갖고 다니는 노트와 펜으로, 없으면 어디에서든 메모지나 그런 비슷한 것을 빌려 적는다. 그 종이에 눌려 들어가는 것은 그 장소의 공기와 빛, 냄새, 그곳의 삶, 사람들, 그리고 내 모든 것의 파편들이다. 그래서 글은 머리가 아니라 항상 온몸으로 쓴다는 생각이 든다. 온몸으로, 내 모든 감각으로 기억해야 한다. 그 기억과 감각의 오류조차도 나만의 의미를 머금고 새로운 길로 나간다. 나를 나아가게 한다.

인구 8백만이 넘는 혼돈의 태국 방콕, 텅러에 있는 한 루프탑 바에서 붉은색 칵테일(Pak Khlong) 한 잔을 시켜 놓고 작은 여행노트에 뭔가를 적기도 하고(종이에 그곳 높은 저녁노을이 스몄다), 캄보디아 프놈펜, 메콩 강가에 '카르마(Karma, 業, 내 마음과 행동의 물리적 습관, 그 습관과 반복의 에너지이며 굴레, 원인과 결과의 기초물리학. 그건 어쩌면 조선중기 학자 서경덕이 말한 氣, 허공에 끝없이 가득하다고 한 그것과 연결될지도 모르겠다. 그 氣에서 理가 생겨난다고 했다)'라는 카페에 앉아 추위를 느낄 만큼의 강바람을 맞으며 적기도 한다. 프랑스 파리의 거대한 오르세 미술관이 오른쪽에 보이는, 쎄느강 위 솔페리노 다리 벤치에 앉아 적기도 하고, 파리에서 동양인 이민자들이 가장 많이 모여 사는 13구로 빠져나가며 덜컹거리는 7호선 지하철 전동차 안에서도 적는다. 네덜란드 암스테르담, 중앙역에서 출발하여 벨기에를 거쳐 프랑스 남부

아비뇽으로 향하는 테제베(TGV) 고속열차 안에서도 많은 글을 적고, 필리핀 카모테스섬, 산티아고의 어둑어둑해지고 있는 현지인식 해변 식당에서 생선구이와 독한 맥주 레드호스 한 병을 마시며 적기도 한다. 어스름하고 차가워진 새벽공기를 가르며 베트남 사이공으로 들어가는 국토종단 통일(야간)열차를 타고 가며 그 창문에 살짝 기대 적기도 하고, 스페인 중부의 눈부시게 아름다운 똘레도, 그 도시전경과 아래로 세차게 흐르는 따호강의 거대한 장관이 건너편에 병풍처럼 펼쳐져 보이는 도로 옆 돌담에 걸터앉아 적기도 한다. 그리고 복잡한 서울을 떠난, 한가하고 조용한 강원도의 춘천 집에서 수많은 글을 적기도 한다.

그처럼 공간과 어느 때의 시간을 초월하는 나. 글 쓰는 이의 마음대로 그 상습적 경계를 초월할 수 있다는 것이 아마도 작가라는 직업의, 글을 쓰는 행위의 가장 큰 매력일 것이다. 좀 더 넓은 이동의 자유로움, 공간과 시간, 시대, 온갖 경계, 그 자체로부터 큰 해방감을 느낀다. 그럼으로써 자유롭다. 그럼으로써 생각도 자유로워진다. 생각은 국경도, 종교도, 정치도, 지역도 모두 넘어선다. 때로 나라는 개인조차도.

프랑스의 시인 샤를 보들레르가 세상이 단조롭고 비좁아 보일 때마다 '떠나기 위해서 떠났다'라고 말했던 것처럼, 또는 '여행을 하는 중에 더 큰 삶의 편안함을 느꼈다'라고 말했던 것처럼, 관습을 벗어나 자신을 물감처럼 다른 세상의 바다에 풀어내야 한다. 여행이 순간을 통해 내 자신의 삶을, 내 모습을 반추할 수 있다. 그리고 상습적이지 않은 삶의 아이디어를 얻을 수 있다. 삶이 새롭게 포맷될 수 있는 아주 작은 가능성이다. 그건 도피가 아니라 적극적인 추구의 모습이다.

우리가 흔들거리며 '추구'하는 모습은 그런 것이다.

푸르른 초원, 허허벌판 위의 유목민(유랑인)이라는 인간 태초의 세계관을 통해, 그런 감각을 통해, 정착되어 있고 고정된, 제자리를 계속 맴돌아 표류하는 삶과 도시와 인간(자아)을 되짚어 볼 수 있다.

그런 과정과 음미의 시간 속에서 도시에 정착되어 살고, 어쩔 수 없이 뿌리내려진 그 삶과 자아(인간)를 찬찬히 둘러볼 수 있다.

그런 다른 각도와 거리(a distance)에서, 다른 공기 속에서 각자의 답(answer) 비슷한 것을 더듬어 볼 수 있다.

먼 여행길의 '내가' 한국 서울에서 이리저리 부대끼며 살아가던 '나를' 유심히 바라보곤 했다. 태생적인, 태어나고 자란 곳이지만 힘들었다. 어쩌면 그래서 힘들었던 것인지도 모른다. 거기 몹시 지친 내 모습이 보였다.

흔들렸고, 그 사이로 틈이 벌어졌다. 그리고, 그 안으로 새로운 공간이 돋아나기 시작했다.

늘 유랑하는 유목민의 눈으로 고정된 내 삶을 바라본다. 유목민(여행자)처럼 세상을 흐르며 고착된 내 삶을 잠시 바라본다.

흐름으로써, 고정된 삶도 더 큰 생명력을 얻는다. 흐름으로써, 그 고정된 삶도 큰 생명력의 영감을 얻을 수 있다.

우리는 때때로, 잠시 다른 세상으로 흘러야 한다. 그렇게 흐름으로

써 내 안에 산소가 풍부하게 흡입되고, 그 생각이 좀 더 맑고 명확해진다. 인생은 빠른 것보다, 자신에게 정확한 것이 더 중요하다. 우리에겐 그렇게 상습적 고립이 아닌 창의적인 이탈이 이따금 필요하다.

바삐 살지만 말고, 당신을 때론 멍하니 내버려 두자. '멍한 시간'은 결코 시간을 허투루 보내는 것이 아니다.

아무 의미 없이, 정신없이, 의심 없이, 남들처럼 바삐 살아가기만 하는 것이 어쩌면 시간을 허투루 보내고 있는 것일지 모른다. 그럴 가능성이 있다. 그런 모습들이 참 많다.

이따금 멍한 빈 공간 속에 자신을 놓아두자. 그 빈 공간은 생산적인 빈 공간이다. 그러면 어느 순간, 그 빈 공간의 벽을 때리고 울리는 공명 같은 것이 생겨난다. 메아리처럼 멀리서 들려오는 당신의 목소리 같은 것.

당신이 알고 있는 당신이 아닌, 또 다른 당신의 목소리. 그 소리가 당신을 어느 곳인가로 안내해주고 이끌지 모른다. 나 자신을 놓치지 않는 것이 중요해진다.

스스로의 가능성과 잠재력을 좁은 관념 속에 고립시켜 놓지 말자. 당신의 생각과 상상력, 가능성의 그 공간은 한국보다도 넓고, 아시아보다도 넓다. 그런 여행(journey)을 해 보자.

그리고 그런 여행의 과정과 시간은, 아무것도 변한 것 없는 한국에서도 당신을 아주 새롭게 살아갈 수 있도록 만들어 줄 것이다. 그렇게 도와줄 것이다. 어느 면에서 그것은 '한국'이라는 장소, 그 자체의 문제, 그 공간의 문제를 뛰어넘으려는 시도와 행동일 수 있다. 그런 깨달음과 자각일 수 있다. 제자리로 돌아왔지만 내가 달라졌고, 그래서 그 공간도 달라지는 여행. 또는 실제 내 삶의 공간을 바꾸는 여행. 삶의 베이스가 달라지는 여행.

그 모든 답이 당신, 그리고 내 안에 있다고 나는 확신한다. 인간은 스스로 답을 찾는, 답을 찾을 수 있는 존재다. 그리고 시적인 존재일 수 있다.

그것이 먼 길의 순례가 갖는 목적이고 이유일 것이다. 하지만 상상력이 부족하면 그런 출구, 공간(空間)을 발견할 수 없다. '한국 사회'라는 것이 어쩌면 그런 상상력을 자꾸 고갈시키고 있는 것은 아닐까 하는 생각이 들 때가 있다. 그 상상력은 '단숨에 쉽게 큰돈 벌기'보다 '스스로 좀 더 행복해지기'에 맞출 수 있을 것 같다.

한국인들은 뭐든지 빠르니까 이것도 금세 터득할 것 같다. 자, 그런 의미에서, '나, 당신 자신'을 놓치지 말자.

5
희망

어떤 일을 하다가 오른쪽 엄지발톱을 크게 다쳤다. 발톱 안으로 검은 피멍이 들었고, 발톱은 거의 죽었다. 신발을 신었을 때도 통증이 생겨났다.

나도 모르게 팔을 휘두르다, 거친 무언가에 팔뚝이 긁혀 조금 심한 외상이 생겼다. 연고를 바르고 밴드를 붙이고 며칠 지나자 아무렇지 않은 듯 나았다.

발톱을 다치고, 약 7개월의 시간이 흐른 듯하다. 나는 그 죽은 듯한 부분의 발톱을 마지막으로 깎아내고 있었다. 그것을 잘라내고 보니, 새롭고 깨끗하고 반듯한 발톱이 올라와 있다. 검은 빛을 머금은 발톱은 아무렇지 않은 듯 사라졌다.

나는 다른 그 무엇도 아닌, 그 내 몸의 자기치유와 회복이 '희망'이라는 생각을 했다. 다른 그 무엇도 아닌, 그게 바로 '희망'이라는 따뜻한 마음이 안으로 스몄다.

다른 사람들은 '애개, 그게 뭐야!' 하고 별것 아닌 것처럼, 무척 싱겁다고, 함부로 말하겠지만, 그날 문득 나한테는 정말 대단한 것으로 느껴졌다.

그리고 위대했다. 모르고 있던 어떤 것을 '불쑥' 깨닫게 된 듯 했다. 삶은 많은 영감들로 가득하다.

마치 SF 영화의 어떤 초능력자처럼 잘리고 큰 상처가 난 부위가 바로 '빠지직' 나아서 복구돼버리는 것이다.

시간이 좀 더 필요할 뿐, 그건 거의 비슷하다. 살아 있다는 신비로움, 그 생명의 신비로움. 내 몸의 신비와 감동….

그 삶. 그리고 자기치유 능력.

난 그 정도의 희망이면, 충분하다는 생각이 들었다.